"电力设备感知与节能"系列

电力设备数智化与智慧健康评估技术

江友华　陆 静◎著

上海交通大学出版社
SHANGHAI JIAO TONG UNIVERSITY PRESS

内容提要

本书为"电力设备感知与节能"系列之一。全书共分为 6 章。第 1～2 章主要阐述电力设备数智化进程中的信息采样、滤波基础理论,为电力设备健康状态智慧评估提供信息处理的理论基础。第 3 章是电力设备数智化进程中信息采样、滤波的具体应用及监测装置的设计。第 4～5 章是针对局放信号、振动信号阐述和分析电力设备健康状态的评估技术,提出变压器振动状态分层评估算法。第 6 章则是局放状态的识别,为局放监测与智慧评估提供更加精准的数智化信息。

本书提出的部分理论、模型及电力设备健康状态评估的设计具有一定的创新性、先进性和实用性。本书适合高校电力工程、电力系统及其自动化、信息工程等专业的学生及从事电力设备状态监测与评估工程技术人员和管理人员使用。

图书在版编目(CIP)数据

电力设备数智化与智慧健康评估技术/江友华,陆静著. —上海:上海交通大学出版社,2024.4
  ISBN 978 - 7 - 313 - 30130 - 7

Ⅰ.①电… Ⅱ.①江…②陆… Ⅲ.①数字技术-应用-电力设备-检测 Ⅳ.①TM407

中国国家版本馆 CIP 数据核字(2024)第 034321 号

电力设备数智化与智慧健康评估技术
DIANLI SHEBEI SHUZHIHUA YU ZHIHUI JIANKANG PINGGU JISHU

著　者:江友华　陆　静
出版发行:上海交通大学出版社
邮政编码:200030
印　制:苏州市古得堡数码印刷有限公司
开　本:787mm×1092mm　1/16
字　数:310 千字
版　次:2024 年 4 月第 1 版
书　号:ISBN 978 - 7 - 313 - 30130 - 7
定　价:68.00 元

地　址:上海市番禺路 951 号
电　话:021 - 64071208
经　销:全国新华书店
印　张:13
印　次:2024 年 4 月第 1 次印刷

前 言

　　新型电力系统的显著特征是将先进的信息通信技术与能源技术进行深度融合,使其具备高效互动、智能开放等特性。国家电网在科技"十四五"规划及碳达峰、碳中和实施方案中也进一步强化了电力信息通信技术在能源绿色低碳转型科技支撑行动中的地位。针对国家电网提出的"双碳"目标与新型电力系统发展战略,本书进一步聚焦新型电力系统信息通信技术,围绕感知通信、信息处理和电力人工智能诊断与评估等方向开展研究。其内容来自上海电力大学电能感知与管理科研团队承担的国家自然科学基金(项目编号:51207086)、上海市自然科学基金(项目编号:21ZR1424800)、上海市地方能力建设项目(项目编号:14110500900)、国家电网科技创新项目(项目编号:SGAHAQ00FZJS2200611)等课题精华与总结,同时本书内容中丰富的工程案例取材于杭州钱江电气集团股份有限公司、国家电网安徽安庆供电公司等单位的一手经验,并结合了课题组教师在课堂教学中的学生反馈与结果。因此,本书内容是一本既有理论指导,又包含丰富实践与工程案例,同时也反映相关技术发展的著作,其主要研究内容如下:

　　(1)电力感知与通信的信息-物理相融合技术。新型电力系统数字支撑体系以数字技术为驱动力,以数据智能化为核心要素,统筹各环节感知和连接,强化共建共享共用,融合数字系统计算分析,提升电网可观可测可控能力。本书通过讲授新型电力系统数字感知的信息与通信基础理论,使其信息系统与物理系统深度融合,逐次分析和讲解了分布式能源输—变—配—用各环节海量终端的数字化安全可靠,泛在、敏捷、安全的感知和通信关键技术与难点,重点开展电力数智化信息编码及调制解调技术研究,为新型电力系统数智化技术提供理论支撑。

　　(2)电力设备多源数据融合的健康评估技术。目前针对变压器局部放电的研究通常采用单一局部放电检测方式对变压器进行状态监测与评估,对于结构相对复杂的变压器,此类检测技术及算法存在误检、漏检等情况,造成变压器状态评估不合理、工程应用不佳等问题。因此,针对变压器状态评估中的不确定性、主观性和评估指标单一性等问题,本书提出了一种基于局部放电信息融合的变压器状态监测与评估策略,即通过超声波、特高频、高频电流三种局部放电检测方式的信息融合对变压器运行状态进行评估,利用G1法和熵权法的组合赋权方式确定各评估指标的综合权重;运用可拓学中的物元分析法建立变压器状态评估模型;通过物元和关联函数将变压器局部放电的各项评估指标与运行等级评价区间的关系定量化,并用关联度矩阵表示;通过综合权重和关联度矩阵确定变压器运行状态所隶属的评价等级,为变压器状态监测提供更为合理、客观的评估结果。

(3) 基于振动分析法的变压器状态监测与评估方法。振动分析法是通过对变压器器身振动信号进行分析和研究,实现变压器机械稳定状态评估,为及时发现变压器潜在的机械故障提供支持。为此,本书首先从振动的产生、传播及合成三方面分析了变压器器身振动机理,详细推导了绕组振动与电流、铁芯振动与电压的关系,并根据矢量合成原理分析器身振动与绕组、铁芯振动之间的关系。然后,通过时域一般统计特征及概率分布特征、傅里叶变换、倒频谱和小波包变换的方法,分析了实测振动信号的特性差异。最后,根据振动机理和特性分析,建立变压器状态分层评估算法,实现变压器状态分层评估,并利用谱聚类算法,将高维复杂变压器工况参数特征向量映射为低维向量,高效且准确地实现对变压器工况的聚类分析。之后,建立变压器典型运行工况库,利用映射矩阵系数改进判别公式,对变压器工况实现精准识别,实现满足普适性和准确性要求的变压器状态评估模型,从机械角度探究了变压器状态监测的可行性和有效性。

综上所述,本书面向国家"双碳"目标与新型电力系统发展战略,打造将先进信息技术与能源生产深度融合,支撑能源电力清洁低碳转型、能源综合利用效率优化和多元主体灵活便捷接入的数字化智能化能源产业,努力占领"智慧+能源"生产的技术制高点,助力提升我国能源安全韧性和整体效率。

在此,感谢上海电力大学何西培、崔昊杨、周冬梅、赵琰、薛亮、唐忠、汤乃云、曹以龙、蒋伟等老师的合作与支持;感谢杭州钱江电气集团股份有限公司顾胜坚、吴一庆以及国网安徽省电力有限公司安庆供电公司江相伟、汪李来、潘学文等提供测试场景;感谢安徽理工大学陈辉、江西中烟工业有限责任公司胡鹏等合作与支持;感谢硕士生王春吉、朱浩、朱毅轩、贾仟尉等为本书部分内容提供了素材;感谢硕士研究生尚兴森、李柯、汪瀚、蔡赟、宋文敏、白怡昕、金家华、肖丁元、葛伯伦、朱岩松等对本书的校订工作;感谢上海交通大学出版社的编辑仔细审阅本书,并在整个出版过程中给予持续支持。

由于作者学识水平有限,欠妥和谬误之处在所难免,衷心希望得到同行专家、读者批评指正。

目　录

第 1 章　电力设备感知的信号采样与离散化

1.1 ▸ 概述

如今,数字经济正成为重组全球要素资源、重塑全球经济结构、改变全球竞争格局的关键力量。数字化的高创新性、强渗透性、广覆盖性为能源行业创新发展注入了新动力。国家能源战略在智能化、数字化、互动化、整体效率、安全性、稳定性等方面对源网荷储、供需互动、电力系统的各个环节建设都提出了更高要求,因此亟待以电力信息通信技术为基础实现电力信息化,从而实现电网、设备、客户状态的动态采集,实时感知和在线监测等。

信息与通信学科是支撑能源电力主干学科的重要一环。作为新兴交叉学科,本学科基础理论与相关信息采集及处理在电力发、输、变、配、用中均是基础性先导技术。为此,本章节将从电力信息的感知采样与随机信号处理入手,推进电网数字化、自动化、智能化转型升级。

采样频率,也称为采样速度或采样率,定义了每秒从连续信号中提取并组成离散信号的采样个数,单位用赫兹(Hz)来表示。多采样率是指数字信号处理系统中存在多种采样频率的情况,简称多速率[1]。

在多媒体时代,存在着各种各样的媒体信号,随着数字信号处理技术飞速发展,信号的处理、编码、传递、存储等功能也不断提高。为了有效地节省数字信号的计算工作量和数据存储空间,数字信号处理系统通常会根据信号的各种特性,进行不同采样频率的相互转换。在这些需求下,多采样率数字信号处理技术产生并发展起来,在工程实践中也得到了广泛应用,主要用于数字电话系统、数字电视系统、语音信号谱分析等。如在数字电视系统中,既要传输语音信号,又要传输图像信号,这两种信号的频率成分相差甚远,系统必然要工作在多采样率状态下,并能根据所传输的信号自动完成采样率转换[2]。

多采样率转换系统的应用提供了许多优势,例如,可以减少数据计算的复杂度,降低数据传输的速率,减少数据存储等[3]。

实现采样率转换的技术方法,可以在满足采样定理的前提下,通过数/模(D/A)将采样率 f_1 采集的数字信号 $x(n)$ 变成模拟信号 $x(t)$ 后,再按采样率 f_2,通过 A/D 对 $x(t)$ 进行重采样,从而实现从 f_1 到 f_2 的采样率转换,但这种操作较麻烦,且易使信号受到损伤,还会再次遭遇 D/A 和 A/D 量化误差的干扰,所以实际上改变采样率是在数字域实现的。根据采样定理,对采样后的数字信号 $x(n)$ 直接在数字域进行转换,以得到最新采样率下的采样数据[4]。

接下来,将分别介绍信号的整数倍抽取、整数倍内插及分数倍的采样率转换。

1.1.1　信号的整数倍抽取

抽取(decimation)是降低采样率以去掉多余数据的过程[5]。decimation 原意为"每十个中去除一个",正如很多英文单词一样,随着时间的推移,其他意思已经取代了原意。

对连续信号 $x_a(t)$ 进行等间隔采样,得到采样序列 $x(n_1 T_1)$。其中,T_1 称为采样间隔,单位为 s;采样率 $f_1 = 1/T_1$,单位为 Hz;n_1 为序列 $x(n_1 T_1)$ 的序号,则有

$$x(n_1 T_1) = x_a(n_1 T_1) = x_a(t)\big|_{t=n_1 T_1} \tag{1.1}$$

抽取系统如图 1.1 所示,符号 $\boxed{\downarrow D}$ 表示采样率降低为原来的 $1/D$。D 为大于 1 的整数,称为抽取因子,用于表示抽取倍数。由于采样率降低,抽取也称为降抽样。

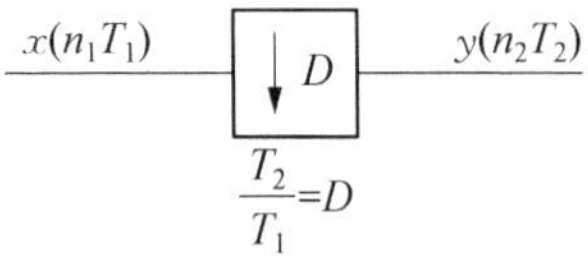

对 $x(n_1 T_1)$ 每 D 点抽取 1 点,即将采样率降低到原来的 $1/D$,抽取的样点依次组成新序列 $y(n_2 T_2)$。n_2 为序列 $y(n_2 T_2)$ 的序号,$y(n_2 T_2)$ 的采样间隔为 T_2,采样率为 $f_2 = 1/T_2$(Hz),T_2 与 T_1 的关系为

$$T_2 = DT_1 \tag{1.2}$$

由图 1.2 可看出,每隔 $D-1$ 个点抽取 1 个序列值能完成 D 倍抽取过程,即

$$y(n_2 T_2) = x(n_2 DT_1) \tag{1.3}$$

故当 $n_1 = D \cdot n_2$ 时,有 $y(n_2 T_2) = x(n_1 T_1)$。

图 1.1 处:
$x(n_1 T_1) \longrightarrow \boxed{\downarrow D} \longrightarrow y(n_2 T_2)$

$\dfrac{T_2}{T_1} = D$

图 1.1　抽取系统示意图

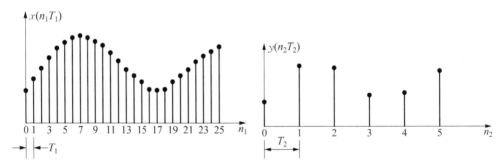

图 1.2　信号抽取时域示意图($D=5$)

接下来,将讨论抽取前后信号频谱变换的情况。为便于信号进行频谱分析,对 $x(n_1 T_1)$ 进行一次等效抽取,如图 1.3 所示,引入 $\tilde{\lambda}(n_1 T_1)$ 作为桥梁信号,推导出 $y(n_2 T_2)$ 的频谱。

周期序列 $\tilde{\lambda}(n_1 T_1)$ 定义为

$$\tilde{\lambda}(n_1 T_1) = \begin{cases} 1, & n_1 = 0, \pm D, \pm 2D, \cdots \\ 0, & \text{其他} \end{cases} \tag{1.4}$$

抽取前,先将 $x(n_1 T_1)$ 乘以序列 $\tilde{\lambda}(n_1 T_1)$,得到序列

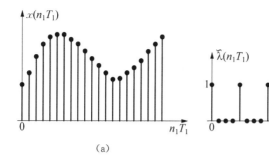

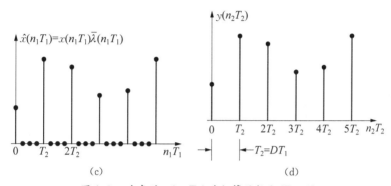

图 1.3 对序列 $x(n_1 T_1)$ 进行等效抽取 $(D=4)$

(a) 序列 $x(n_1)$；(b) 桥梁信号 $\widetilde{\lambda}(n_1)$；(c) 序列 $\hat{x}(n_1)$；(d) 序列 $y(n_2)$

$$\hat{x}(n_1 T_1) = x(n_1 T_1) \cdot \widetilde{\lambda}(n_1 T_1) \tag{1.5}$$

再对序列 $\hat{x}(n_1 T_1)$ 进行抽取，得到序列 $y(n_2 T_2)$。

可以看出，当 $n_1 = D \cdot n_2$ 时，$\hat{x}(n_1 T_1) = y(n_2 T_2) = y(n_2 D T_1)$；而当 $n_1 \neq D \cdot n_2$ 时，$\hat{x}(n_1 T_1) = 0$。

由于 $\widetilde{\lambda}(n_1 T_1)$ 是周期序列，可以表示为离散傅里叶级数，其离散傅里叶级数(DFS)的系数为

$$\widetilde{\Lambda}(k) = \sum_{n_1=0}^{D-1} \widetilde{\lambda}(n_1 T_1) e^{-j\frac{2\pi}{D}kn_1} = 1 \tag{1.6}$$

则 $\widetilde{\lambda}(n_1 T_1)$ 的 DFS 展开式为

$$\widetilde{\lambda}(n_1 T_1) = \frac{1}{D} \sum_{k=0}^{D-1} \widetilde{\Lambda}(k) e^{j\frac{2\pi}{D}kn_1} = \frac{1}{D} \sum_{k=0}^{D-1} e^{j\frac{2\pi}{D}kn_1} \tag{1.7}$$

将式(1.7)代入式(1.5)，得

$$\hat{x}(n_1 T_1) = \frac{1}{D} \sum_{k=0}^{D-1} x(n_1 T_1) e^{j\frac{2\pi}{D}kn_1} \tag{1.8}$$

下面，求抽取后序列 $y(n_2 T_2)$ 的频谱。

$$Y(e^{j\omega_2}) = \sum_{n_2=-\infty}^{\infty} y(n_2 T_2) e^{-j\omega_2 n_2} = \sum_{n_2=-\infty}^{\infty} y(n_2 D T_1) e^{-j\Omega T_1 D n_2} = \sum_{n_2=-\infty}^{\infty} y(n_2 T_2) e^{-j\omega_1 D n_2}$$

考虑到 $n_1 = D \cdot n_2$ 的情况，

$$
\begin{aligned}
Y(\mathrm{e}^{\mathrm{j}\omega_2}) &= \sum_{n_1=-\infty}^{\infty} \hat{x}(n_1 T_1) \mathrm{e}^{-\mathrm{j}\omega_1 n_1} = \sum_{n_1=-\infty}^{\infty} \left[\frac{1}{D} \sum_{k=0}^{D-1} x(n_1 T_1) \mathrm{e}^{\mathrm{j}\frac{2\pi}{D}kn_1} \right] \mathrm{e}^{-\mathrm{j}\omega_1 n_1} \\
&= \frac{1}{D} \sum_{k=0}^{D-1} X(\mathrm{e}^{\mathrm{j}(\omega_1 - \frac{2\pi}{D}k)}) \\
&= \frac{1}{D} \sum_{k=0}^{D-1} X(\mathrm{e}^{\mathrm{j}\frac{1}{D}(\omega_2 - 2\pi k)})
\end{aligned}
\tag{1.9}
$$

式(1.9)就是 $Y(\mathrm{e}^{\mathrm{j}\omega_2})$ 与 $X(\mathrm{e}^{\mathrm{j}\omega_1})$ 的关系，即 $Y(\mathrm{e}^{\mathrm{j}\omega_2})$ 是 $X(\mathrm{e}^{\mathrm{j}\omega_1})$ 的 D 个平移样本之和。图 1.4 所示为抽取前后的频谱关系示意图。

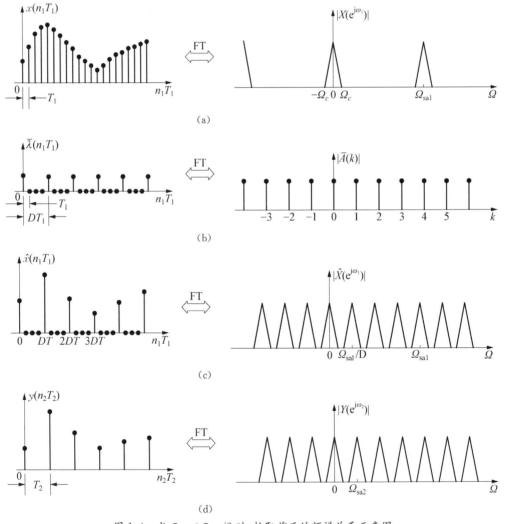

图 1.4　当 $\Omega_c < \Omega_{sa2}/2$ 时，抽取前后的频谱关系示意图

值得注意的是，抽取降低了采样频率，所以易引起频谱混叠现象。通常采取的措施是在抽取之前先对信号进行低通滤波处理，把信号的频带限制在 $\Omega_{sa2}/2$ 以下，这种低通滤波器，

被称为抗混叠滤波器[6]。带有抗混叠滤波器的抽取系统如图 1.5 所示。

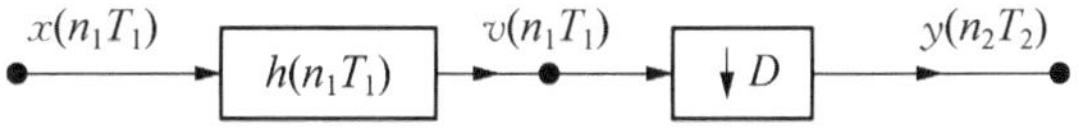

$$x(n_1T_1) \rightarrow \boxed{h(n_1T_1)} \rightarrow v(n_1T_1) \rightarrow \boxed{\downarrow D} \rightarrow y(n_2T_2)$$

图 1.5　带有抗混叠滤波器的抽取系统框图

图 1.5 中 $h(n_1T_1)$ 为抗混叠滤波器,理想情况下,其频率响应 $H(\mathrm{e}^{\mathrm{j}\omega})$ 的公式为

$$H(\mathrm{e}^{\mathrm{j}\omega}) = \begin{cases} 1, & |\omega| < \pi/D \\ 0, & \pi/D \leqslant |\omega| \leqslant \pi \end{cases} \tag{1.10}$$

1.1.2　信号的整数倍内插

插值(interpolation)是指通过提高采样率增加数据的过程[7]。整数倍内插是在已知的相邻两个原采样点之间插入 $I-1$ 个新采样值的点。由于这 $I-1$ 个采样值并非是已知的值,所以关键问题是如何求出这 $I-1$ 个采样值,可以采用如图 1.6 所示的零值内插方案。

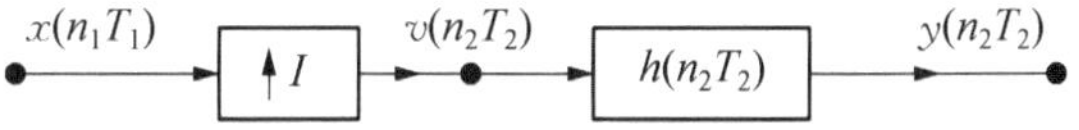

$$x(n_1T_1) \rightarrow \boxed{\uparrow I} \rightarrow v(n_2T_2) \rightarrow \boxed{h(n_2T_2)} \rightarrow y(n_2T_2)$$

图 1.6　零值内插方案原理框图

$\boxed{\uparrow I}$ 表示在已知采样序列 $x(n_1T_1)$ 的相邻两个样点之间等间隔插入 $I-1$ 个 0 值点,这一过程称为零值内插,零值内插的结果会使采样率提高为原来的 I 倍,I 为大于 1 的整数,称为内插因子,由于采样率提高,内插也称为升抽样。

在零值内插后,得到序列 $v(n_2T_2)$。$v(n_2T_2)$ 经过低通滤波器 $h(n_2T_2)$ 后,输出 $y(n_2T_2)$ 序列。图 1.7 为零值内插前后的频谱图。

接下来先分析序列 $v(n_2T_2)$ 的频谱,再讨论方案中对低通滤波器的技术要求。

$$v(n_2T_2) = \begin{cases} x\left(n_2\dfrac{T_1}{I}\right), & \text{当 } n_2 = 0, \pm I, \pm 2I, \cdots \\ 0, & \text{其他} \end{cases} \tag{1.11}$$

序列 $v(n_2T_2)$ 的傅里叶变换为

$$
\begin{aligned}
V(\mathrm{e}^{\mathrm{j}\omega_2}) = V(\mathrm{e}^{\mathrm{j}\Omega T_2}) &= \sum_{n_2=-\infty}^{\infty} v(n_2T_2)\mathrm{e}^{-\mathrm{j}\omega_2 n_2} = \sum_{n_2=-\infty}^{\infty} v(n_2T_2)\mathrm{e}^{-\mathrm{j}\Omega T_2 n_2} \\
&= \sum_{n_2/I=n_1} x\left(\frac{n_2}{I}T_1\right)\mathrm{e}^{-\mathrm{j}\Omega T_1 n_2/I} = \sum_{n_1=-\infty}^{\infty} x(n_1T_1)\mathrm{e}^{-\mathrm{j}\Omega T_1 n_1} \\
&= X(\mathrm{e}^{\mathrm{j}\Omega T_1}) = X(\mathrm{e}^{\mathrm{j}\omega_1})
\end{aligned}
\tag{1.12}
$$

式(1.12)表明 $V(\mathrm{e}^{\mathrm{j}\Omega T_2})$ 和 $X(\mathrm{e}^{\mathrm{j}\Omega T_1})$ 的频谱相同,如图 1.7 所示。这是由于 $v(n_2T_2)$ 的信息与 $x(n_1T_1)$ 完全相同,所以两者具有相同的频谱。而 $V(\mathrm{e}^{\mathrm{j}\Omega T_2})$ 与 $Y(\mathrm{e}^{\mathrm{j}\Omega T_2})$ 相比较,多出了从 $\Omega_{\mathrm{sa1}}/2$ 到 $\Omega_{\mathrm{sa2}} - \Omega_{\mathrm{sa1}}/2$ 的部分,通常将这部分频谱称为镜像频谱。这里,$\Omega_{\mathrm{sa1}} = 2\pi/T_1$,

$\Omega_{sa2} = 2\pi/T_2 = 2\pi/(T_1/I) = I\Omega_{sa1}$。

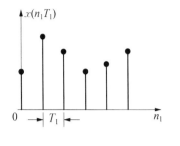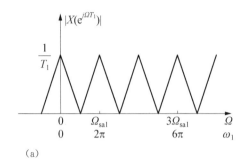

(a)

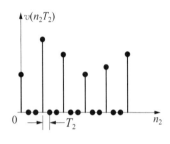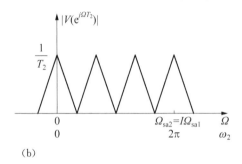

(b)

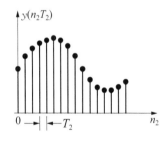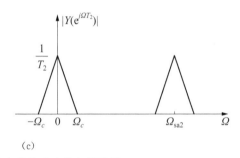

(c)

图 1.7　零值内插前后时域与频域图

（a）$x(n_1 T_1)$的时域波形及频谱；（b）$v(n_2 T_2)$的时域波形及频谱；（c）$y(n_2 T_2)$的时域波形及频谱

要想从$V(e^{j\Omega T_2})$中得到图 1.7(c)所示的$Y(e^{j\Omega T_2})$，只要滤除这些镜像频谱即可实现。低通滤波器$h(n_2 T_2)$的理想幅频特性如图 1.8 所示，根据其功能特性，一般把$h(n_2 T_2)$称为镜像滤波器[8]。

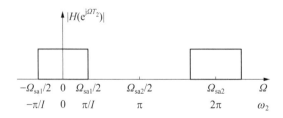

图 1.8　镜像滤波器的理想幅频特性

1.1.3　分数倍采样率转换

常见的音频信号的抽样率是不同的,当这些不同抽样频率的音频信号通过相同播放器播放时,需要进行采样率转换才能保持原音频信号的音效特性,否则往往会出现声音加快或放慢的失真[9]。

再比如,数字录音带(digital audio tape,DAT)驱动器的采样频率为 48 kHz,而光盘播放机(CD)则以 44.1 kHz 的采样频率工作。为了直接把声音从 CD 录制到 DAT 上,需要把采样频率从 44.1 kHz 转换为 48 kHz。为此,需要考虑通过分数倍采样率转换来完成。

在按整数因子 I 内插和整数因子 D 抽取的基础上,本节介绍按分数倍 I/D 采样率转换的方法,如图 1.9 所示。

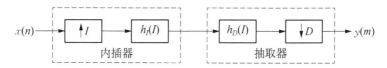

图 1.9　分数倍采样率转换方法

首先,对输入序列 $x(n)$ 按整数因子 I 内插,然后,再对内插器的输出序列按整数因子 D 抽取,达到按分数倍 I/D 的采样率转换。应当注意,为了最大限度地保留输入序列的频谱成分,应该先内插后抽取。

在图 1.9 中,镜像滤波器 $h_I(l)$ 和抗混叠滤波器 $h_D(l)$ 级联,而且它们工作在相同的采样频率下,因此可以将两者合成为一个等效滤波器 $h(l)$,得到按分数倍 I/D 采样率转换的实用原理方框图,如图 1.10 所示。

图 1.10　分数倍采样率转换实用原理框图

理想情况下,$h_I(l)$ 和 $h_D(l)$ 均为理想低通滤波器,所以等效滤波器 $h(l)$ 仍是一种理想低通滤波器,其等效带宽应当是 $h_I(l)$ 和 $h_D(l)$ 中最小的带宽。

1.2 ▸ 电力设备感知信息的离散化

1.2.1　时域离散随机信号的统计描述

信号有确定性信号和随机信号之分[10]。若信号可以被表示为一种确定的时间函数,对于指定的某一时刻,可确定一个相应的函数值,这种可以用明确的数学关系来描述的信号称为确定性信号。在信号传输过程中,不可避免地要受到各种干扰和噪声的影响,这些干扰和噪声都具有随机特性。随机信号随时间的变化没有明确的变化规律,在任何时间的信号大小不能预测,因此不可能用一明确的数学关系进行描述,但是这类信号存在着一定的统计分布规律,如在某时刻取某一数值的概率,这些统计分布规律可以用概率密度函数、概率分布函数、数字特征等进行描述。随机信号通常有四种形式：

（1）连续随机信号：时间变量和幅度均取连续值的随机信号。

（2）时域离散随机信号（简称随机序列）：时间变量取离散值，而幅度取连续值的随机信号。

（3）幅度离散随机信号：幅度取离散值，而时间变量取连续值的随机信号。例如随机脉冲信号，其取值只有两个电平，不是低电平就是高电平，但高低电平的选取却是随机的。

（4）离散随机序列（也称为随机数字信号）：幅度和时间变量均取离散值的信号。

本书针对时域离散随机信号，即随机序列展开讨论。根据随机过程的定义，一个随机序列就是一个随机过程。与时域离散确定性信号相对应，随机序列一般用大写字母 $X(n)$ 或 X_n 表示，小写字母 $x(n)$ 或 x_n 表示样本序列。考虑到随机序列是随 n 变化的随机变量序列，随机序列有时也称为随机变量[11]。

1. 随机序列的概率描述

1）概率分布函数

对于随机变量 X_n，其概率分布函数定义为：随机变量 X_n 在点 n 上的取值不超过某个特定值 x_n 的概率，即

$$F_{X_n}(x_n, n) = P(X_n \leqslant x_n) \tag{1.13}$$

式中，P 表示概率。

2）概率密度函数

如果 X_n 取连续值，某概率密度函数

$$p_{X_n}(x_n, n) = \frac{\partial F_{X_n}(x_n, n)}{\partial x_n} \tag{1.14}$$

式（1.13）和式（1.14）分别称为随机序列的一维概率分布函数和一维概率密度函数，它们只描述随机序列在某一时刻 n 的统计特性。而对于随机序列，不同 n 的随机变量之间并不是孤立的，为了更加完整地描述随机序列，需要了解二维及多维统计的相关特性。

（1）二维概率分布函数为

$$F_{X_n, X_m}(x_n, n, x_m, m) = p(X_n \leqslant x_n, X_m \leqslant x_m) \tag{1.15}$$

式（1.15）描述随机序列中两个时间点（n 与 m）上的随机变量 X_n 与 X_m，其取值同时满足 $X_n \leqslant x_n, X_m \leqslant x_m$ 的概率，也称为"二维联合概率分布函数"。

（2）对于连续随机变量，其二维概率密度函数为

$$P_{X_n, X_m}(x_n, n, x_m, m) = \frac{\partial^2 F_{X_n, X_m}(x_n, n, x_m, m)}{\partial x_n \partial x_m} \tag{1.16}$$

以此类推，N 维概率分布函数为

$$F_{X_1, X_2, \cdots, X_N}(x_1, 1, x_2, 2, \cdots, x_N) = P(X_1 \leqslant x_1, X_2 \leqslant x_2, \cdots, X_N \leqslant x_N)$$

（3）对于连续随机变量，其 N 维概率密度函数为

$$p_{X_1,X_2,\cdots,X_N}(x_1,1,x_2,2,\cdots,x_N,N) = \frac{\partial^N F_{X_1,X_2,\cdots,X_N}(x_1,1,x_2,2,\cdots,x_N,N)}{\partial x_1 \partial x_2 \cdots \partial x_N}$$

(1.17)

虽然概率分布函数能完整地描述随机序列,但在实际中往往无法求出结果。为此,引入随机序列的数字特征,常用的数字特征有数学期望、方差和相关函数等。在实际应用中,这些数字特征比较容易进行测量和计算,因此常用这些数字特征描述随机序列[12]。

2. 随机序列的数字特征

1) 数学期望(统计平均值)

随机序列的数学期望定义为

$$m_x(n) = E[X(n)] = \int_{-\infty}^{\infty} x(n) p_{x_n}(x,n) \mathrm{d}x$$

(1.18)

式中,E 表示统计平均值。由式(1.18)可见,数学期望是 n 的函数。

2) 均方值与方差

随机序列均方值定义为

$$E[|X_n|^2] = \int_{-\infty}^{\infty} |x(n)|^2 p_{x_n}(x,n) \mathrm{d}x$$

(1.19)

随机序列的方差定义为

$$\sigma_x^2(n) = E[|X_n - m_x(n)|^2]$$

(1.20)

可以证明,上式也可以写为

$$\sigma_x^2(n) = E[|X_n|^2] - m_x^2(n)$$

(1.21)

一般均方值和方差都是 n 的函数。

3) 相关函数和协方差函数

自相关函数描述同一随机序列在不同时刻取值的关联程度;自协方差函数描述同一随机序列在不同时刻取值偏离中心值(统计平均值)的关联程度。

(1) 自相关函数定义为

$$r_{xx}(n,m) = E[X_n^* X_m] = \int_{-\infty}^{\infty}\int_{-\infty}^{\infty} x_n^* x_m p_{X_n,X_m}(x_n,n,x_m,m) \mathrm{d}x_n \mathrm{d}x_m$$

(1.22)

(2) 自协方差函数定义为

$$\mathrm{cov}(X_n,X_m) = E[(X_n - m_{X_n})^*(X_m - m_{X_m})]$$

(1.23)

式中,"$*$"表示复共轭。式(1.23)也可以写成

$$\mathrm{cov}(X_n,X_m) = r_{xx}(n,m) - m_{X_n}^* \cdot m_{X_m}$$

(1.24)

对于零均值随机序列,$m_{X_n} = m_{X_m} = 0$,则

$$\mathrm{cov}(X_n,X_m) = r_{xx}(n,m)$$

(1.25)

这种情况表明,对于零均值随机序列,自相关函数和自协方差函数相等。

对于两个不同的随机序列之间的关联性,我们用互相关函数和互协方差函数描述。

(3) 互相关函数的定义为

$$r_{xy}(n, m) = E[X_n^* Y_m] = \int_{-\infty}^{\infty} \int_{-\infty}^{\infty} x_n^* y_m p_{X_n, Y_m}(x_n, n, y_m, m) \mathrm{d}x_n \mathrm{d}y_m \quad (1.26)$$

式中,$p_{X_n, Y_n}(x_n, n, y_m, m)$ 表示 X_n 和 Y_m 的联合概率密度。

(4) 互协方差函数定义为

$$\mathrm{cov}(X_n, Y_m) = E[(X_n - m_{X_n}) \cdot (Y_m - m_{Y_m})] = r_{xy}(n, m) - m_{X_n}^* m_{Y_m} \quad (1.27)$$

同样,当 $m_{X_n} = m_{Y_m} = 0$ 时,有

$$\mathrm{cov}(X_n, Y_m) = r_{xy}(n, m) \quad (1.28)$$

1.2.2 平稳随机序列

1. 概念

在信息处理与传输中,经常遇到一类称为平稳随机序列的重要信号[13]。平稳随机序列的统计特性不随时间的平移而发生变化,它分为狭义平稳随机序列和广义平稳随机序列两类。

狭义(严)平稳随机序列:是指它的 N 维概率分布函数或 N 维概率密度函数与时间 n 的起始位置无关。换句话说,如果将随机序列在时间上平移 k,其 N 维概率分布函数满足:

$$F_{X_{1+k}, X_{2+k}, \cdots, X_{N+k}}(x_{1+k}, 1+k, x_{2+k}, 2+k, \cdots, x_{N+k}, N+k) = \\ F_{X_1, X_2, \cdots, X_N}(x_1, 1, x_2, 2, \cdots, x_N, N) \quad (1.29)$$

这一严平稳的条件在实际情况下很难得到满足。

广义(宽)平稳随机序列:是指它的均值和均方差不随时间而改变,其相关函数仅是时间差的函数。许多随机序列不是严平稳随机序列,但却满足宽平稳的条件,为此,我们重点分析广义平稳随机序列。为简单起见,将广义平稳随机序列简称为平稳随机序列。这里需要说明的是,本书中对平稳随机序列的表达,为方便简单起见,也用小写字母表示。

2. 平稳随机序列的数字特征

平稳随机序列的一维概率密度函数与时间无关,因此如果随机序列是平稳的,则其数学期望是常数,与时间 n 无关;均方值和方差也是常数,与时间 n 无关。它们可分别用下式表示:

$$m_x = E[x(n)] = E[x(n+m)] \quad (1.30)$$

$$E[|X_n|^2] = E[|X_{n+m}|^2] \quad (1.31)$$

$$\sigma_x^2 = E[|x_n - m_x|^2] = E[|x_{n+m} - m_x|^2] \quad (1.32)$$

平稳随机序列的二维概率密度函数仅决定于时间差,与起始时间无关,因此平稳随机序列的自相关函数与自协方差函数与起始时间 n 无关,仅与时间差 m 有关,是时间差的函数。自相关函数 $r_{xx}(m)$ 与自协方差函数 $\mathrm{cov}_{xx}(m)$ 分别表示为

$$r_{xx}(m) = E[X_n^* X_{n+m}] \tag{1.33}$$

$$\mathrm{cov}_{xx}(m) = E[(X_n - m_x)^* (X_{n+m} - m_x)] \tag{1.34}$$

由式(1.33),可以证明

$$r_{xx}^*(m) = r_{xx}(-m) \tag{1.35}$$

对于两个各自平稳且联合平稳的随机序列,其互相关函数为

$$r_{xy}(m) = r_{xy}(n, n+m) = E[X_n^* Y_{n+m}] \tag{1.36}$$

同样可以证明,下面的公式成立

$$r_{xy}^*(m) = r_{yx}(-m) \tag{1.37}$$

对于所有的 m,若满足 $r_{xy}(m) = 0$,则称两个随机序列互为正交。如果对于所有的 m,满足 $r_{xy}(m) = m_x m_y$,$\mathrm{cov}_{xy}(m) = 0$,则称两个随机序列互不相关。

3. 实平稳随机序列的性质

实平稳随机序列的相关函数、协方差函数具有以下重要性质:

(1)
$$\mathrm{cov}_{xx}(m) = r_{xx}(m) - m_x^2 \tag{1.38}$$

当序列为 0 均值,即 $m_x = 0$ 时,有:

$$\mathrm{cov}_{xx}(m) = r_{xx}(m)$$

(2)
$$r_{xx}(0) = E[X_n^2] \tag{1.39}$$

$r_{xx}(0)$ 在数值上等于随机序列的平均功率。

$$\mathrm{cov}_{xx}(0) = \sigma_x^2 \tag{1.40}$$

(3)
$$r_{xx}(0) \geqslant |r_{xx}(m)| \tag{1.41}$$

自相关函数和自协方差函数是 m 的偶函数,可表示为

$$r_{xx}(m) = r_{xx}(-m), \ \mathrm{cov}_{xx}(m) = \mathrm{cov}_{xx}(-m) \tag{1.42}$$

$$r_{xy}(m) = r_{yx}(-m), \ \mathrm{cov}_{xy}(m) = \mathrm{cov}_{yx}(-m) \tag{1.43}$$

$$\lim_{m \to \infty} r_{xx}(m) = m_x^2 \tag{1.44}$$

$$\lim_{m \to \infty} r_{xy}(m) = m_x m_y \tag{1.45}$$

说明随着时间差的变大,平稳随机序列内部的相关性会减弱。由式(1.44)可以看出,自相关函数是非周期序列,随着时间差 m 的增大,将趋近于随机序列的均值。

4. 平稳随机序列的功率谱密度

平稳随机序列是不可预知的具有无限能量的非周期函数,它们的傅立叶变换或 Z 变换都不存在[14]。但根据其自相关函数有限能量的特点,可以借助自相关函数 $r_{xx}(m)$ 对平稳随机序列进行谱分析。

如果随机序列的均值为 0,即 $m_x = 0$,那么 $r_{xx}(m)$ 是收敛序列,存在有 Z 变

换用 $P_{xx}(z)$ 表示如下：

$$P_{xx}(z) = \sum_{-\infty}^{\infty} r_{xx}(m) z^{-m} \tag{1.46}$$

且

$$r_{xx}(m) = \frac{1}{2\pi j} \oint_c P_{xx}(z) z^{m-1} \mathrm{d}z \tag{1.47}$$

将式(1.47)进行 Z 变换，并考虑式(1.46)，得到

$$P_{xx}(z) = P_{xx}^* \left(\frac{1}{z^*} \right) \tag{1.48}$$

如果 z_1 是其极点，则 $1/z_1^*$ 也是极点。如果 z_1 在单位圆内，则 $1/z_1^*$ 必须在单位圆外，这样，$P_{xx}(z)$ 的收敛域一定包含单位圆。$P_{xx}(z)$ 的收敛域有以下形式：

$$R_a < |z| < R_a^{-1} \quad 0 \leqslant R_a \leqslant 1$$

由于 $P_{xx}(z)$ 的收敛域包含单位圆，因此 $r_{xx}(m)$ 的傅立叶变换存在。

令 $z = \exp(j\omega)$，代入式(1.46)，有

$$P_{xx}(e^{j\omega}) = \sum_{-\infty}^{\infty} r_{xx}(m) e^{-j\omega m} \tag{1.49}$$

$$r_{xx}(m) = \frac{1}{2\pi} \int_{-\pi}^{\pi} P_{xx}(e^{j\omega}) e^{j\omega m} \mathrm{d}\omega \tag{1.50}$$

式(1.49)、式(1.50)表示一对傅立叶变换式，称为维纳-辛钦定理。

将 $m = 0$ 代入式(1.50)，得到

$$r_{xx}(0) = \frac{1}{2\pi} \int_{-\pi}^{\pi} P_{xx}(e^{j\omega}) \mathrm{d}\omega \tag{1.51}$$

根据式(1.39)，$r_{xx}(0)$ 就等于随机序列的平均功率，因此将 $P_{xx}(e^{j\omega})$ 称为功率谱密度，简称为功率谱，有时简记为 $P_{xx}(\omega)$。式(1.51)说明，功率谱密度在一个周期内的平均值就是随机序列的平均功率。

对于实平稳随机序列功率谱 $P_{xx}(\omega)$，有以下性质：

（1）功率谱是 ω 的周期函数，周期为 2π。

（2）功率谱是 ω 的偶函数：

$$P_{xx}(\omega) = P_{xx}(-\omega) \tag{1.52}$$

（3）功率谱是实的非负函数，即

$$P_{xx}(\omega) \geqslant 0 \tag{1.53}$$

5. 白噪声序列

平稳白噪声序列的功率谱密度 $P_{xx}(\omega)$ 为常数，根据式(1.51)，可得

$$r_{xx}(0) = \frac{1}{2\pi}\int_{-\pi}^{\pi} P_{xx}(\omega)\,\mathrm{d}\omega = P_{xx}(\omega) \tag{1.54}$$

当均值 $m_x = 0$ 时，

$$r_{xx}(0) = \sigma_x^2 = P_{xx}(\omega) \tag{1.55}$$

说明白噪声的功率在频率轴上的分布密度处处相同，等于 σ_x^2，并且还等于输入信号的平均功率。

根据维纳-辛钦定理，可得平稳白噪声序列的自相关函数为

$$r_{xx}(m) = \sigma_x^2 \delta(m) \tag{1.56}$$

如果白噪声序列服从正态分布，序列中随机变量的两两不相关性就是相互独立性，称为正态白噪声序列。

1.2.3　线性系统对平稳随机序列的响应

设线性系统是稳定的、时不变的，其单位脉冲响应为 $h(n)$，输入是平稳随机序列 $x(n)$，输出为

$$y(n) = \sum_{k=-\infty}^{\infty} h(k) x(n-k) \tag{1.57}$$

系统响应的均值为

$$m_y = E[y(n)] = \sum_{k=-\infty}^{\infty} h(k) E[x(n-k)] \tag{1.58}$$

由于输入是平稳随机序列，即

$$E[x(n-k)] = m_x \tag{1.59}$$

故

$$m_y = m_x \sum_{k=-\infty}^{\infty} h(n) = m_x H(\mathrm{e}^{\mathrm{j}0}) \tag{1.60}$$

可以看出，m_x 与时间无关，系统响应的均值 m_y 也与时间无关。

系统响应的自相关函数

$$\begin{aligned}
r_{yy}(n, n+m) &= E[y^*(n) y(n+m)] \\
&= E\Big[\sum_{k=-\infty}^{\infty} h^*(k) x^*(n-k) \sum_{r=-\infty}^{\infty} h(r) x(n+m-r)\Big] \\
&= \sum_{r=-\infty}^{\infty} h^*(k) \sum_{r=-\infty}^{\infty} h(r) E[x^*(n-k) x(n+m-r)] \\
&= \sum_{k=-\infty}^{\infty} h^*(k) \sum_{k=-\infty}^{\infty} h(r) r_{xx}(m+k-r) \\
&= r_{yy}(m)
\end{aligned} \tag{1.61}$$

可以看出,系统响应的自相关函数与输入信号一样,与时间 n 无关,仅与时间差 m 有关。由此,可以得出结论:如果用平稳随机序列激励一个线性时不变系统,其输出信号也将是一个平稳随机序列[15]。

由式(1.61)的结论出发:$r_{yy}(m) = \sum\limits_{k=-\infty}^{\infty} h^*(k) \sum\limits_{k=-\infty}^{\infty} h(r) r_{xx}(m+k-r)$,令 $l = r-k$,则

$$r_{yy}(m) = \sum_{l=-\infty}^{\infty} r_{xx}(m-l) \sum_{k=-\infty}^{\infty} h^*(k) h(l+k) \tag{1.62}$$
$$= \sum_{l=-\infty}^{\infty} r_{xx}(m-l) v(l) = r_{xx}(m) * v(m)$$

式(1.62)中,

$$v(l) = \sum_{k=-\infty}^{\infty} h^*(k) h(l+k) \tag{1.63}$$

$v(l)$ 为 $h(n)$ 的自相关函数也可以将其写成卷积形式:

$$v(l) = h^*(l) * h(-l) = h^*(-l) * h(l) \tag{1.64}$$

式(1.62)表明,$x(n)$ 与 $h(n)$ 卷积的自相关,等于 $x(n)$ 的自相关和 $h(n)$ 的自相关的卷积。也就是线性系统响应的自相关函数等于输入自相关函数与线性系统单位脉冲响应的自相关函数的卷积[16]。

将式(1.62)、式(1.64)分别写成 Z 变换形式,表示如下:

$$V(z) = H(z) H^*\left(\frac{1}{z^*}\right) \tag{1.65}$$

$$P_{yy}(z) = P_{xx}(z) H(z) H^*\left(\frac{1}{z^*}\right) \tag{1.66}$$

将 $z = e^{j\omega}$ 代入式(1.66),得到输出功率谱

$$P_{yy}(e^{j\omega}) = P_{xx}(e^{j\omega}) H(e^{j\omega}) H^*(e^{j\omega}) = P_{xx}(e^{j\omega}) \mid H(e^{j\omega}) \mid^2 \tag{1.67}$$

式(1.62)表明,系统输出响应的功率谱密度等于输入平稳随机序列的功率谱密度与系统频率特性幅度平方的乘积。

特别地,当 $h(n)$ 是实序列,式(1.66)可简化为

$$P_{yy}(z) = P_{xx}(z) H(z) H(z^{-1}) \tag{1.68}$$

1.2.4　时间序列信号模型

平移随机序列的信号模型如图 1.11 所示,自相关函数、功率谱与时间序列信号模型是对平稳随机序列三种不同方式的描述,它们从不同方面说明随机序列的统计特性[17]。

在图 1.11 中,$\omega(n)$ 是均值为 0、方差为 σ_ω^2 的白噪声;$x(n)$ 是我们要研究的平稳随机序列。

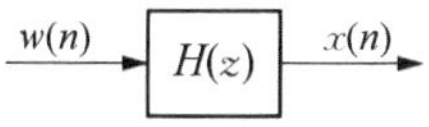

图 1.11　平稳随机序列的信号模型

假设信号模型用一个 p 阶差分方程来描述，其表达式为

$$x(n)+a_1x(n-1)+\cdots+a_px(n-p)$$
$$=w(n)+b_1w(n-1)+\cdots+b_qw(n-q) \tag{1.69}$$

1. 滑动平均模型

当式(1.69)中的 $a_i=0$，$i=1$，2，3，$\cdots$，p 时，该模型称为滑动平均模型(moving average, MA)。

MA 模型差分方程和系统函数分别表示为

$$x(n)=w(n)+b_1w(n-1)+\cdots+b_qw(n-q) \tag{1.70}$$

$$H(z)=B(z)=1+b_1z^{-1}+b_2z^{-2}+\cdots+b_qz^{-q}\cdots \tag{1.71}$$

该模型只有零点，没有除原点以外的极点，因此 MA 模型也称为全零点模型。

2. 自回归模型

当式(1.69)中 $b_i=0$，$i=1$，2，3，$\cdots$，q 时，该模型称为自回归模型(autoregressive, AR)。

AR 模型差分方程和系统函数分别表示为

$$x(n)+a_1x(n-1)+a_2x(n-2)+\cdots+a_px(n-p)=w(n) \tag{1.72}$$

$$H(z)=\frac{1}{A(z)} \tag{1.73}$$

$$A(z)=1+a_1z^{-1}+a_2z^{-2}+\cdots+a_pz^{-p} \tag{1.74}$$

该模型只有极点，没有除原点以外的零点，因此 AR 模型也称为全极点模型。

3. 自回归-滑动平均模型（ARMA 模型）

该模型的差分方程用式(1.69)描述，系统函数表示为

$$H(z)=\frac{B(z)}{A(z)}=\frac{1+\sum_{i=1}^{q}b_iz^{-i}}{1+\sum_{i=1}^{p}a_iz^{-i}} \tag{1.75}$$

式中，分子称为 MA 部分，分母称为 AR 部分，这两部分无公共因子。

三种信号模型可以相互转化，而且都具有普遍适用性，但是对于同一时间序列用不同信号模型表示时，会有不同的效率，一般模型系数越少，效率越高[18]。

接下来，研究自相关函数、功率谱与时间序列信号模型三者之间的关系。由维纳-辛钦定理可知，自相关函数和功率谱是一对傅立叶变换关系。由时间序列信号模型的参数，可以确定信号模型的系统函数 $H(z)$，进一步可以通过求模型输出功率谱(用 Z 变换形式表示)的方法，获取实平稳随机序列 $x(n)$ 的功率谱，模型输入为白噪声序列，则

$$P_{xx}(z) = \sigma_w^2 H(z) H(z^{-1}) \tag{1.76}$$

倘若信号模型输出的功率谱 $P_{xx}(\mathrm{e}^{\mathrm{j}\omega})$ 是 $\mathrm{e}^{\mathrm{j}\omega}$，或者 $\cos\omega$ 的有理函数，把这种平稳随机序列 $x(n)$ 称为有理谱信号，那么一定存在一个零极点均在单位圆内的有理函数 $H(z)$，满足式(1.76)，这就是谱分解定理。

$$H(z) = \frac{B(z)}{A(z)} = \frac{\sum\limits_{k=0}^{q} b_k z^{-k}}{\sum\limits_{k=0}^{p} a_k z^{-k}} = \frac{\prod\limits_{k=1}^{q}(1-\beta_k z^{-1})}{\prod\limits_{k=1}^{p}(1-\alpha_k z^{-1})} \tag{1.77}$$

式中，a_k，b_k 都是实数，$a_0 = b_0 = 1$，且 $|\alpha_k| < 1$，$|\beta_k| < 1$。

参考文献

[1] 胡广书. 数字信号处理——理论、算法与实现[M]. 3 版. 北京:清华大学出版社,2012.
[2] 程佩青. 数字信号处理教程[M]. 4 版. 北京:清华大学出版社,2013.
[3] 高西全,丁美玉. 数字信号处理[M]. 4 版. 西安:西安电子科技大学出版社,2016.
[4] 宗孔德. 多抽样率信号处理[M]. 北京:清华大学出版社,1996.
[5] 姜常珍. 信号分析与处理[M]. 天津:天津大学出版社,2000.
[6] 奎克勒,克劳斯. 多采样率系统——采样率转换和数字滤波器组[M]. 北京:电子工业出版社,2009.
[7] 王光宇. 多速率数字信号处理和滤波器组理论[M]. 北京:科学出版社,2013.
[8] 吴锁杨. 数字信号处理的原理与实现[M]. 南京:东南大学出版社,1997.
[9] 陈后金. 数字信号处理[M]. 3 版. 北京:高等教育出版社,2018.
[10] 丁玉美,阔永红,高新波. 数字信号处理——时域离散随机信号处理[M]. 西安:西安电子科技大学出版社,2002.
[11] 杨绿溪. 现代数字信号处理[M]. 北京:科学出版社,2007.
[12] 王展. 现代数字信号处理[M]. 长沙:国防科技大学出版社,2016.
[13] 高玉龙,陈艳平,何晨光. 随机过程分析与处理[M]. 哈尔滨:哈尔滨工业大学出版社,2020.
[14] 卜雄洙,吴键,牛杰. 现代信号分析与处理[M]. 北京:清华大学出版社,2018.
[15] 俞卞章. 数字信号处理[M]. 西安:西北工业大学出版社,2002.
[16] 王宏禹. 随机数字信号处理[M]. 北京:科学出版社,1988.
[17] GRIFFITHS L. Introduction to discrete-time signal processing [J]. IEEE Transactions on Acoustics Speech & Signal Processing, 1978, 26(3):270-271.
[18] OPPENHEIM, ALANV. Digital signal processing : Pt.2 [M]. N.J. Prentice-Hall, 1975.

第 **2** 章　电力设备数智化的信号滤波

2.1 ▶ 概述

在电力设备信息感知与监测的现场测量中,往往会存在各式各样的干扰信号,从而造成监测装置的误判,倘若放宽监测装置的灵敏度以躲避干扰信号的影响,又将导致较微弱的局部放电无法及时被捕捉到,贻误检修时机。在线监测装置的灵敏度与现场干扰之间的矛盾是制约局部放电在线监测发展的主要因素,为了减少干扰的影响,需要对数据做必要的数字信号处理[1]。比如,现场的电力变压器局部放电信号中往往包含着强烈的噪声干扰,其中又以周期性窄带干扰和高斯白噪声最为严重。目前常用的数字信号处理方法主要有:快速傅里叶变换(fast Fourier transform,FFT)阈值法、有限冲击响应(finite impulse response,FIR)滤波法、小波分解法、经验模态分解法(empirical mode decomposition,EMD)、混沌振子法和自适应滤波法等[2]。

FFT 阈值法技术难度较低,可以有效抑制大部分窄带噪声,但是频谱阈值难以确定,当局部放电信号与窄带干扰信号频谱重叠时,反变换后的波形会出现较大畸变,数据量较多时会使得运算量大幅上升;FIR 滤波法在抑制周期性窄带干扰时也可以抑制部分白噪声,但是FIR 滤波器的参数为提前确定,当局部放电信号频率发生变化时需要重新设置参数;小波分解法可以在时频域内描述信号的特征,对白噪声有较强的抑制能力,但是对于周期性窄带干扰的抑制并不理想,同时其性能依赖对于小波函数、分解层数和去噪阈值的选取,缺乏自适应性;EMD 可以自适应地将信号分解为不同频率的本征模态函数(intrinsic mode function,IMF),根据局部放电信号与噪声信号在 IMF 上分布不同实现抑制干扰的效果,但是容易出现模态混叠的现象,在低信噪比下性能不稳定;混沌振子法抑制窄带干扰有一定效果,但运算复杂,而且系统周期性策动力频率难以设置;自适应滤波法在窄带干扰抑制中表现较好,不需要任何对信号的先验知识,但是传统的最小均方(least mean square,LMS)自适应滤波法收敛性较差,存在多种干扰频率时容易发散。为此,需要根据电力现场场景需求,寻找一种滤波器,当信号与噪声同时输入时,这种滤波器在输出端能最大限度地抑制噪声,并将有用信号分离出来,下面将针对目前常用的几种滤波器进行理论分析。

2.2 ▶ 维纳滤波和卡尔曼滤波

这里,只考虑加性噪声的影响,维纳(Wiener)滤波和卡尔曼(Kalman)滤波就是用来解决从噪声中提取信号的一种滤波方法,这实际上归属于线性滤波问题[3]。滤波系统的输入输出模型如图 2.1 所示。

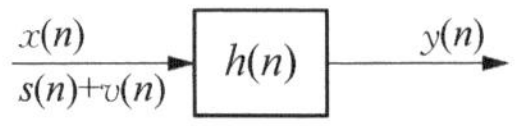

$$\frac{x(n)}{s(n)+v(n)} \rightarrow \boxed{h(n)} \xrightarrow{y(n)}$$

图 2.1　滤波系统的输入输出模型

对于一个线性系统,其单位脉冲响应为 $h(n)$,输入信号是一个随机信号 $x(n)$,即信号 $s(n)$ 与噪声 $v(n)$ 之和,此输入信号 $x(n)$ 被称为观测信号,公式为

$$x(n) = s(n) + v(n) \tag{2.1}$$

输出为

$$y(n) = \sum_m h(m)x(n-m) \tag{2.2}$$

希望 $x(n)$ 通过线性系统 $h(n)$ 后得到的输出 $y(n)$ 尽量接近于 $s(n)$,因此称 $y(n)$ 为 $s(n)$ 的估计值或逼近值,$s(n)$ 称为期望信号,通常用 $s(n)$ 表示真值,用 $\hat{s}(n)$ 表示估计值,即

$$y(n) = \hat{s}(n) \tag{2.3}$$

因此,滤波系统 $h(n)$ 也可以看作是信号 $s(n)$ 的一种估计器。也就是说,信号处理的常见目标是要得到信号的一个最佳估计。由于本章涉及的信号是随机信号,所以这样一种过滤问题实际上也是一种统计估计问题。

式(2.2)的卷积形式可以理解为,从当前和过去的观测值 $x(n)$,$x(n-1)$,$x(n-2)$,$\cdots$,$x(n-m)$ 来估计信号的当前值 $\hat{s}(n)$,这样的估计问题称为滤波或过滤。假若已知过去的观测值 $x(n-1)$,$x(n-2)$,$\cdots$,$x(n-m)$,估计当前及以后时刻的信号值 $\hat{s}(n+N)$,$N \geqslant 0$,这样的估计问题称为预测或外推。假若已知当前和过去的观测值 $x(n)$,$x(n-1)$,$x(n-2)$,$\cdots$,$x(n-m)$,估计过去的信号值 $\hat{s}(n-N)$,$N \geqslant 1$,称为平滑或内插。

维纳滤波与卡尔曼滤波就是用来解决这样一类从噪声中提取信号的滤波或预测问题的,并以估计的结果与信号真值之间的误差的均方值最小作为最佳准则[4]。

如果用 $e(n)$ 表示真值 $s(n)$ 与估计值 $\hat{s}(n)$ 之间的误差,即

$$e(n) = s(n) - \hat{s}(n) \tag{2.4}$$

显然,$e(n)$ 是一个随机变量,可能是正的,也可能是负的。因此,用它的均方值来表示误差是合理的。维纳滤波和卡尔曼滤波的误差准则就是最小均方误差准则,即

$$E\big[\,|\,e(n)\,|^2\big]_{\min} = E\big[\,|\,s(n) - \hat{s}(n)\,|^2\big]_{\min} \tag{2.5}$$

2.2.1　维纳滤波器的时域解

维纳滤波器的设计准则是要确定在均方误差最小时的冲激响应 $h_{\text{opt}}(n)$,下标 opt 表示"最佳"的含义。如果系统是物理可实现的因果系统,则系统输出为

$$y(n) = x(n) * h(n) = \sum_{m=0}^{+\infty} h(m) x(n-m) \tag{2.6}$$

现做如下变量代换

$$\left. \begin{array}{l} i = m + 1 \text{ 即 } m = i - 1 \\ h_i = h(i-1) = h(m) \\ x_i = x(n-i+1) = x(n-m) \end{array} \right\} \tag{2.7}$$

则

$$y(n) = \hat{s}(n) = \sum_{i=1}^{\infty} h_i x_i \tag{2.8}$$

均方误差为

$$E[|e(n)|^2] = E[|s(n) - \hat{s}(n)|^2] = E\left[\left|s(n) - \sum_{i=1}^{+\infty} h_i x_i\right|^2\right] \tag{2.9}$$

要使均方误差为最小,须满足式(2.9)对各 h_i 求偏导,并且等于零,即

$$\frac{\partial E[|e(n)|^2]}{\partial h_i} = 0 \tag{2.10}$$

则可求得:

$$E\left[\left(s - \sum_{i=1}^{\infty} h_i x_i\right) x_j\right] = 0 \tag{2.11}$$

或

$$E[e x_j] = 0 \quad j \geqslant 1 \tag{2.12}$$

式(2.12)表明,均方误差达到最小值的充要条件是误差信号与任一进入估计的输入信号正交,这就是通常所说的正交性原理[5]。

如果令 $E[x_i x_j] = r_{x_i x_j}$ 为 $x(n)$ 的自相关函数,$E[s x_j] = r_{s x_j}$ 为 $s(n)$ 与 $x(n)$ 的互相关函数,代入式(2.11)可得正交性原理的另一表达形式,即

$$r_{s x_j} = \sum_{i=1}^{\infty} h_i r_{x_i x_j}, \; j \geqslant 1 \tag{2.13}$$

将变量代换式(2.7)重新带入式(2.11)和式(2.13),分别得到

$$E\left\{\left[s(n) - \sum_{m=0}^{\infty} h_{\mathrm{opt}}(m) x(n-m)\right] x(n-k)\right\} = 0, \; k \geqslant 0 \tag{2.14}$$

$$r_{xs}(k) = \sum_{m=0}^{\infty} h_{\mathrm{opt}}(m) r_{xx}(k-m) = h_{\mathrm{opt}}(k) * r_{xx}(k), \; k \geqslant 0 \tag{2.15}$$

式(2.15)称为维纳-霍夫(Wiener-Hopf)方程。从维纳-霍夫方程中解出的 $h(n)$ 就是在最小均方误差下的最佳 $h_{\mathrm{opt}}(n)$。当 $h(n)$ 是一个长度为 N 的因果序列,即 $h(n)$ 是一个长度为 N 的 FIR 滤波器时,维纳-霍夫方程表述为

$$r_{xs}(k) = \sum_{m=0}^{N-1} h(m) r_{xx}(k-m) = h(k) * r_{xx}(k), \ k = 0, 1, 2, \cdots \quad (2.16)$$

把 k 的取值代入式(2.16),并考虑 $r_{xx}(n)$ 的偶函数性质,得到

$$\begin{cases} \text{当 } k = 0 \text{ 时}, h(0) r_{xx}(0) + h(1) r_{xx}(1) + \cdots + h(N-1) r_{xx}(N-1) = r_{xs}(0) \\ \text{当 } k = 1 \text{ 时}, h(0) r_{xx}(1) + h(1) r_{xx}(0) + \cdots + h(N-1) r_{xx}(N-2) = r_{xs}(1) \\ \cdots\cdots \\ \text{当 } k = N-1 \text{ 时}, h(0) r_{xx}(N-1) + h(1) r_{xx}(N-2) + \cdots + h(N-1) r_{xx}(0) = r_{xs}(N-1) \end{cases}$$
$$(2.17)$$

为了表述方便,将式(2.17)写成矩阵形式,即

$$\boldsymbol{R}_{xx} \boldsymbol{H} = \boldsymbol{R}_{xs} \quad (2.18)$$

其中,

$$\boldsymbol{H} = \begin{bmatrix} h(0) \\ h(1) \\ \vdots \\ h(N-1) \end{bmatrix} \quad \boldsymbol{R}_{xs} = \begin{bmatrix} r_{xs}(0) \\ r_{xs}(1) \\ \vdots \\ r_{xs}(N-1) \end{bmatrix}$$

$$\boldsymbol{R}_{xx} = \begin{bmatrix} r_{xx}(0) & r_{xx}(1) & \cdots & r_{xx}(N-1) \\ r_{xx}(1) & r_{xx}(0) & \cdots & r_{xx}(N-2) \\ \vdots & \vdots & & \vdots \\ r_{xx}(N-1) & r_{xx}(N-2) & \cdots & r_{xx}(0) \end{bmatrix}$$

对式(2.18)求逆,得到

$$\boldsymbol{H} = \boldsymbol{R}_{xx}^{-1} \boldsymbol{R}_{xs} \quad (2.19)$$

式中,$\boldsymbol{R}_{xs}$ 为期望信号 $s(n)$ 与观测信号 $x(n)$ 的互相关矩阵,$\boldsymbol{R}_{xx}$ 为 $x(n)$ 的自相关矩阵。$\boldsymbol{H}$ 为待求的单位脉冲响应,求得 $\boldsymbol{H}$ 后,这时的均方误差最小,记最佳的 $\boldsymbol{H}$ 为

$$\boldsymbol{H}_{\text{opt}} = \boldsymbol{H} \quad (2.20)$$

对于 FIR 滤波器,若单位冲激函数 $\boldsymbol{H}_{\text{opt}}$ 已知,考虑正交性原理,并假定所研究的随机信号都是零均值,可以进一步求取最小均方误差 $\xi_{\min}(n)$。

$$\begin{aligned} \xi_{\min}(n) &= E[e^2(n)] \\ &= E[e(n)s(n)] \\ &= E[(s(n) - \hat{s}(n))s(n)] \\ &= E[s^2(n)] - \boldsymbol{R}_{xs}^{\text{T}} H_{\text{opt}} \\ &= r_{ss}(0) - \boldsymbol{R}_{xs}^{\text{T}} H_{\text{opt}} \\ &= \sigma_s^2 - \boldsymbol{R}_{xs}^{\text{T}} H_{\text{opt}} \end{aligned} \quad (2.21)$$

2.2.2　维纳滤波器的 Z 域解

若不考虑滤波器的因果性,维纳-霍夫方程(2.16)可以写为

$$r_{xs}(k) = \sum_{m=-\infty}^{+\infty} h(m) r_{xx}(k-m) = h(k) * r_{xx}(k) \tag{2.22}$$

对式(2.22)两边分别做 Z 变换,得到

$$R_{xs}(z) = H_{\text{opt}}(z) R_{xx}(z) \tag{2.23}$$

即

$$H_{\text{opt}}(z) = \frac{R_{xs}(z)}{R_{xx}(z)} \tag{2.24}$$

考虑到 $x(n) = s(n) + v(n)$,当信号 $s(n)$ 和噪声 $v(n)$ 互不相关时,对于任何 m 都有 $r_{sv}(m) = E[s(n)v(n+m)] = 0$,则

$$\begin{aligned} r_{xs}(m) &= E[x(n)s(n+m)] = E[(s(n)+v(n)) \cdot s(n+m)] \\ &= E[s(n) \cdot s(n+m)] = r_{ss}(m) \end{aligned} \tag{2.25}$$

于是,在频域中,有如下关系式:

$$R_{xs}(z) = R_{ss}(z) \tag{2.26}$$

$$R_{xx}(z) = R_{ss}(z) + R_{vv}(z) \tag{2.27}$$

式(2.24)又可以写为

$$H_{\text{opt}}(z) = \frac{R_{xs}(z)}{R_{xx}(z)} = \frac{R_{ss}(z)}{R_{ss}(z) + R_{vv}(z)} \tag{2.28}$$

式(2.28)表示当噪声为 0 时,信号全部通过;当信号为 0 时,噪声全部被抑制掉,因此可以看出维纳滤波滤除噪声的能力。

2.2.3　卡尔曼滤波

卡尔曼滤波和维纳滤波都是解决线性滤波和预测问题的方法,并且都是以均方误差最小为准则的,在平稳条件下两者的稳态结果是一致的,但是它们解决问题的方法却有很大区别[6-7]。维纳滤波根据当前观测值和过去的观测值来估计信号的当前值,因此它的解形式是系统的传递函数 $H(z)$ 或单位脉冲响应 $h(n)$;而卡尔曼滤波是用前一个状态的估计值和最近一个观测值来估计状态变量的当前值,它的解形式是状态变量值。

图 2.2(a)是维纳滤波的信号模型,信号 $s(n)$ 可以认为是由白噪声 $w(n)$ 激励一个线性系统 $A(z)$ 的响应,假设响应和激励的时域关系可以用下式表示为

$$s(n) = as(n-1) + w(n-1) \tag{2.29}$$

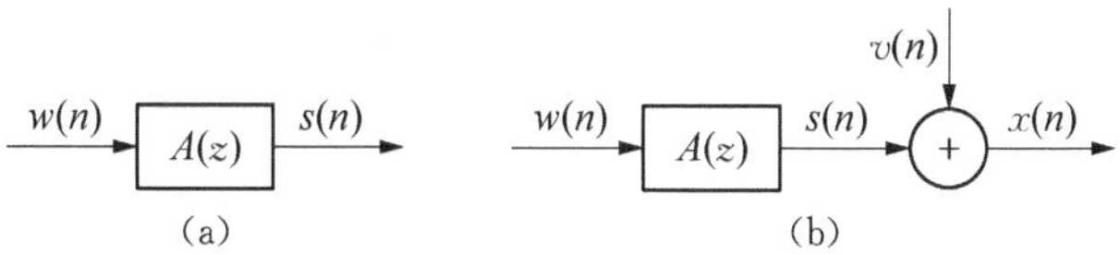

图 2.2　维纳滤波的信号模型和观测信号模型

在卡尔曼滤波中,信号 $s(n)$ 被称为状态变量,用矢量的形式表示,在 k 时刻的状态用 $S(k)$ 表示,在 $k-1$ 时刻的状态用 $S(k-1)$ 表示。激励信号 $w(n)$ 也用矢量表示为 $w(k)$。激励和响应之间的关系用传递矩阵 $A(k)$ 表示,它是由系统的结构所确定的,与 $A(z)$ 有一定的关系。有了这些假设后我们给出卡尔曼滤波的状态方程为

$$s(k)=A(k)s(k-1)+\omega(k-1) \tag{2.30}$$

式(2.30)说明在 k 时刻的状态 $S(k)$ 可以由它前一个时刻的状态 $S(k-1)$ 来求得,也可认为 $k-1$ 时刻以前的各状态都已记忆在状态 $S(k-1)$ 中了。

卡尔曼滤波是根据系统的量测数据(即观测数据)对系统的运动进行估计的,所以除了状态方程之外,还需要量测方程。下面还是从维纳滤波的观测信号模型入手进行介绍。如图 2.2(b)所示,观测数据和信号的关系为 $x(n)=s(n)+v(n)$,$v(n)$ 一般是均值为 0 的高斯白噪声。在卡尔曼滤波中,用 $x(k)$ 表示量测到的信号矢量序列,$v(k)$ 表示量测时引入的误差矢量,则量测矢量 $x(k)$ 与状态矢量 $s(k)$ 之间的关系可以写成

$$x(k)=s(k)+v(k) \tag{2.31}$$

考虑到量测矢量 $x(k)$ 的维数不一定与状态矢量 $s(k)$ 的维数相同,引入量测矩阵 $C(k)$,卡尔曼滤波的多维量测方程如下

$$x(k)=C(k)s(k)+v(k) \tag{2.32}$$

假如矢量 $x(k)$ 是 $m\times1$ 的矢量,$s(k)$ 是 $n\times1$ 的矢量,$C(k)$ 就是 $m\times n$ 的矩阵,$v(k)$ 是 $m\times1$ 的矢量,这时维数就可以统一。

根据卡尔曼滤波器的状态方程 $s(k)=A(k)s(k-1)+\omega(k-1)$ 和量测方程 $x(k)=C(k)s(k)+v(k)$,可以得到卡尔曼滤波器的信号模型,如图 2.3 所示。

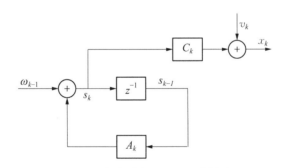

图 2.3　卡尔曼滤波器的信号模型

设计维纳滤波器要求已知信号与噪声的相关函数,设计卡尔曼滤波器要求已知状态方程和量测方程。卡尔曼滤波用递推法计算,不需要知道全部过去的值,用状态方程描述状态变量的动态变化规律,因此信号可以是平稳的,也可以是非平稳的,即卡尔曼滤波适用于非平稳过程。而维纳滤波只适用于平稳随机过程,这是维纳滤波的缺点[8-9]。

2.3 ▶ 电力设备数智化的自适应滤波

20 世纪 40 年代初期,维纳首先应用最小均方准则设计最佳线性滤波器,用来消除噪声、

预测或平滑平稳随机信号[10]。20 世纪 60 年代初期,卡尔曼等提出处理非平稳随机信号的最佳时变线性滤波设计理论。维纳、卡尔曼滤波器都是以预知信号和噪声的统计特征为基础,具有固定的滤波器系数。因此,仅当实际输入信号的统计特征与设计滤波器所依据的先验信息一致时,这类滤波器才是最佳的。否则,这类滤波器不能提供最佳性能。20 世纪 70 年代中期,维德罗等人提出自适应滤波器及其算法,推动了最佳滤波设计理论。

自适应滤波器是能够根据输入信号自动调整性能进行数字信号处理的数字滤波器。自适应滤波器的原理如图 2.4 所示,输入信号 $x(n)$ 通过参数可调数字滤波器后产生输出信号 $y(n)$,将其与期望信号 $d(n)$ 进行比较,形成误差信号 $e(n)$,通过自适应算法对滤波器参数进行调整,最终使 $e(n)$ 的均方值最小,即输出信号序列 $y(n)$ 逼近期望信号序列 $d(n)$。自适应滤波可以利用前一时刻已得的滤波器参数的结果,自动调节当前时刻

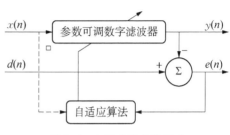

图 2.4　自适应滤波器原理

的滤波器参数,以适应信号和噪声未知的或随时间变化的统计特性,从而实现最优滤波[11]。在自适应滤波器工作时,滤波器的参数可以自动地按照某种准则调整到最佳滤波;且不需要任何关于信号和噪声的先验统计知识,尤其当输入统计特性变化时,自适应滤波器都能调整自身的参数来满足最佳滤波的需要[12-14]。自适应滤波器实质上就是一种能调节自身传输特性以达到最优的维纳滤波器。接下来介绍自适应算法。

2.3.1　LMS 算法

最小均方算法(least mean-square, LMS)是维纳与霍夫在 1959 年提出的一种典型算法,因其性能稳定,结构简单,易于实现等特点,被广泛应用于语音降噪、系统辨识、通信回波消除等领域[15]。

LMS 算法的具体流程描述如下:

(1) 选取输入信号参数与迭代步长。

(2) 滤波器权值初始化:$\boldsymbol{W}(0)=0$。

(3) 利用公式做滤波器运算:

$$滤波输出\quad y(n)=\boldsymbol{W}^{\mathrm{T}}(n)x(n) \tag{2.33}$$

$$误差信号\quad e(n)=d(n)-y(n) \tag{2.34}$$

$$滤波器权系数\quad w(n+1)=w(n)+\mu(-\nabla_n) \tag{2.35}$$

如图 2.4 所示,设输入信号 $x(n)$ 是 L 个连续信号组成的 $x(n)=[x(n)x(n-1)x(n-2),\cdots,x(n-L)]^{\mathrm{T}}$,输出信号 $y(n)=\sum_{k=0}^{L}w_k(n)\boldsymbol{x}(n-k)$,权矢量 $\boldsymbol{w}(n)$ 是自适应线性组合器的 $L+1$ 的权系数构成的矢量,$\boldsymbol{w}(n)=[w_0(n)w_1(n)w_2(n)\cdots w_L(n)]^{\mathrm{T}}$,所以输出信号可以表示为式(2.33)。

自适应线性组合器按照误差信号均方值最小的准则,由输入信号的自相关矩阵 $\boldsymbol{R}$ 和期望信号与输入信号的互相关矩阵 $\boldsymbol{P}$,误差信号均方值的简单表达形式为

$$\xi(n) = E[d^2(n)] + \boldsymbol{w}^{\mathrm{T}}\boldsymbol{R}\boldsymbol{w} - 2\boldsymbol{P}^{\mathrm{T}}\boldsymbol{w} \tag{2.36}$$

从式(2.36)可看出,输入信号和参考响应都是在平稳随机情况下,均方误差是权矢量的各分量的二次函数。该函数图形是 $L+2$ 维空间中一个中心下陷的,存在唯一最低点的抛物面,该曲面称为均方误差性能曲面,即性能曲面,它的梯度表达式为

$$\nabla = \frac{\partial \xi}{\partial w} = 2\boldsymbol{R}\boldsymbol{w} - 2\boldsymbol{P} \tag{2.37}$$

令式(2.37)中 $\nabla = 0$,可得最小均方误差对应的维纳解 $\boldsymbol{w}^* = \boldsymbol{R}^{-1}\boldsymbol{P}$,即最佳权矢量。

但即便有了计算方法,未知参数 $\boldsymbol{P}$ 和 $\boldsymbol{R}$ 还是需要解决,如果信号是非平稳,那么 $\boldsymbol{R}$ 和 $\boldsymbol{P}$ 每次都会变化,使运算量大为增加。一般情况下,就使用递归的方式来寻找多变量函数最小值。这里使用迭代搜索的方式一般只能逼近维纳解,并不完全等同于维纳解。要推导梯度下降,首先将误差信号表示为

$$e(n) = d(n) - y(n) = d(n) - \boldsymbol{w}^{\mathrm{T}}(n)\boldsymbol{x}(n) \tag{2.38}$$

均方误差公式为

$$J = E[e^2(n)] = E[d^2(n)] + \boldsymbol{w}^{\mathrm{T}}(n)E[x(n)\boldsymbol{x}^{\mathrm{T}}(n)]w(n) - 2E[d(n)\boldsymbol{x}^{\mathrm{T}}(n)]\boldsymbol{w}(n) \tag{2.39}$$

利用最陡下降算法,沿性能曲面最速下降方向调整滤波器强权向量,搜索性能曲面上的唯一最小值,权向量迭代的计算公式为

$$\boldsymbol{w}(n+1) = \boldsymbol{w}(n) + \mu(-\nabla J) \tag{2.40}$$

式中,μ 为步长因子,取值需要满足:$|1 - 2\mu\lambda_{\max}| < 1$,其中 $0 < \mu < \dfrac{1}{\lambda_{\max}}$。

特征值的计算比较复杂,可以用计算矩阵迹的方法来代替计算特征值,因为输入信号的自相关矩阵是正定的,则有:$t_r[R] = \sum_{k=0}^{L}\lambda_k > \lambda_{\max}$,其中 $t_r[R]$ 是 R 的迹,可以用输入信号的取样值进行估计:

$$t_r[R] = \sum_{k=0}^{L} E[x_i^2(n)] \tag{2.41}$$

解得有:$0 < \mu < t_r^{-1}[R]$

如果输入信号已知,期望信号未知,就无法确认信号的相关特性,为获得系统的最佳维纳解,在梯度下降算法里,就要对梯度向量进行估计。LMS 算法可以直接利用瞬态均方误差对滤波器系数求梯度,即

$$\hat{\nabla}J = \frac{\partial(e^2(n))}{\partial w(n)} = -2e(n)x(n) \tag{2.42}$$

下面讨论 LMS 算法的性能指标。通常情况下对 LMS 算法的性能分析都是基于平稳环境作出的,不仅因为平稳环境下的分析更加简单有效,也是因为可以从自适应滤波器在稳态环境下的工作性能推算其在非稳态环境下的工作状态。而 LMS 算法的衡量指标主要有四种:收敛性、收敛速度、稳态误差和计算复杂程度[16]。

1. 收敛性

收敛性使 n 在趋近于无穷大时，滤波器趋近于最优值，即让 $w(n)$ 趋近于 $w(0)$ 时所需满足的条件。由权值误差矢量定义式 $v(n)=w_0-w(n)$，且 $P=R^{-1}w$，代入 LMS 算法的权矢量平均值变化规律 $E\{w(n+1)\}=(I-\mu R)E\{w(n)\}+\mu P$，可得

$$E\{v(n+1)\}=(I-\mu R)E\{v(n)\} \tag{2.43}$$

要使 LMS 算法收敛于均值 $w(0)$，必须使步长满足

$$0<\mu<\frac{2}{\lambda_{\max}} \tag{2.44}$$

式中 $\lambda_{\max}$ 称为相关矩阵 R 的最大特征值。当迭代次数 n 接近于无穷大的时候，自适应滤波器系数矢量 $w(n)$ 近似于维纳解 w_0。由于自相关矩阵 R 无法通过算数求得，最大特征值 $\lambda_{\max}$ 也无法得到，式(2.44)的收敛条件在实际中就并不适用，需要寻找一个实际可适用的方法。由于自相关矩阵的正定性假设，可有

$$\lambda_{\max}<\mathrm{tr}[R] \tag{2.45}$$

$\mathrm{tr}[R]$ 是 R 的迹，是自相关矩阵的对角线之和，式(2.45)可以进一步化为

$$0<\mu<\frac{2}{\mathrm{tr}[R]} \tag{2.46}$$

对于横向滤波器，其自相关矩阵的矩阵对角线元素等于 $r(0)$，由于 $r(0)$ 本身等于滤波器每一个抽头输入的均方值，则有

$$\mathrm{tr}[R]\approx Lr(0)=\sum_{k=0}^{L-1}E\{\|x(n-k)\|^2\}=E\{\|x(n)\|^2\} \tag{2.47}$$

$\mathrm{tr}[R]$ 等于输入信号的总功率。由于输出信号功率可以根据输入信号取样值估计，式(2.47)被称为 LMS 算法在实际中的收敛条件。

2. 收敛速度

收敛速度是指滤波器权矢量从最开始的初始值向最优解收敛的快慢速度，即算法需要经过多少次迭代才能得到最优解。收敛快慢与收敛性的好坏间起决定关系，快速收敛的意义是用较少的迭代次数得到一个相对精确的解。因此，能以较快速度收敛于最优解的滤波器算法，收敛性才算好。

3. 稳态误差

系统的误差一般定义为被控制量的期望值与实际值之差，用 $e(t)$ 表示为

$$e(t)=c_r(t)-c(t) \tag{2.48}$$

当变差为 0 时，实际的输出值就是期望值，$c(t)$ 是系统输出响应。当一个稳态系统的暂定分量随时间推移而减弱，就会出现系统平稳误差，即稳态误差为

$$e_{ss}=\lim_{t\to\infty}e(t) \tag{2.49}$$

4. 计算复杂程度

计算复杂程度是滤波器算法在更新一次权系数时所需要的计算量，对 L 阶 LMS 滤波器，滤波过程需要 L 次乘法和 $L-1$ 次加法，误差估计需要 1 次加法，权矢量更新需要

1次加法和1次乘法。因此,一个LMS滤波器完成整个滤波过程需要$2L$次加法和$2L$次乘法。

2.3.2 RLS算法

递归最小二乘算法(recursive least-squares,RLS)是一种使期望信号和滤波输出信号误差平方和最小的自适应滤波算法,在每次接收到采样数据的时候,它可以通过迭代求解的方式递归求解最小二乘问题,即递归最小二乘法[17-18]。

递归最小二乘法的目的是使观测期间的信号输出与期望信号在最小二乘意义上尽可能保持一致,其拥有确定性的目标函数,并需要利用所能观测到的所有输入信息。

实际中使用的最小二乘法的目标函数如下

$$
\begin{aligned}
\xi^d(k) &= \sum_{i=0}^{k} \lambda^{k-i} e^2(i) \\
&= \sum_{i=0}^{k} \lambda^{k-i} \left[\mathrm{d}(i) - \boldsymbol{x}^{\mathrm{T}}(i) \boldsymbol{\omega}(k) \right]
\end{aligned} \tag{2.50}
$$

式(2.50)中,w为自适应滤波器系数矩阵,e为输出误差,λ为遗忘因子,也被称为加权因子,可以得知,越久远的信息对当前滤波器系数的更新贡献就越小。

同样的,我们对上式求解梯度并令其等于0,即可得到最优系数的表达式

$$
\frac{\partial \xi^d(k)}{\partial \boldsymbol{\omega}(k)} = -2 \sum_{i=0}^{k} \lambda^{k-i} x(i) \left[d(i) - \boldsymbol{x}^{\mathrm{T}}(k) \boldsymbol{\omega}(k) \right] = 0 \tag{2.51}
$$

$$
\begin{aligned}
\boldsymbol{\omega}(k) &= \left[\sum_{i=0}^{k} \lambda^{k-i} \boldsymbol{x}^{\mathrm{T}}(i) x(i) \right]^{-1} \sum_{i=0}^{k} \lambda^{k-i} x(i) d(i) \\
&= \boldsymbol{R}_d^{-1}(k) \boldsymbol{P}_d(k)
\end{aligned} \tag{2.52}
$$

式中,$\boldsymbol{R}_d$为输入信号的确定性相关矩阵,$\boldsymbol{P}_d$为输入信号和期望信号之间的确定性互相关矩阵。

式(2.52)中涉及对矩阵的求逆运算,因此计算量巨大,传统的矩阵求逆算法的计算复杂度是$\boldsymbol{O}(N^3)$,因此,在实际应用中,通常利用矩阵求逆引理来求解输入信号的确定性相关矩阵的逆矩阵,因此利用矩阵求逆引理,重写该算法后,可总结出RLS自适应滤波系数更新方程组如下:

$$
\begin{cases}
y(k) = \sum\limits_{i=1}^{m} \boldsymbol{\omega}(k) x(k) \\
e(k) = d(k) - \boldsymbol{x}^{\mathrm{T}}(k) \omega(k-1) \\
S_d(k) = R_d^{-1}(k) = \dfrac{1}{\lambda} \left[S_d(k-1) - \dfrac{S_d(k-1) \boldsymbol{x}(k) \boldsymbol{x}^{\mathrm{T}}(k) S_d(k-1)}{\lambda + \boldsymbol{x}^{\mathrm{T}}(k) S_d(k-1) \boldsymbol{x}(k)} \right] \\
\omega(k+1) = \omega(k) + e(k) S_d(k) \boldsymbol{x}(k)
\end{cases} \tag{2.53}
$$

在LMS算法中,收敛因子需要在收敛界限内才能保证自适应滤波系数收敛,因此在输入信号自相关矩阵的特征值扩展较大的情况下,LMS往往收敛速度较慢。

RLS算法在求解过程中需要对输入信号自相关矩阵进行求逆,并利用此结果影响自适

应滤波器系数收敛过程。其系数更新过程汇总利用的信息更多,同时收敛速度更快,即使在输入信号自相关矩阵的特征值扩展较大的情况下也能快速收敛。但是由矩阵求逆也引起了计算复杂度激增的情况,在硬件条件有限的情况下,不利于实时实现。并且在输入信号自相关矩阵非正定的情况下,还有可能引起数值发散,导致滤波器系数不收敛。虽然之后在相关领域又提出了很多种改进算法,以降低 RLS 算法的计算复杂度,但是相关算法均存在数值稳定性问题,因此 RLS 算法的快速收敛是在高计算复杂度的基础上实现的。实际应用过程中需要根据设计要求选取合适的自适应滤波算法以平衡收敛速度和计算复杂度之间的关系[19]。

在设计自适应滤波器时,可以不必预先知道信号与噪声的自相关函数,在滤波过程中,即使信号与噪声的自相关函数随时间缓慢变化,自适应滤波器也能自动适应,自动调节到满足均方误差最小的要求。随着数字信号处理器性能的增强,自适应滤波器的应用越来越常见,时至今日,它们已经广泛应用于手机、其他通信设备、数码录像机和数码照相机以及医疗监测设备中。接下来,简单介绍一下其应用领域。

在系统建模里,自适应滤波器可用于系统模型识别,可以作为估计未知系统特性的模型。在数字通信系统中,插入一种自适应可调滤波器可以校正和补偿系统特性,这种滤波器也称为自适应均衡器,它能够基于对信道特性的测量随时调整自己的系数,以适应信道特性的变化,并能根据信道特性对系数进行优化,减少码间干扰的影响,补偿信道的畸变,以使信道失真的某些量度最小化。

自适应滤波器还可实现雷达与声纳的波束形成。在自适应天线系统中,自适应滤波器可用于波束方向控制,并可在波束方向图中提供一个零点以便消除不希望存在的干扰。

自适应噪声干扰对消器是自适应滤波器原理的一种扩展。简单来说,把自适应滤波器的期望信号输入 $d(n)$ 改为信号加噪声,而滤波器的输入端改为噪声干扰,由横向滤波器的参数调节输出,将原始输入中的噪声干扰抵消掉,这时误差输出的就是有用信号。这种自适应噪声干扰对消器除了用于消除语音信号的干扰,在医学上,还可用来消除心电图交流电的电源干扰,消除母亲心电图对胎儿心电图的干扰等。

2.4 ▶ 电力设备数智化的同态滤波

线性滤波可以分离加性组合信号,如果这些信号各自占据不同的频带,则只要设计线性滤波器的频率特性,就能达到分离信号或抑制某种信号而提取另外一种信号的目的。如果这些信号占据的频带有部分重叠,则可以按照最小均方误差准则设计一种线性最佳滤波器(如维纳滤波器或卡尔曼滤波器),将这些信号分离开来[20]。但实际生活中,有些信号不是加性组合的,而是乘性组合或卷积组合,这时就不能用线性滤波器,而要用同态滤波器来处理。

2.4.1　广义叠加原理

线性系统的叠加原理可描述为若 L 为线性系统的变换,即

$$y(n) = L[x(n)] \tag{2.54}$$

则对任意两个输入 $x_1(n)$ 和 $x_2(n)$ 以及任意标量 c,有

$$L[x_1(n)+x_2(n)]=L[x_1(n)]+L[x_2(n)] \tag{2.55}$$

$$L[cx(n)]=cL[x(n)] \tag{2.56}$$

同态系统是一类非线性滤波器,它是由广义叠加原理来定义的。令□表示输入信号矢量空间中矢量之间的广义相加运算(可以是相加、相乘或相互卷积等运算)。用◇表示输入信号矢量与标量 c 之间的一种广义乘法运算(可以是乘以 c、幂或开方等运算)。同样,用○和⊗分别表示输出信号矢量空间中相应的广义相加和广义乘法运算规则。若系统变换用 H 表示,那么,把式(2.55)、式(2.56)推广为如下的广义叠加原理,即

$$H[x_1(n)□x_2(n)]=H[x_1(n)]○H[x_2(n)] \tag{2.57}$$

$$H[c◇x(n)]=c⊗H[X(n)] \tag{2.58}$$

遵从广义叠加原理的系统称为同态系统。

图 2.5 所示为同态系统的一种表示,该同态系统中,输入运算为□和◇,输出运算为○和⊗,系统变换为 H,具体符号的含义如下:

□——输入矢量间的广义相加(相加,相乘,卷积);

◇——输入矢量与标量 c 之间的广义相乘(乘以 c,c 次方,开 c 次方);

○——输出矢量间的广义相加;

⊗——输出矢量与标量 c 之间的广义相乘。

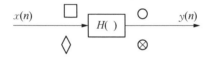

图 2.5 同态系统的表示

可以看出,线性系统 L 仅仅是同态系统在□和○具体都取相加(+)以及◇和⊗具体都取标量相乘(·)时的一种特例。

为了把线性矢量空间理论应用于同态系统,输入与输出运算必须满足矢量相加和标量相乘的代数公式。例如,其中一个重要的公式就是矢量相加必须是可交换的和可结合的,即

$$\left.\begin{array}{l}x_1(n)□x_2(n)=x_2(n)□x_1(n)\\y_1(n)○y_2(n)=y_2(n)○y_1(n)\end{array}\right\} \tag{2.59}$$

和

$$\left.\begin{array}{l}x_1(n)□[x_2(n)□x_3(n)]=[x_1(n)□x_2(n)]□x_3(n)\\y_1(n)○[y_2(n)○y_3(n)]=[y_1(n)○y_2(n)]○y_3(n)\end{array}\right\} \tag{2.60}$$

任何同态系统都可以进一步表示为三个子系统级联而成的规范形式(见图 2.6)。三个子系统都属于同态系统,它们都服从广义叠加原理。

第一个子系统 $D_□$ 由运算□和◇确定,称为运算□的特征系统,其变换特性为

$$D_□[x_1(n)□x_2(n)]=D_□[x_1(n)]+D_□[x_2(n)]=\hat{x}_1(n)+\hat{x}_2(n) \tag{2.61}$$

$$D_□[c◇x(n)]=c·D_□[x(n)]=c\hat{x}(n) \tag{2.62}$$

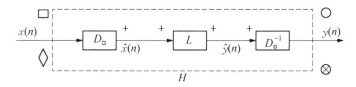

图 2.6　同态系统的规范表示

第三个子系统 $D_\bigcirc^{-1}$ 称为运算 $\bigcirc$ 特征系统的逆系统,其变换特性为

$$D_\bigcirc^{-1}[\hat{y}_1(n)+\hat{y}_2(n)]=D_\bigcirc^{-1}[\hat{y}_1(n)]\bigcirc D_\bigcirc^{-1}[\hat{y}_2(n)]=y_1(n)\bigcirc y_2(n) \tag{2.63}$$

$$D_\bigcirc^{-1}[c\cdot\hat{y}(n)]=c\otimes D_\bigcirc^{-1}[\hat{y}(n)]=c\otimes y(n) \tag{2.64}$$

中间系统 L 为一般的线性系统,它满足式(2.54)~式(2.56)。具体地说,就是

$$L[\hat{x}_1(n)+\hat{x}_2(n)]=L[\hat{x}_1(n)]+L[\hat{x}_2(n)] \\ =\hat{y}_1(n)+\hat{y}_2(n) \tag{2.65}$$

$$\hat{y}(n)=L[\hat{x}(n)] \tag{2.66}$$

$$L[c\hat{x}(n)]=cL[\hat{x}(n)]=c\hat{y}(n) \tag{2.67}$$

输入和输出运算相同的一切同态系统,即第一个子系统相同,第三个子系统也相同的同态系统,彼此间的差异仅仅在于第二个子系统 L,它是一个线性系统,换句话说,特征系统一旦确定,剩下的仅需要设计不同的线性系统 L。

2.4.2　乘法同态系统

若输入矢量空间和输出矢量空间中,矢量间的运算都是乘法运算,则这样的同态系统叫作乘法同态系统,下面讨论标量与矢量间为指数运算的情况。它遵从输入运算 $\square$ 为相乘,而 $\Diamond$ 为取指数的广义叠加原理,即输入信号一般具有如下的形式:

$$x(n)=[x_1(n)]^\alpha\cdot[x_2(n)]^\beta \tag{2.68}$$

式中,α、β 为标量。

乘法同态系统的规范形式如图 2.7 所示。

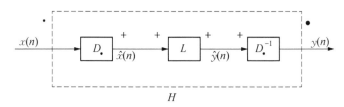

图 2.7　乘法同态系统的规范形式

匹配于这种相乘性信号的特征系统 $D_\square$,此时用 $D.$ 来标记,$D.[\ ]$ 应具有以下将矢量间相乘转变为相加运算的特性:

$$D.[[x_1(n)]^\alpha\cdot[x_2(n)]^\beta]=\alpha D.[x_1(n)]+\beta D.[x_2(n)] \tag{2.69}$$

显然，在形式上具有此特性的函数运算是对数运算。

举例来说，若 $x_1(n)$ 和 $x_2(n)$ 为实的正序列，那么，对于任意实标量 α 和 β，特征系统 $D.[\ ]$ 输出并加至线性滤波器的信号将是

$$
\begin{aligned}
\hat{x}(n) &= \ln\big[\,[x_1(n)]^\alpha \cdot [x_2(n)]^\beta\big] \\
&= \alpha \ln[x_1(n)] + \beta \ln[x_2(n)] \\
&= \alpha \hat{x}_1(n) + \beta \hat{x}_2(n)
\end{aligned}
\tag{2.70}
$$

线性系统 $L[\ ]$ 的输出为

$$
\begin{aligned}
\hat{y}(n) &= L\big[\alpha \hat{x}_1(n) + \beta \hat{x}_2(n)\big] \\
&= \alpha L\big[\hat{x}_1(n)\big] + \beta L\big[\hat{x}_2(n)\big] \\
&= \alpha \hat{y}_1(n) + \beta \hat{y}_2(n)
\end{aligned}
\tag{2.71}
$$

逆特征系统 $D.^{-1}[\ ]$ 的输出为整个同态系统的输出，公式为

$$
\begin{aligned}
y(n) &= D.^{-1}\big[\alpha \hat{y}_1(n) + \beta \hat{y}_2(n)\big] \\
&= \big\{D.^{-1}\big[\hat{y}_1(n)\big]\big\}^\alpha \cdot \big\{D.^{-1}\big[\hat{y}_2(n)\big]\big\}^\beta
\end{aligned}
\tag{2.72}
$$

指数运算可以与逆特征系统 $D.^{-1}[\ ]$ 相匹配，此时，

$$
\begin{aligned}
y(n) &= \exp\big[\alpha \hat{y}_1(n) + \beta \hat{y}_2(n)\big] \\
&= \big\{\exp\big[\hat{y}_1(n)\big]\big\}^\alpha \cdot \big\{\exp\big[\hat{y}_2(n)\big]\big\}^\beta \\
&= y_1^\alpha(n) \cdot y_2^\beta(n)
\end{aligned}
\tag{2.73}
$$

一般情况下，$x_1(n)$ 和 $x_2(n)$ 为复序列，乘法同态系统规范形式的实现如图 2.8 所示。

图 2.8　乘法同态系统规范形式的实现

在实际信号处理过程中，经常会碰到一类信号是由两个或两个以上分量相乘的信号。如在通信系统传输中，调幅信号表示为载波信号和调制信号的乘积，信号通过衰落信道后，产生的衰落效应可看作是一个缓变分量和被传输信号相乘等。同态滤波常用来处理这类乘法组合信号，增强其中某个信号分量，同时压缩或削弱另一个信号分量[22]。例如，乘法同态滤波可用于图像处理中，我们知道，如果感光面是理想的，则图像的形成是一种相乘过程的模式，即光源的照度图乘以物体的反射图产生了图像的亮度图，为增加一幅图像的对比度，应加大反射率分量；同时，为了压缩动态范围，应减小照度分量，同态滤波便可解决这一图像增强问题。乘法同态滤波还可以用于雷达对杂波干扰的恒虚警处理。

2.4.3　卷积同态系统

若输入矢量空间和输出矢量空间中，矢量间的运算都是卷积运算，则这样的同态系统叫做卷积同态系统[23-25]。卷积同态系统的规范表示如图 2.9 所示。它将把由卷积运算组合起

来的信号分离开来,分别进行处理后,再重新用卷积运算组合起来。

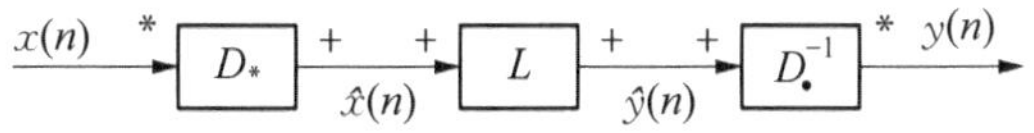

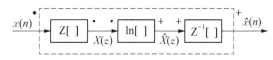

图 2.9　卷积同态系统的规范表示

卷积特征系统 $D_*[\ ]$ 将矢量间的卷积运算变为加法运算,即

$$D_*[x_1(n) * x_2(n)] = D_*[x_1(n)] + D_*[x_2(n)] = \hat{x}_1(n) + \hat{x}_2(n) \tag{2.74}$$

标量与矢量之间的变换为

$$D_*[cx(n)] = cD_*[x(n)] = c\hat{x}(n) \tag{2.75}$$

这一功能可由图 2.10 所示的系统来实现。

图 2.10　卷积特征系统的实现

特征系统数学表示的关键在于

$$x(n) = x_1(n) * x_2(n) \text{ 的 } Z \text{ 变换是 } X(z) = X_1(z) \cdot X_2(z)。$$

首先,Z 变换将卷积组合信号变成乘积组合的形式

$$Z[x_1(n) * x_2(n)] = Z[x_1(n)] \cdot Z[x_2(n)] = X_1(z) \cdot X_2(z) \tag{2.76}$$

接着,用复对数运算将两个 Z 变换的乘积转变成它们的复对数之和,即

$$\begin{aligned}\ln[X_1(z) \cdot X_1(z)] &= \ln[X_1(z)] + \ln[X_2(z)] \\ &= \hat{X}_1(z) + \hat{X}_2(z)\end{aligned} \tag{2.77}$$

最后,用逆 Z 变换将 Z 变换的复对数变换成时间序列

$$\begin{aligned}Z^{-1}\{\ln[X_1(z)] + \ln[X_2(z)]\} &= Z^{-1}\{\ln[X_1(z)]\} + Z^{-1}\{\ln[X_2(z)]\} \\ &= \hat{x}_1(n) + \hat{x}_2(n) \\ &= \hat{x}(n)\end{aligned} \tag{2.78}$$

由此可见,卷积特征系统 $D_*[\ ]$ 的作用是在同态系统的输入端,实现时域上的由卷积至相加运算的同态变换,以便和后面的线性系统匹配。

在式(2.78)中,$\hat{x}(n)$ 称为 $x(n)$ 的复倒谱,特征系统 $D_*[\ ]$ 将卷积运算组合信号转换成它们的复倒谱之和。

线性系统 $L[\ ]$ 用来完成同态系统的滤波作用。理论上,任何遵从通常意义下的加法叠加原理的系统都可用在卷积同态系统的规范系统中。线性系统的设计要根据各应用领域的不同要求、信号的复时谱特性及系统滤波要求而定。

$$L[\hat{x}_1(n) + \hat{x}_2(n)] = L[\hat{x}_1(n)] + L[\hat{x}_2(n)]$$

$$= \hat{y}_1(n) + \hat{y}_2(n) \tag{2.79}$$

在式(2.79)中，$\hat{y}_1(n)$ 和 $\hat{y}_2(n)$ 分别是 $\hat{x}_1(n)$ 和 $\hat{x}_2(n)$ 通过线性滤波后的输出。

卷积特征系统的逆系统 $D_*^{-1}[\ ]$ 的作用是将加法组合信号变换成卷积运算组合信号，即

$$D_*^{-1}[\hat{y}_1(n) + \hat{y}_2(n)] = D_*^{-1}[\hat{y}_1(n)] * D_*^{-1}[\hat{y}_2(n)] \tag{2.80}$$

这一功能可由图 2.11 所示的系统来实现。

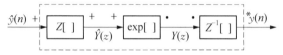

图 2.11 卷积特征系统的逆系统的实现

首先，Z 变换将 $\hat{y}_1(n) + \hat{y}_2(n)$ 转变成它们的 Z 变换之和，即

$$Z[\hat{y}_1(n) + \hat{y}_2(n)] = Z[\hat{y}_1(n)] + Z[\hat{y}_2(n)]$$

$$= \hat{Y}_1(z) + \hat{Y}_2(z) \tag{2.81}$$

接着，用复指数运算将两 Z 变换之和变成它们的指数函数之积，即

$$\exp[\hat{Y}_1(z) + \hat{Y}_2(z)] = \exp[\hat{Y}_1(z)] \cdot \exp[\hat{Y}_2(z)]$$

$$= Y_1(z) \cdot Y_2(z) \tag{2.82}$$

式中，$Y_1(z) = \exp[\hat{Y}_1(z)]$，$Y_2(z) = \exp[\hat{Y}_2(z)]$。

最后，对乘积 $Y_1(z) \cdot Y_2(z)$ 求逆 Z 变换，可得到两个时间函数的卷积，即

$$Z^{-1}[Y_1(z) \cdot Y_2(z)] = Z^{-1}[Y_1(z)] * Z^{-1}[Y_2(z)]$$

$$= y_1(n) * y_2(n) \tag{2.83}$$

式中，$y_1(n)$ 和 $y_2(n)$ 分别是 $Y_1(z)$ 和 $Y_2(z)$ 的逆 Z 变换。

卷积性组合信号也是信号处理中常见的一种信号形式。在信号处理中，语音波形是声道冲激响应和激励的卷积形成的。在地震信号处理中，地震信号是由爆炸产生的地震能量脉冲通过地层传播时形成的，等效信号模型可看作是能量脉冲和一个包含地层构造信息的冲激响应的卷积。卷积同态滤波便可对这些卷积性组合信号进行处理，比如在混响环境中录制声音时，卷积同态滤波器可以去除回波信号。

2.4.4 复倒谱

卷积同态系统的关键在于通过特征系统的同态变换，把卷积组合的几个分量变换为各个分量的复倒谱，通常将这种方法称为时谱技术，也称二次谱分析[26]。

为了区别于用一般方法所求得的频谱（spectrum），将 spectrum 这一词前半部（spec）字母顺序颠倒即成 cepstrum，根据词形命名为倒谱。又因频谱一般为复数谱，故称为复倒谱。复倒谱也称为复时谱。

序列 $x(n)$ 的复倒谱 $\hat{x}(n)$ 仍是一个在时域上的离散序列，它定义为 $x(n)$ 的 Z 变换复

对数的逆变换,即

$$\hat{x}(n) \triangle Z^{-1}\{\ln[X(z)]\} \triangle Z^{-1}\{\ln[Z(x(n))]\} = \frac{1}{2\pi j}\oint_c \ln\{Z[x(n)]\}z^{n-1}dz \quad (2.84)$$

式(2.84)中,Z 变换也可换作 FT,即其第二种定义为

$$\hat{x}(n) \triangle F^{-1}\{\ln[F(x(n))]\} \quad (2.85)$$

在语音处理方面,应用复倒谱算法可制成同态预测声码器系统,用于高度保密的通信[27]。

在实际应用中,输入信号序列 $x(n)$ 往往是实的,而且也希望它的复倒谱是实的,此外,为了便于用 FFT 做复倒谱运算,必须限定积分回线 c 为单位圆。于是,这些限定归纳如下:

(1) $x(n)$ 和 $\hat{x}(n)$ 是实的、稳定的。

(2) $X(z)$ 和 $\ln[X(z)]$ 在单位圆上收敛。

(3) $\ln[X(z)]$ 必须在包括单位圆在内的某个环形域内是解析的,而 $\hat{x}(n)$ 正是对应 $\ln[X(z)]$ 在该域上的逆 Z 变换而唯一存在的。

这里需要注意的是,$\hat{x}(n)$ 名为复倒谱,通常却是实序列。"复"的含义是指定义式(2.84)中的 $X(z)$ 和 $\ln[X(z)]$ 都是复数。

$\hat{x}(n)$ 是 $x(n)$ 从时域到频域、频域到频域、频域再到时域的三次映射,因此在频域上做了一次单向的非线性变换——复对数变换,$\hat{x}(n)$ 仅仅是 $x(n)$ 的三次映射,而不等于 $x(n)$ 本身。

在特征系统中,采用时谱技术之后,两个或多个序列的卷积被转换为序列的复倒谱之和,以便在复倒谱的时域 n 上用线性系统的方法做分离和滤波,故卷积同态滤波又称为复倒谱滤波,如图 2.12 所示。

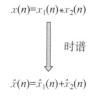

图 2.12　时谱技术

复倒谱的获取过程是可逆的,在做滤波处理之后,还能恢复所需的信号分量。因此,复倒谱可用来消除动态信号传输过程中的卷积和多重效应。一方面,从所测信号的复倒谱中减去信号传输途径,如环境、物理结构或过程的冲激响应复倒谱,去掉信号传输途径的影响,可使信号源处的信号保真或除噪。另一方面,从所测信号的复倒谱中减去信号源处信号的复倒谱,设法提取出反映信号传输途径特征的冲激响应信息,可以为了解传输途径特性和对其进行改进提供依据[28]。

参考文献

[1] 王炳和.现代数字信号处理[M].西安:西安电子科技大学出版社,2011.

[2] 何子述,夏威.现代数字信号处理及其应用[M].北京:清华大学出版社,2009.

[3] 张有为.维纳与卡尔曼滤波理论导论[M].北京:人民教育出版社,1980.

[4] 邓自立.卡尔曼滤波与维纳滤波——现代时间序列分析方法[M].哈尔滨:哈尔滨工业大学出版社,2001.

[5] 秦永元,张洪钺,汪叔华.卡尔曼滤波与组合导航原理[M].2版.西安:西北工业大学出版社,2012.

［6］　皇甫堪,陈建文,楼生强. 现代数字信号处理［M］. 北京:电子工业出版社,2003.

［7］　姚天任,孙洪. 现代数字信号处理［M］. 2 版. 武汉:华中科技大学出版社,2018.

［8］　BOZIC S. M. Digital and Kalman filtering［M］. E. Arnold, 1979.

［9］　PRATT W K . Generalized Wiener filtering computation techniques［J］. IEEE Transactions on Computers, 1972, C‑21(7):636‑641.

［10］　解启扬. 世界著名科学家传略［M］. 北京:金盾出版社, 2010.

［11］　ANTONIOU A . Feature‑On the roots of digital signal processing‑Part II［J］. IEEE Circuits and Systems Magazine, 2007, 7(4):8‑19.

［12］　赫金. 自适应滤波器原理［M］. 4 版. 北京:电子工业出版社,2010.

［13］　CRISTI P. 现代数字信号处理英文版［M］. 北京:机械工业出版社,2003.

［14］　金连文,韦岗. 现代数字信号处理简明教程［M］. 北京:清华大学出版社,2004.

［15］　BERNARD W, STEARNS S D . Adaptive signal processing［M］. Prentice‑Hall, 2008.

［16］　潘士先. 谱估计和自适应滤波器［M］. 北京:北京航空航天大学出版社,1991.

［17］　CHASSAING R, REAY D. Adaptive filters［M］. John Wiley & Sons, Inc. 2001.

［18］　WIDROW, BERNARD, STEARNS, et al. Adaptive signal processing［M］. Prentice‑Hall, 2008.

［19］　沈福民. 自适应信号处理［M］. 西安:西安电子科技大学出版社,2001.

［20］　艾伦·V. 奥本海姆. 离散时间信号处理英文版［M］. 3 版. 北京:电子工业出版社,2019.

［21］　冷建华,王琰峰,陈淑云. 离散时间信号处理［M］. 长沙:国防科技大学出版社,2004.

［22］　汪源源. 现代信号处理理论和方法［M］. 上海:复旦大学出版社,2003.

［23］　郑南宁. 数字信号处理［M］. 西安:西安交通大学出版社,1991.

［24］　黄羿,马新强. 数据时代下的数字信号处理关键技术研究［M］. 北京:中国水利水电出版社,2018.

［25］　TRIBOLET J M . Seismic applications of homomorphic signal processing［M］. Prentice‑Hall, 1979.

［26］　KAY S M, MARPLE S L. Spectrum analysis: A modern perspective［J］. Proceedings of the IEEE, 1981, 69(11):1380‑1419.

［27］　GRUHL D, LU A, BENDER W. Echo hiding［J］. Information Hiding, 1996.

［28］　CHILDERS D G, SKINNER D P, KEMERAIT R C. The cepstrum: A guide to processing［J］. Proceedings of the IEEE, 1977, 65(10):1428‑1443.

第 **3** 章　电力设备感知信号滤波技术及监测装置设计

3.1 ▶ 概述

变压器等电力设备是电力系统的枢纽性设备,它们的稳定运行关系着电力系统的安全,一旦失效必将引起大范围的停电,甚至造成国民经济的巨大损失。对 110 kV 以上电力变压器引起的 100 例事故进行分析,结果表明,由于绝缘引起的事故为 83 例,占事故比例的83%,其中50%的绝缘事故来自匝间绝缘事故。随着我国特高压电网的快速建设发展,局部放电成了危害电力设备绝缘健康状况的关键因素,甚至是危害整个电力系统供电安全性和可靠性的主要因素[1-4]。

电力系统的绝大部分变压器为油浸式结构,油浸式变压器虽然具有成本低、电气和机械性能优越的优点,但是这种变压器在制造时容易产生绝缘缺陷,如油中气泡、裂缝等。绝缘缺陷会导致介质中电场强度分布不均,出现电场强度明显高于环境中的平均场强区域,虽然介质整体仍保持绝缘,但是在部分区域将会产生局部放电的现象。局部放电不仅是变压器、气体开关柜等电力设备绝缘老化的先兆和表现形式,还会造成绝缘的进一步劣化。当变压器等电力设备的绝缘发生劣化、老化时,及时检测到局部放电的现象,可以提前采取检修措施,避免电力系统关键电力设备发生绝缘故障,因此进行局部放电测量具有重要意义[5]。

在局部放电的现场测量中往往会存在各式各样的干扰信号,从而造成监测装置的误判,倘若放宽监测装置的灵敏度以躲避干扰信号的影响,又将导致较微弱的局部放电无法及时捕捉到,贻误检修时机[6-7]。在线监测装置的灵敏度与现场干扰之间的矛盾是制约局部放电在线监测发展的主要因素,如果在测量时能够准确地将噪声信号从原始信号中去除,对于局部放电的测量将事半功倍,因此人们研究了大量数字信号处理的方法,以期达到提纯局部放电信号的目的。

近年来,国内外针对局部放电信号在去噪、特征提取和模式识别上进行了许多研究[8-10],但是很多方法没有考虑外界的复杂环境干扰,在应用中局限性较大,不能适用于各种放电类型的处理。例如,FFT 阈值滤波法的阈值选取没有统一的标准;小波方法存在基小波选取、阈值选取困难的问题;经验模态分解存在模态混叠的现象;统计特征法缺少一个有效准则来选取特征量,导致不能很好地识别局部放电信号的类型。上述现有的方法对局部放电信号的去噪效果不够理想,因此进一步研究局部放电信号的去噪算法有重要意义。

3.2 ▶ 相关技术发展现状

局部放电是指导体绝缘部分的桥接电气放电,这种放电可能在该导体附近,也可能不在该导体附近(以下简称"局放")。李希滕贝阁在哥廷根的1777年皇家社团会议上报告了他使用伏特仪观察到星形或者圆形的尘埃轮廓的现象。他发现的这个轮廓事实上就是绝缘体的表面放电通道,这件事是人们对局部放电现象最早的认识。

1919年,第一套基于西林电桥法的局放检测设备诞生,并在1924年被投入使用。1925年,施瓦格(Schwarger)提出电晕放电的频率特性,为利用无线电干扰仪测量局部放电奠定了基础,此方法称为无线电干扰法,至今仍在北美国家有所使用。1960年,积分电桥法诞生,它在局放研究历史中具有深远影响,至今仍在使用。之后,各种局放的检测手段随之而生,根据局放产生的电、光、热等现象,电检法、声测法、红外热测法等非电检测方法也相继出现。21世纪随着变频电源的广泛使用,一些变频系统的绝缘产生了过早老化的现象,因此在脉冲条件下的局部放电检测也引起了人们的关注。

人们对局部放电现象认识的加深也体现在标准的不断完善上。20世纪80年代,国际上首次建立了公认的测量标准IEC-270。徐永禧、胡维新翻译了苏联工程师 Г. С.库钦斯基所编著的《高压电气设备局部放电》,并由水利电力出版社在1984年发行了第一版,此书成了国内引进的首部有关局部放电的著作。不久之后,参照国际标准IEC-270《局部放电测量》,徐果馨、王乃庆作为主要起草人制定了我国局部放电测量的国家标准GB/T 7354—1987(主要针对脉冲电流法)。随着时间推移电力工业的迅速发展,关于局部放电的研究也更加深入,标准也不断完善。GB/T 7354—2003(参照IEC 60270:2000《局部放电测量》)增加了脉冲重复率 N、局部放电脉冲相角 $\varPhi_i$、校准器及检定、校准器性能校核附录等。

2010年以后,随着IEC 62478(草案)的快速推进,针对局部放电产生的瞬时电磁场变化以及声波等的非传统测量方法渐渐成为研究主流。非传统测量方法在行业标准上也渐渐体现出成熟:如DL/T 1416—2015(针对超声波法)、DL/T 846.10—2016(针对暂态对地电压法)、DL/T 846.11—2016(针对特高频法)、DL/T 1250—2013(超声波法在GIS上的带电应用)等[5]。

脉冲电流法是研究最早、应用最为广泛的检测方法,具有可以标定放电量、灵敏度高的优点,并且已有成熟的标准,国内外对于非传统测量方法的研究较多。美国的埃德温·豪威尔(E. Howells)等人是较早进行超声波测量局部放电的科学家,他们分析了变压器局放产生的频谱,给出声发射的频谱集中在 $100\sim150\,kHz$ 的结论,并且实现对在线运行的变压器内部局放点定位。日本的河合保太郎(H. Kawada)等人进一步指出变压器局放声测法的监测频带为 $70\sim150\,kHz$。美国公司(PAC)研制了一套基于声发射原理的局放监测装置Power PAC,用于检测变压器局放,并有广泛的应用[11]。

21世纪初,拉特格斯(Rutgers)等人初步研究了变压器特高频局放的检测技术,他在油中进行实验,发现了局放的上升沿陡峭,为纳秒级的宽度,可以激出大于 $1\,GHz$ 的电磁波。英国的贾德(Judd)进行了变压器局放特高频测量法的现场实验,他在变压器箱体顶部开了一个小口,传感器通过这个小口接收信号并用频谱仪分析信号,他提出了应用最小路径法,对局放定位和特高频法的定标也有所贡献。法国阿尔斯通研究所的Raja进行了典型局放的特高频局放实验室的研究,提出根据频带进行模式识别。国内机构也对特高频局放测量进行了研究,西安交通大学搭建了检测频带可调的监测系统,清华大学将特高频天线放在变压器引出线附近并进行了实验验证其可行性。

在局部放电的现场测量中往往会存在各式各样的干扰信号,从而造成监测装置的误判,倘若放宽监测装置的灵敏度以躲避干扰信号的影响,又将导致较微弱的局部放电无法及时捕捉到,贻误检修时机。在线监测装置的灵敏度与现场干扰之间的矛盾,是制约局部放电在线监测发展的主要因素,为了减少干扰的影响,需要对数据做必要的数字信号处理[12-13]。

现场的局部放电信号中往往包含着强烈的噪声干扰,其中又以周期性窄带干扰和高斯白噪声最为严重。目前常用的数字信号处理方法主要有:快速傅里叶变换(fast Fourier transform,FFT)阈值法、有限冲击响应(finite impulse response,FIR)滤波法、小波分解法、经验模态分解法(empirical mode decomposition,EMD)、混沌振子法和自适应滤波法等。FFT 阈值法技术难度较低,可以有效抑制大部分窄带噪声,但是频谱阈值难以确定,局部放电信号与窄带干扰信号频谱重叠时会使反变换后的波形畸变较大,数据量较多时会使得运算量大幅上升;FIR 滤波法在抑制周期性窄带干扰时也可以抑制部分白噪声,但是 FIR 滤波器的参数要提前确定,当局部放电信号频率发生变化时需要重新设置参数;小波分解法可以在时频域内描述信号的特征,对白噪声有较强的抑制能力,但是对于周期性窄带干扰的抑制并不理想,同时其性能依赖对于小波函数、分解层数和去噪阈值的选取,缺乏自适应性;EMD 可以自适应地将信号分解为不同频率的本征模态函数(intrinsic mode function,IMF),根据局部放电信号与噪声信号在 IMF 上分布不同实现抑制干扰的效果,但是容易出现模态混叠的现象,在低信噪比下的性能不稳定;混沌振子法抑制窄带干扰有一定效果[14-18],但运算复杂,而且系统周期性策动力频率难以设置;自适应滤波法在窄带干扰抑制中表现较好,不需要任何对信号的先验知识,但是传统的 LMS 自适应滤波法收敛性较差,在存在多种干扰频率时,容易发散。华南理工大学罗新提出利用局部能量比对预处理的快速傅里叶变换功率谱进行去噪,该方法可以有效地抑制周期性窄带干扰,但是在实际的相位检测(phase detection,PD)信号中的干扰成分比较复杂,并且快速傅里叶变换存在频谱泄露的问题,导致该方法在复杂环境下受到较大限制。东北电力大学的李天云提出一种基于 EMD 时空滤波的数据驱动型方法,结合 3σ 准则选取分解尺度和阈值,具有良好的自适应能力,但是 EMD 分解时受到非平稳突变信号影响会产生过包络和欠包络的现象,进而产生端点效应等问题,影响去噪结果。近年也有文献提出将神经网络应用于 PD 信号去噪并取得良好效果,但是神经网络需要有合适的数据集,并且运算量较大,难以得到实际的应用[19-22]。

3.3 ▶ 局部放电信号产生及传播机理分析

3.3.1　超声波产生及传播机理

绝缘缺陷中的气泡因带有电荷会在电场力作用下进行往复运动而导致对周围介质产生力的作用,介质受到力的作用发生振动,局部放电的超声波信号也由此产生[23]。

为了方便对因局部放电而产生的超声波信号的原理进行研究,假设变压器油中存在一个气泡记为 q,气泡的半径记为 r,气泡的质量记为 M_m。气泡因附着有电荷因而受到电场

作用力记为 F_e，气泡本身用以维持平衡的弹性作用力记为 F_q。由于局放过程（ns 级）相对于超声波过程（us 级）来讲，局放的过程很快，因此可以忽略掉局部放电的振荡过程而认为局部放电过程是单个电脉冲，可表示为

$$\begin{cases} f_{pd} = A\mathrm{e}^{-(t-t_0)/\tau}\cos(2\pi f(t-t_0)) & t \geqslant t_0 \\ f_{pd} = 0 & t < t_0 \end{cases} \tag{3.1}$$

式中，f_{pd} 表示局放脉冲；A 表示放电的脉冲幅值；t 表示脉冲峰值出现的位置；f 表示放电振荡的频率；τ 表示时间常数。

局部放电发生时，气泡失去原本的平衡状态，这时在气泡上有三个作用力：第一个是弹性作用力，第二个是摩擦力，第三个是惯性力。这三个作用力的力线在气泡壁上汇合，如图 3.1 所示。质量 M_m、力顺 C_m、力阻 R_m，这三个元件速度相同，因此在等效电路模型中这三个元件是串联的，气泡模型的等效电路如图 3.2 所示。M_m 为气泡的质量，C_m 为力顺，R_m 为力阻，它们的大小和在气泡中的气体物质成分有关。

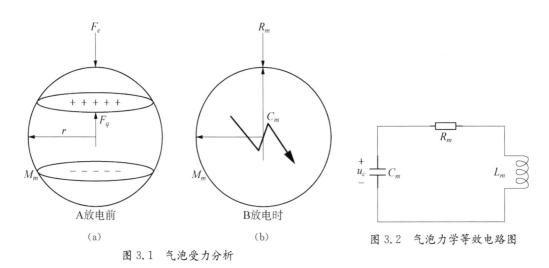

图 3.1　气泡受力分析　　　　图 3.2　气泡力学等效电路图

从图 3.2 看出，气泡的力学过程可以看作是电路中的二阶零输入响应。因而弹性力满足如下的微分方程：

$$L_m C_m \frac{\mathrm{d}^2 u_c}{\mathrm{d}t^2} + R_m C_m \frac{\mathrm{d}u_c}{\mathrm{d}t} + u_c = 0 \tag{3.2}$$

u_c 是气泡对外的作用力，通常认为气泡内的空气阻力较小，则式（3.2）满足 $R < 2\sqrt{\dfrac{L}{C}}$，也就是最后求解是振荡过程，求解式（3.2）为

$$u_c = \frac{\omega_0 U_0}{\omega}\mathrm{e}^{-\delta t}\sin(\omega t + \beta) \quad t \geqslant 0 \tag{3.3}$$

其中，$\delta = \dfrac{R_m}{2L_m}$，$\omega = \sqrt{\dfrac{1}{L_m C_m} - \left(\dfrac{R_m}{2L_m}\right)^2}$，$\omega_0 = \sqrt{\delta^2 + \omega^2}$，$\beta = \arctan\dfrac{\omega}{\delta}$。

由式（3.3）可以看出，气泡在电场力作用下发生衰减振荡，也就是一个"声活塞"，气泡对

周围介质产生周期性的作用力形成振动,超声波也由此形成。

超声波在变压器或者 GIS 内部传播是一个复杂的过程,其在传播途中通常会遇到绕组、铁芯、基座等不同介质。例如,当超声波从油进入器身金属固体时,超声波会在油与金属介质的分界面发生反射、折射等物理现象。这些现象会影响超声波的传播方向和能量分布,进而影响超声波的检测效果。所以,超声波在传播过程中产生的衰减是影响测量的重要因素。

1) 垂直入射

波垂直入射介质表面发生的物理过程如图 3.3 所示。

由声学理论可以得到声压的反射率 r 和声压的透射率 t:

$$r = \frac{P_r}{P_0} = \frac{Z_2 - Z_1}{Z_1 + Z_2} \tag{3.4}$$

$$t = \frac{P_t}{P_0} = \frac{2Z_2}{Z_1 + Z_2} \tag{3.5}$$

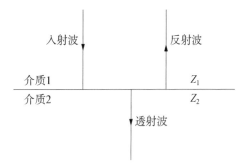

图 3.3　超声波垂直入射介质表面

其中,Z_1、Z_2 是两种介质的声阻抗。

2) 斜入射

波斜入射到介质表面发生的物理过程如图 3.4 所示。

将在液体中纵波的入射角记为 α_i,纵波的反射角记为 α_1,横波的反射角记为 β_1,纵波速度记为 C_{L1},横波速度记为 C_{T1};将在固体中纵波的折射角记为 α_2,横波的折射角记为 β_2,纵波速度记为 C_{L2},横波速度记为 C_{T2},根据声学理论有

$$\alpha_1 = \alpha_i \tag{3.6}$$

$$\frac{\sin \alpha_i}{\sin \beta_i} = \frac{C_{L1}}{C_{T1}} \tag{3.7}$$

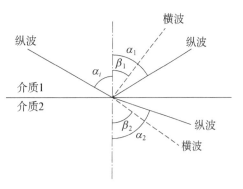

图 3.4　斜入射纵波在界面上的传播

通过物理学折射定理可以得到

$$\frac{\sin \alpha_i}{C_{L1}} = \frac{\sin \alpha_2}{C_{L2}} = \frac{\sin \beta_2}{C_{T2}} \tag{3.8}$$

当 α_i 增大时,α_2 也会随着增大,如果 $\alpha_2 = 90°$,这时把 α_i 记作第一临界角,固体的介质中只含有折射的横波;如果 $\beta_2 = 90°$ 时,这时把 α_i 记作第二临界角,固体的介质中将不会存在声波。

超声波在传播过程中能量会发生衰减,主要有以下三种衰减形式:

1) 扩散衰减

在声音传播过程中,波的阵面将渐渐扩大从而导致在单位面积上的声压减弱,这种现象称为扩散衰减。扩散衰减只取决于波本身的性质,因此其只受声程影响。扩散衰减仅和声

源的远近相关,而与介质本身性质无关。

2) 散射衰减

如果介质中存在颗粒物质(如变压器油中的气泡),会导致声波衰减,这种衰减称为波的散射衰减。

3) 吸收衰减

如果声波在传播时导致介质中质点之间产生内摩擦,会发生热传导将一部分声能转换为热能,因为内摩擦导致的声波能量的损失称为声波的吸收衰减。

扩散衰减仅和声源的远近相关而与介质本身性质无关。散射衰减以及吸收衰减则与传播介质自身的性质以及波本身的频率相关。

3.3.2 特高频电磁波产生及传播机理

电磁扰动现象会在变压器绝缘介质中发生局部放电时出现,同时会将电磁波信号向周围进行辐射,所以结合等效的思想可把产生局部放电的部位等效成一个点,而电磁波信号由该点产生。

根据麦克斯韦方程有

$$\begin{cases} \nabla \cdot D = \rho \\ \nabla \cdot B = 0 \\ \nabla \cdot E = -\dfrac{\partial B}{\partial t} \\ \nabla \cdot H = j + \dfrac{\partial D}{\partial t} \end{cases} \tag{3.9}$$

因为发生局部放电时的电磁场是随着时间变化的,所以为了方便分析,可将电磁场中的任意一点表示成矢量磁位 A 和标量磁位 φ:

$$A(r) = \frac{\mu}{4\pi\varepsilon} \int_V \frac{J_c(r')}{|r - r'|} \mathrm{d}v \tag{3.10}$$

$$\varphi(r) = \frac{\mu}{4\pi\varepsilon} \int_V \frac{\rho(r')}{|r - r'|} \mathrm{d}v \tag{3.11}$$

推导得到动态的方程组:

$$\begin{cases} \nabla^2 A = -\mu j + \nabla \left(\mu\varepsilon \dfrac{\partial \varphi}{\partial t} \right) + \nabla (\nabla \cdot A) + \mu\varepsilon \dfrac{\partial^2 A}{\partial t^2} \\ \nabla^2 \varphi + \nabla \dfrac{\partial A}{\partial t} = -\dfrac{\rho}{\varepsilon} \end{cases} \tag{3.12}$$

式中, μ 表示的是磁导率; ε 表示的是介电常数。

式(3.12)展现了电流密度 δ_c、激励源 ρ 和动态位 A 三个变量之间的关系,在时变场的无源区域中,动态位 A 的达朗贝尔方程的电流密度 δ_c 为 0,激励源 ρ 也为 0。

在变化的电磁场中设坐标为

$$r = (x, y, z, t) \tag{3.13}$$

矢量磁位 **A** 以及标量磁位 φ 可以表示为

$$\varphi(r) = \frac{\mu}{4\pi\varepsilon} \int_V \frac{\rho\left(x', y', z', t - \frac{r}{v}\right)}{r} \mathrm{d}v \tag{3.14}$$

$$\boldsymbol{A}(r) = \frac{\mu}{4\pi\varepsilon} \int_V \frac{\delta_c\left(x', y', z', t - \frac{r}{v}\right)}{r} \mathrm{d}v \tag{3.15}$$

由式(3.14)与式(3.15)可看出,当发生局部放电时,由其激励出的电磁波的传输方向为 r,传输速度为 v,因此这是一种 TEM 横电磁波,不仅是时间的函数,也是空间坐标的函数。

电磁波在变压器箱体内会受到变压器内部油纸绝缘等构造的影响而发生折射和反射等现象,为了便于探究,需要分析在各种介质中电磁波的物理过程。

1) 电磁波在理想绝缘介质中的传播特性

电磁波在理想介质中传播的速度为 $v = 1/\sqrt{\varepsilon\mu}$,得到其波印亭矢量 $\boldsymbol{S} = \boldsymbol{E} \times \boldsymbol{H} = v \cdot w$,这意味着能量的传播方向、速度与波是一致的,也就是说电磁波在理想油纸绝缘中的传播是无损的。

2) 电磁波在导体中的传播特性

在均匀介质中的电磁波传输特性表示为

$$\nabla^2 E - \mathrm{j}\omega\gamma\mu E + \omega^2\varepsilon\mu E = 0 \tag{3.16}$$

当导体为弱导电性时 $(\gamma/\varepsilon\omega \leqslant 1)$,传输参数近似表示为

$$\begin{cases} \alpha \approx (\gamma/2)\sqrt{\mu/\varepsilon}(1 - \gamma^2/8\omega^2\varepsilon^2) \\ \beta \approx \omega\sqrt{\mu\varepsilon}(1 + \gamma^2/8\omega^2\varepsilon^2) \\ v_p \approx 1/\sqrt{\mu/\varepsilon}(1 - \gamma^2/8\omega^2\varepsilon^2) \\ Z_0 \approx \sqrt{\mu/\varepsilon}(1 + \mathrm{j}\gamma/2\omega\varepsilon) \end{cases} \tag{3.17}$$

其中,α 表示衰减系数;β 表示相位系数;v_p 表示波速;Z_0 表示波阻抗。在导体为弱导电性时,电磁波的传输参数与理想绝缘介质一致。

当导体为强导电性时,近似表示传输参数为

$$\begin{cases} \alpha \approx \sqrt{\omega\mu\gamma/2} \\ \beta \approx \sqrt{\omega\mu\gamma/2} \\ v_p \approx \sqrt{2\omega/\mu\gamma} \\ Z_0 \approx \sqrt{\omega\mu/\gamma} \end{cases} \tag{3.18}$$

根据式(3.18)可以看到衰减系数和相位系数都很大,这表示在导电性强的导体中,电磁波会迅速地衰减。

此外,电磁波在传播时存在趋肤效应,电磁波在金属中的透入深度为

$$\delta = 1/\alpha = 1/\beta = \sqrt{\frac{2}{\omega\mu\gamma}} \tag{3.19}$$

假设电磁波频率为 $1\,\text{GHz}$,计算得到 $\delta \geqslant 0.119\,\mu\text{m}$。 这表示金属物质几乎可以完全屏蔽特高频电磁波,即变压器内部局放产生的特高频电磁波无法穿透其金属箱体。

3）电磁波的衍射

电磁波可以近乎无损地在绝缘油和纸板等绝缘介质中传播,但是特高频电磁波难以穿透金属导体,同样在金属导体表面发生的折射、反射也不会将内部的特高频局放信号传播到变压器外,因此理论上测量局部放电辐射的特高频电磁波时,传感器最好的放置地点是变压器内部。但是,事实上在变压器箱体外也可以接收到内部的特高频电磁波,这是因为变压器箱体并非完全密闭,电磁波会通过箱体缝隙衍射到变压器外部,从而被传感器接收到。

假设把一个封闭无源的区域记为 V,边界记作 S,$P(r)$ 处观察点有标量场记作 Ψ,根据电磁场理论有:

$$\nabla^2 \Psi(r) + k^2 \Psi(r) = 0 \tag{3.20}$$

根据第二格林定理,可以推导为

$$\Psi(r) = -\oint \frac{\text{e}^{\text{j}kR}}{4\pi R}\left[\nabla'\Psi(r') + \text{j}k\left(1 + \text{j}\frac{1}{kR}\right)\frac{\boldsymbol{R}}{R}\Psi(r')\right] g e'_n \text{d}S' \tag{3.21}$$

将孔的中心记为坐标原点,即

$$\Psi(r') = f(\theta', \varphi')\frac{\text{e}^{\text{j}kr'}}{r'} \tag{3.22}$$

$$\frac{\partial \Psi(r')}{\partial r'} = -e'_n g \nabla'\Psi(r') = \left(\text{j}k - \frac{1}{r'}\right)\Psi(r') \tag{3.23}$$

将式(3.21)、式(3.22)代入式(3.23)可得

$$\left[\nabla'\Psi(r') + \text{j}k\left(1 - \text{j}\frac{1}{kr'}\right)\frac{\boldsymbol{R}}{R}\Psi(r')\right] \cdot e'_n \approx 0 \tag{3.24}$$

将式(3.24)的积分区域记为 S_0,则

$$\Psi(r) = -\oint_{S_0} \frac{\text{e}^{\text{j}kR}}{4\pi R}\left[\nabla'\Psi(r') + \text{j}k\left(1 + \text{j}\frac{1}{kR}\right)\frac{\boldsymbol{R}}{R}\Psi(r')\right] \cdot e'_n \text{d}S' \tag{3.25}$$

假如观察点非常远,此时为远场衍射,即夫琅禾费衍射,可将式(3.25)简化为

$$\Psi(r) = -\frac{\text{e}^{\text{j}kR}}{4\pi R}\oint_{S_0} \text{e}^{-\text{j}kgr'}[e'_n\nabla'\Psi(r') + \text{j}k e'_n\Psi(r')]\text{d}S' \tag{3.26}$$

从光波的角度来看,由于接收天线距接缝距离不同。波的衍射类型也不同。由衍射理论可知,当波垂直入射单缝时,衍射图样会随着接收屏幕远离单缝而由菲涅尔衍射逐渐过渡到夫琅禾费衍射。

在进行外部测量时,天线与接缝的距离对测量结果有很大影响,在接缝一定范围内接收到的信号强度相差较小,但信号超过此距离会快速衰减,由于通过接缝处衍射出来的特高频信号相比内部衰减更大,微弱的局放信号在外部很难进行测量。

电磁波入射变压器缝隙的物理过程如图3.5所示,虚线表示原本的路径,实线表示经衍射后实际的路径,点2表示波的汇集点,在汇集点处场强会增加。

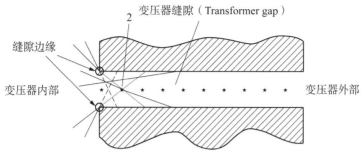

图 3.5　电磁波入射变压器缝隙示意图

电磁波在缝隙内部会产生反射而导致衰减,其衰减程度记作 SE,即

$$SE = 27.3\frac{D}{H} + 20\lg\frac{(1+k)^2}{4k}(\text{dB}) \tag{3.27}$$

式中,D 表示缝隙的深度;H 表示缝隙的高度;k 表示相对波阻抗。

电磁波出射变压器缝隙的物理过程如图 3.6 所示,电磁波的衍射导致电磁波偏离原本的方向传播到阴影区域,进而导致信号的强度再次降低。

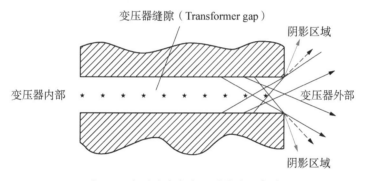

图 3.6　电磁波出射变压器缝隙示意图

总的来说,因为变压器箱体并不是完全密封的金属体,内部辐射的电磁波可以通过箱体夹缝衍射到外部被人们测量到,一般来说,孔径越大箱体屏蔽能力越弱,外部接收到的信号越强,当天线距离接缝较近时,菲涅尔衍射的效果更明显,接收到的能量也更高,在中间某个距离之后,天线与接缝距离增加,接收的能量会快速减弱,但是当距离增加到一定的程度后,因为夫琅禾费衍射的存在,传感器接收到的能量反而趋向于平稳。

3.3.3　局部放电产生脉冲电流的机理

变压器发生局部放电时,因为电磁耦合会在变压器端子处产生感应电压,该电压经过电容耦合可以在外接回路中得到脉冲电流,通过测量该脉冲电流可以得到局部放电的视在放电量,当放电量超过某一值时可以认为变压器存在绝缘缺陷[24-26]。

罗格夫斯基线圈常用于脉冲电流的检测,当电流通过导体时,由于磁场的变化,线圈中会产生感应电动势,即

$$e(t) = -\frac{\mathrm{d}\varphi}{\mathrm{d}t} = -M\frac{\mathrm{d}i_1(t)}{\mathrm{d}t} = -\frac{\mu NS}{2\pi r_0} \cdot \frac{\mathrm{d}i_1(t)}{\mathrm{d}t} \qquad (3.28)$$

当罗格夫斯基线圈的线圈直径、结构尺寸、匝数和材料等确定时,电流信号 $i_1(t)$ 与 $e(t)$ 成正比,对 $e(t)$ 进行积分运算可以得到局部放电的脉冲电流为

$$i_1 = -\frac{1}{M}\int e(t)\mathrm{d}t \qquad (3.29)$$

3.4 ▶ 局部放电在线监测系统硬件设计

3.4.1 系统硬件框图

本书所设计的系统整体硬件如图 3.7 所示,系统包括 ARM 模块、屏幕显示模块(树莓派)、FPGA 模块、AD7616 模块、AD9288 模块、过零比较电路模块、局放前级处理及采样调理模块、外扩 SRAM 模块等[34-35]。

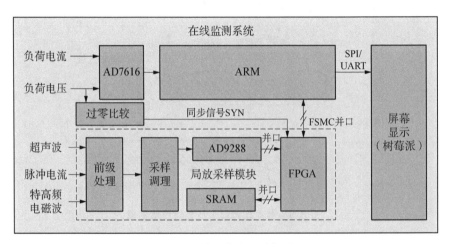

图 3.7 系统整体硬件框图

3.4.2 电压、电流信号采样调理电路

电压信号由"微型精密交流电压互感器小型精密 ZTV507 220V/4V 380V/4V 2mA:2mA"电压互感器 SV2 将 AC220V 电压转为 AC4V,再经过差分转换、低通滤波、电压跟随器进行阻抗匹配后,最终送入控制器的 AD 端口。电压信号调理电路如图 3.8 所示,BUBIN+和 BUBIN-为电压互感器的输入信号,UBIN+和 UBIN-为电压互感器的输出信号,UBOUT 为采样调理电路的输出信号,UBOUT 最后进入 STM32 单片机的 AD 采样口。

二极管 VD_{11} 和 VD_{19} 对输入的差分信号进行钳位,起到输入保护的作用。以 VD_{11} 为例,假设二极管导通压降为 Vdd,当输入信号大于 5 V 时,VD_{11} 的 2 侧二极管导通,输入信号电压值为 5+Vdd;当输入信号小于-5 V 时,VD_{11} 的 1 侧二极管导通,输入信号电压值为-5-Vdd,二极管钳位电路可以将输入信号的电压值限制在(-5-Vdd~5+Vdd)之间,对

电路起到保护作用。

U_{10B} 与 R_{120}、R_{117} 组成反相放大电路,放大倍数为 R_{120}/R_{117},其作用是将差分输入信号转为单端信号。在反相放大电路的反馈支路上并联有 $0.1\,\mu\text{F}$ 的小电容 C_{118},其作用是相位补偿、防止振荡,减少运放输入端因寄生电容引起的高频噪声。

R_{107}、R_{111}、C_{94}、C_{95} 与后端电压跟随器 U_{10A} 组成二阶有源低通滤波器,设 $R_{107} = R_{111} = R$,$C_{94} = C_{95} = C$,则其截止频率为 $1/2\pi RC$。电容 C_{77} 与电容 C_{91} 对运算放大器 LM358(非轨对轨型)的供电电源起到稳压作用,电感 L_5 与电感 L_{16} 对运算放大器 LM358 的供电电源起到续流作用。

STM32H750 单片机对采样口输入电压要求为 $0\sim3.3\,\text{V}$,因此采样调理电路的最终输出要满足这个要求。当运放 U_{10A} 输出为 $-3.3\,\text{V}$,$R10_5$ 与 $R9_5$ 分压使 UBOUT 输出为 $0\,\text{V}$;当运放 U_{10A} 输出为 $3.3\,\text{V}$,UBOUT 输出为 $3.3\,\text{V}$。最终 UBOUT 输出范围为 $0\sim3.3\,\text{V}$,满足单片机要求。电容 $C8_8$ 起到稳压兼滤波的作用。

电流信号由外部的"ZDKCT10M"型号的电流互感器将信号降低到原来的千分之一,根据实际的电流等级,由采样电阻转为可供 STM32 控制采集的电压信号,经过差分转换、低通滤波、电压跟随器进行阻抗匹配后,最终送入控制器的 AD 端口。电流信号调理电路如图 3.9 所示。

电流信号通过采样电阻 $R6_7$ 将电流信号转化为电压信号,后续电路与电压信号的调理电路一致。SAMPLEIN3＋和 SAMPLEIN3－为电流互感器的输出,也是电流采样调理电路的输入,采样电阻 $R6_7$ 将电流信号转换为电压信号,ICOUT 为采样调理电路的输出,也是单片机 AD 采样口的输入。

3.4.3　同步信号生成电路

利用 LM393 构建施密特触发器进行迟滞比较,过零比较电路如图 3.10 所示。电压比较器的输入 UAIN 是 A 相电压经过电压互感器和反向放大电路之后的电压值。过零比较的目的是生成同步信号 SYN,使得系统各个模块之间同步,并且同步信号对于计算局部放电的放电相位至关重要。

在 LM393 的输出端接上拉电阻 R_{123},引入正反馈电阻 R_{144} 到正输入端,形成一个具有双门限迟滞回环传输特性的比较器,提高了抗干扰能力,即便 UAIN 在门限值附近有微小抖动,也不会影响输出同步信号方波 SYN 的质量。正向端参考节点接模拟地,门限上限为 $\text{VREF}+(\text{VCC}-\text{VREF})*R_{170}/(R_{170}+R_{144}+R_{123})$,计算约等于 $0.1\,\text{V}$,门限下限为 $\text{VREF}-(\text{VREF}-\text{VOL})*R_{170}/(R_{170}+R_{144})$,其中 VOL 为 GND 电位约等于 0,经计算下限约等于 $0\,\text{V}$,门限 ΔU 即为上下限之差 $0.1\,\text{V}$。在施密特触发器的输出端串联稳压二极管 VD_9,其作用是削幅,二极管 VD_9 起到半波整流的作用,削去波形负半周,当输入电压小于 $0\,\text{V}$ 时,SYN 的电压等于 $0\,\text{V}$。

同步信号 SYN 需要将工频(50 Hz)交流电转换为同样工频频率的方波,电流信号因为非线性负载影响,转化为方波具有不稳定性,因此过零比较要对负载电压进行,而不能对负载电流转化后的电压信号进行。

生成的同步信号 SYN 需要传输到 FPGA 模块,在 FPGA 内设置一个计数器,再对同步信号 SYN 进行边沿检测,每当检测到同步信号 SYN 的上升沿时将计数器清零。当 FPGA

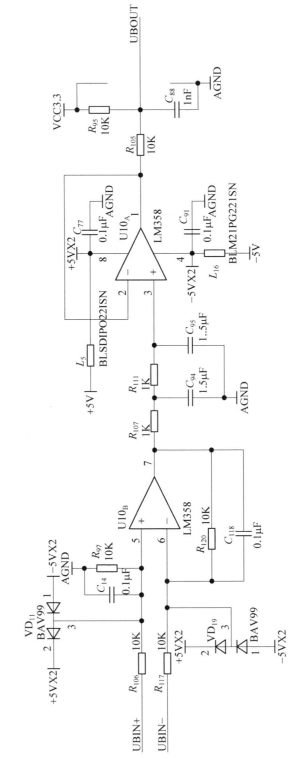

图 3.8 电压信号调理电路

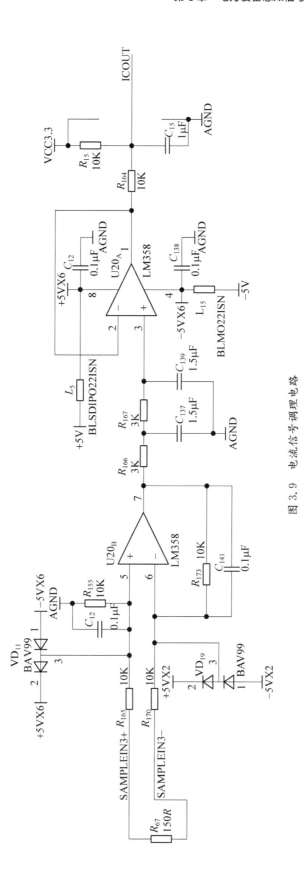

图 3.9　电流信号调理电路

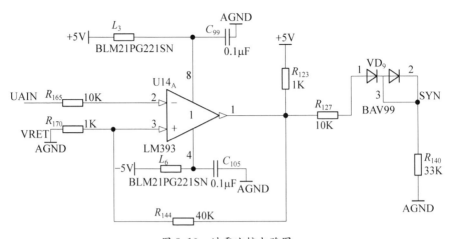

图 3.10　过零比较电路图

采样模块检测到局部放电时,将计数器的值与局部放电数据捆绑存入片外 SRAM。对计数器的值进行换算,由此可以得到局部放电的放电相位。

3.4.4　前级处理电路

如图 3.11 所示为局部放电信号的前级处理电路,包括带通滤波模块、前置放大模块和检波模块,其中检波模块只有局放特高频电磁波的采集通道使用。

图 3.11　前级处理电路图

根据文献资料、前人经验与实际情况,前级处理模块中各个带通滤波器的频率范围如表 3.1 所示。

表 3.1　各个带通滤波器频率范围

局部放电信号	带通滤波器频率范围
超声波	$20 \sim 500 \, \text{kHz}$
高频脉冲电流	$3 \sim 30 \, \text{MHz}$
特高频电磁波	$860 \sim 965 \, \text{MHz}$

当变压器发生局部放电时产生的高达 GHz 的信号给采集带来了极大的难度,为此本书使用二极管检波电路对原始特高频信号进行降频处理。二极管检波器的工作原理如图 3.12 所示,等效电路如图 3.13 所示。在信号正半周时二极管导通,电容充电,信号负半周时二极管截止,电容在电阻上释放能量,如此可以得到原始特高频信号的正向包络达到检波降频的目的。

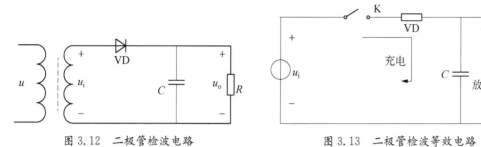

图 3.12　二极管检波电路　　　　　　图 3.13　二极管检波等效电路

3.4.5　局放采样模块调理电路

如图 3.14 所示，前级处理之后，信号经过阻抗匹配、单端转双端、程控放大之后，由 AD9288 进行采集，并由并口输出到 FPGA XC6SLX16 中。

图 3.14(a)为电压跟随器电路，AD8065 与外围电路组成电压跟随器进行阻抗匹配，提高电路的带负载能力。图 3.14(b)为差分放大器电路，AD8137 将原始单端信号转换为双端信号，抑制采样过程中因耦合产生的共模干扰，+IN 为单端信号输入端，+OUT 和 −OUT 为差分输出的正负极，VOCM 为外部控制的共模输出电压，其值为 3.3 V 电源电压的一半（R_{104} 和 R_{101} 分压形成），滤波电容 C_{115} 对共模输出电压起稳压作用。图 3.14(c)为程控放大器电路，AD8330 为程控放大芯片，VDBS 为增益控制端口，其增益大小由 FPGA 输出的数字信号经过 DAC8562 转化形成的模拟信号控制（VGA），该端口电平越高，增益越大，INHI 与 INLO 为差分信号输入端口，OPHI 和 OPLO 为差分信号输出端口。图 3.14(d)为信号采集电路，最后信号由 AD9288 采集并通过并口输入到 FPGA，AD9288 为双通道 8 位 AD 转换器，AINA 和 AINB 为模拟输入，D0A～D7A 和 D0B～D7B 为并口数字输出，DFS 为数据格式选择（补码和偏移二进制），S1、S2 为模式选择端口，ENCA、ENCB 为编码时钟（由 FPGA 提供）。

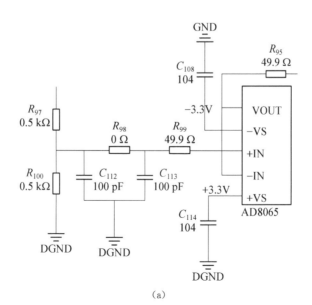

(a)

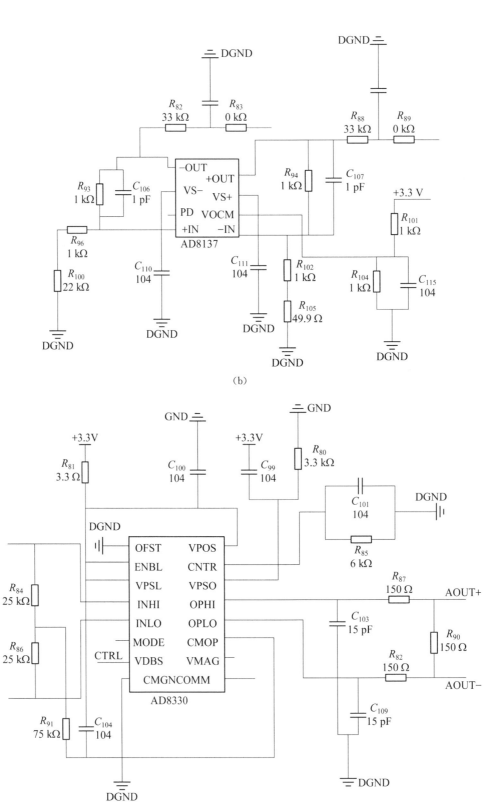

(b)

(c)

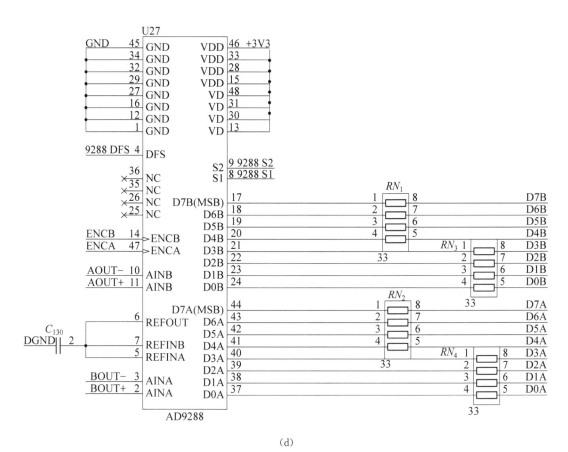

(d)

图 3.14　高频模块采样调理电路图

(a) AD8065 电压跟随器电路;(b) AD8137 差分放大器电路;(c) AD8330 程控放大器电路;(d) AD9288 信号采集电路

3.4.6　RTC 与掉电检测模块

实时时钟(real-time clock,RTC)部分主要为系统在没有网络的情况下提供时钟信号。如图 3.15 所示,本书采用 RX‑8025SA 芯片,内置高精度调整的 32.768 kHz 晶振,由串行数据线 SDA 和串行时钟线 SCL 构成 I2C 总线接口,通过异步串行通信协议(UART)得到实时时间。

掉电检测主要用于检测系统中 12 V 和 5 V 电压是否存在,并提供相应的报警信号。如图 3.16 所示,采用 TPS3803‑01 芯片完成掉电检测,当 5 号引脚电压不足 1.226 V 时,3 号引脚将输出电平。

3.4.7　树莓派显示接口

屏幕显示部分主要由树莓派负责,数据汇总 STM32 单片机通过 UART/SPI 将数据传送到树莓派中,通过 HDMI 接口连接屏幕进行显示。如图 3.17 所示为树莓派对 STM32 的接口。通过 20 * 2 的排线在板子上连接。树莓派可以看成是一台小型计算机,本书选用树莓派(Raspberry Pi)3B+作为显示模块的主控器件。

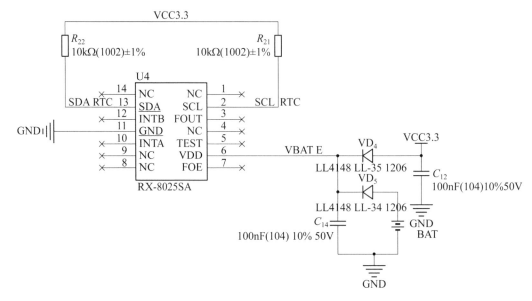

图 3.15 RTC 原理图

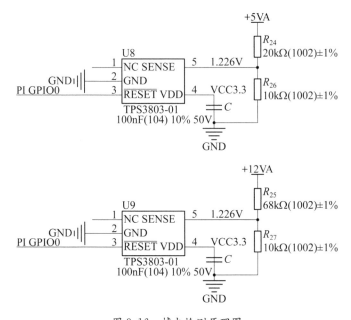

图 3.16 掉电检测原理图

3.4.8 外扩存储与通信部分

每个模块都有一个 EEPROM,用来存储相关配置信息;FPGA 部分外扩 FLASH,用以存储代码;CAN 模块用来进行总线通信。如图 3.18 所示,依次为 EEPROM、FLASH、CAN 原理图。图 3.18(a)中 AT24C02 为外扩的 EEPROM 芯片,SCL、SDA 构成 I2C 总线接口进行操作,AT24C02 用来保存一些上位机的配置参数,如采样频率,数量与间隔。图 3.18(b)中 W25Q16 为外扩的 FLASH 芯片,用以保存 FPGA 的程序,FPGA 掉电不保存程序,每次

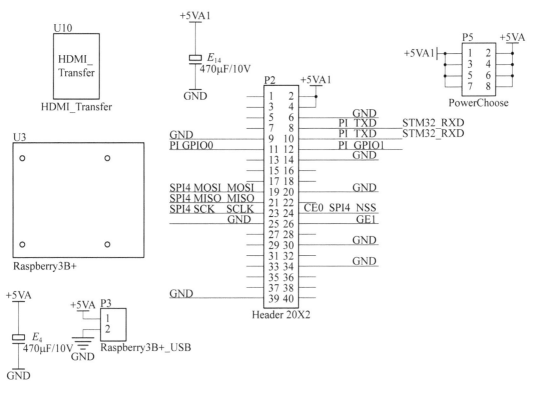

图 3.17　树莓派接口原理

上电重新从 W25Q16 中下载程序;图 3.18(c)为 CAN 模块用以 ARM 模块中单片机之间的通信,该模块用 CAN 收发芯片 TJA1057,STM32 单片机本身具有 CAN 接口,可以直接进行 CAN 寄存器配置,CANH 和 CANL 端口为通信传输的差分信号。

3.5 ▶ 局部放电在线监测系统软件设计

3.5.1　FPGA 程序设计

本节 FPGA 程序设计选用赛灵思公司斯巴达 6 系列(Xilinx Spartan6 XC6SLX16 - 2FTG256C),使用 Verilog HDL 语言进行电路描述,开发软件平台为 ISE14.7。

1. 总体设计框图

FPGA 的总体设计框图如图 3.19 所示,ADC 模块是 FPGA 控制 ADC 采集的模块,FPGA 通过 PLL 锁相环对外部采样芯片 AD9288 提供采样时钟,ADC 模块再将信号流传输到 FIR 滤波器模块用以抑制原始数据中的噪声,滤波后的信号再送到阈值判断,当滤波后的信号流中出现超出阈值的数据时判断为发生局部放电,将该点附近的一段数据与对同步信号的计数值合并存入片外 SRAM,之后将数据读回传输到 ARM 模块,ARM 模块在通过 SPI/UART 通信将数据送到树莓派模块进行显示。系统内设置计数器对同步信号 SYN 进行边沿检测,当检测到 SYN 的上升沿时将计数器清零,每次保存局部放电数据时都会将计数器的值一并保存用以计算放电时的相位。参数寄存器模块用以存放系统的各类参数,

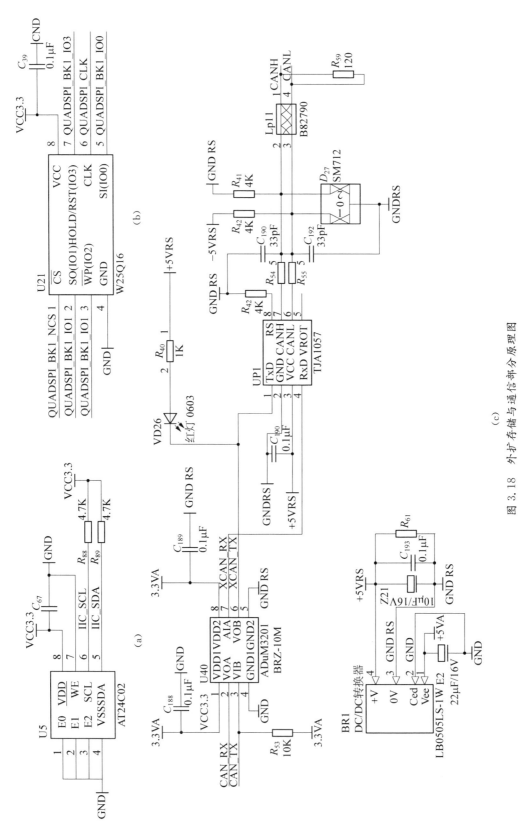

图 3.18　外扩存储与通信部分原理图

(a) EEPROM 接口原理图；(b) 外扩 FLASH 接口原理图；(c) CAN 通信接口原理图

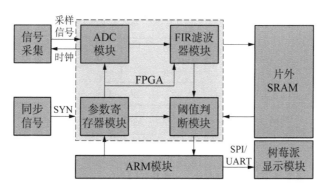

图 3.19 FPGA 总体设计框图

ARM 模块可以通过 FSMC 通信对参数进行修改,便于系统维护扩展[27-28]。

2. 时钟

AD9288 的采样时钟由 FPGA 提供,利用内部 PLL 的 IP 核对 30 M 的原始系统晶振做分频倍频处理,生成的时钟既有供给 AD9288 的采样时钟,也有 FPGA 系统内部本身的主控时钟,如图 3.20 所示。

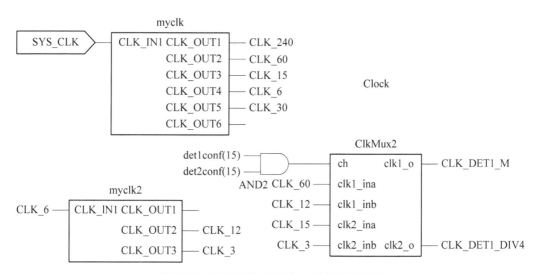

图 3.20 利用 IP 核对 PLL 得到的时钟框图

超声波信号的频段较低,高频脉冲电流和特高频信号检波后的频段较高,所以在应用时有两套时钟,需要根据实际采集的信号类型选择对应的采样频率和系统主控频率。在 FPGA 内部利用全局时钟复用缓冲器(原语"BUFGMUX")做时钟的切换。在 Spartan6 系列的 FPGA 中,PLL 产生的时钟不能直接连到 FPGA 的通用 I/O 接口上,Xilinx Spartan6 的解决方案是利用原语"ODDR2"缓冲做连接,如图 3.21 所示。

本书 FPGA 输出的采样时钟为 1.5 M 或者 15 M,由缓冲器 SN74AUP1G125DCKR 驱动,经过 PLL 芯片 CY2302SXC - 1 做四倍频处理。实际的采样频率为 6 M(超声波)或者 60 M(高频脉冲、检波 UHF 信号),如图 3.22 所示。

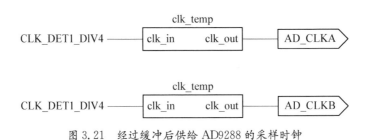

图 3.21　经过缓冲后供给 AD9288 的采样时钟

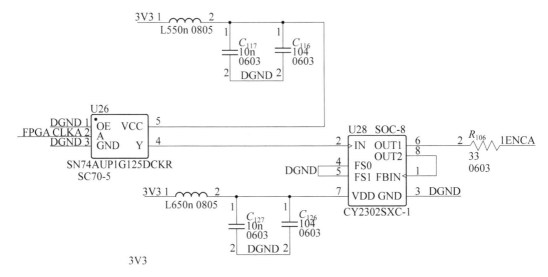

图 3.22　FPGA 输出后送入 AD9288 的编码时钟

3. FIR 滤波器

变压器现场有大量的工业噪声,对于采样值做数字信号处理是必要的。在 31 阶 FIR 滤波器中做一级流水线设计,可以降低寄存器间的传播时延。

FIR 滤波器可以有效抑制通带外的噪声,既可以抑制窄带干扰,也可以在一定程度上抑制白噪声。FIR 滤波器参数需要对现场噪声和 PD 信号的频带范围有大概的估计。为了防止参数不恰当,滤波器参数并非固化在 FPGA 中,而是单片机 STM32H750 通过 FSMC 接口传递,在 STM32H750 内设计了归一化截止频率为 0.1 至 0.9 的九挡 FIR 滤波器参数用以调试,根据 FIR 滤波器参数在 FPGA 内对采样值进行定点运算得到滤波后的数据,如图 3.23 所示。

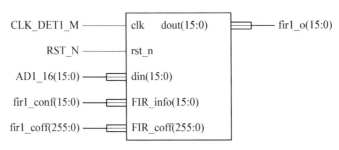

图 3.23　31 阶 FIR 滤波器框图

4. SRAM 读写

局部放电采样的数据量比较大,片内 RAM 资源可能不够用,因此外扩了两片 SRAM。SRAM 的总线与 FPGA 相连。SRAM 型号为 ISSI 公司的 IS61LV51216,地址线数据线采用并口通信,容量为 512 k $*$ 16 bit,如图 3.24 所示。

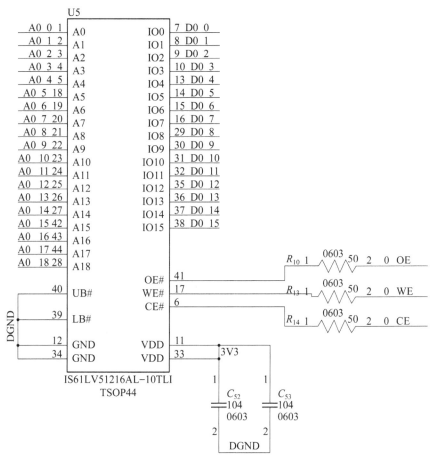

图 3.24　SRAM 接口电路

FPGA 内 SRAM 存储采用状态机设计,关键部分为:当采样信号满足比较条件时,"写使能"置 1,状态机进入下一个状态,开始将采样数据保存入 SRAM。比较模式和它的参数由 ARM 模块控制。

本书所设计的局部放电检测系统与外部通过 CAN 总线通信需要经过 STM32H750 单片机,但是单片机并未与 SRAM 直接连接。STM32H750 单片机在等待采样完成后向 FPGA 发出指令,FPGA 需要把采样数据从片外 SRAM 读回,并通过 FSMC 总线通信传达给 STM32H750 单片机。

图 3.25 为 FPGA 保存局部放电数据至片外 SRAM 的状态机设计,一共有 5 个状态。根据状态转移图,可以看到整个状态机设计可以分为内循环和外循环。内循环负责在一个采样周期内根据设定的参数将采集到的局部放电数据保存到片外 SRAM;外循环由单片机控制,负责控制一个采样周期的开始与结束。

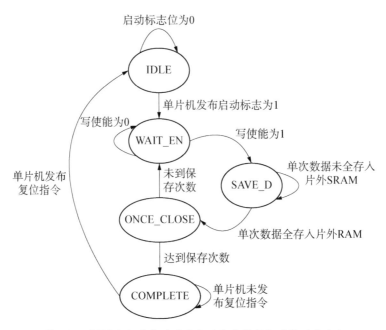

图 3.25　FPGA 程序中关于局部放电信号数据存储的状态机

5. DAC8562 的控制

程控放大器 AD8330 的增益由 DAC8562 控制,DAC8562 通过 SPI 协议与 FPGA 通信,FPGA 控制 DAC8562 的时序逻辑由单片机通过 FSMC 提供。因此本书程控放大器 AD8330 的放大倍数可以直接通过单片机更改,便于串口调试,如图 3.26 所示。

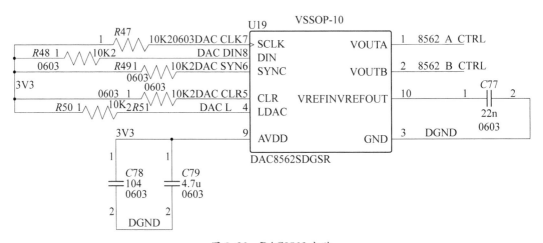

图 3.26　DAC8562 电路

6. FSMC 通信

FPGA 与单片机的 FSMC 接口相连进行通信,对于单片机来说,FPGA 就类似一块片外 RAM。通过对高三位地址线 ADDR[18:16]操作,可以对访问对象(两片 SRAM、内部寄存器)进行选通切换。为了可以访问容量为 512 K * 16 的 RAM,使用 19 根地址线、16 位数据线,其中,低 16 位地址线由数据线在 FPGA 内部做锁存分时复用,如图 3.27 所示。

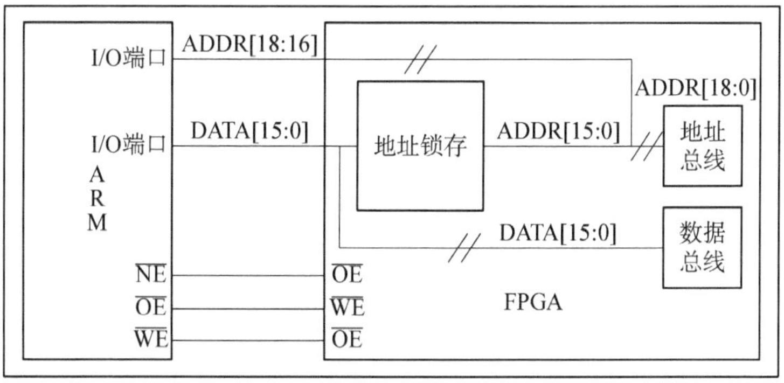

图 3.27　FSMC 通信设计框图

采用 FPGA＋CPU 的设计,实现两者的优势互补。利用 FPGA 并行的高速性采集高频信号,利用单片机内 CPU 强大的计算能力处理数据。单片机与 FPGA 进行 FSMC 通信在设计中至关重要[29]。

3.5.2　ARM 程序设计

ARM 模块选用 STM32H750 芯片作为核心,开发工具为 Keil μVision5。本章设计的监测系统中 ARM 模块的作用是处理数据、外部通信及参数配置,为了确保系统可以适应复杂的现场环境,系统采用手动与自动结合的方式进行参数配置,ARM 模块具体的配置流程如图 3.28 所示。

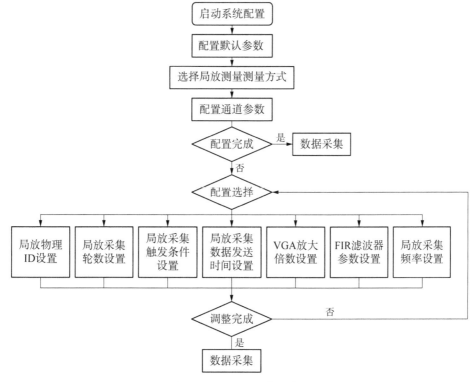

图 3.28　ARM 程序设计图

先初始化程序,对局放测量方式、通道参数进行配置,如果配置完成,则进入数据采集模式,如果未完成,则进入配置选择模式对参数进行调整,直到全部调整完毕后,进入数据采集子程序。当系统处于数据采集模式且需要修改参数时,可以借助上位机来使用 UART 串口通信发布指令,促使单片机进入串口中断,从而对参数进行配置。

在局部放电现场测量时,第一有可能应用场景变化或者电力设备的电压等级不同;第二绝缘缺陷严重程度不同;第三现场工业噪声未知,这种种的变量导致无法找到一套绝对合适的参数来适应复杂变化的现场环境。因此本书采用上位机灵活调整参数的设计,便于检修工作人员调试出最符合现场局放测量的参数。

3.5.3 系统上位机软件设计

Qt 是一种功能非常强大的基于 C++的应用程序开发框架,软件设计讲究高内聚、低耦合的设计准则,而 Qt 良好的封装机制使得软件模块化程度非常高,又由于其跨平台性和可移植性被广泛应用于图形化用户界面的开发,所以系统上位机软件开发选择在 Qt 编程环境下实现,硬件为树莓派 4 代,Qt 版本为 Qt Creator4.11.0,安装 QCharts、QSerialPort 等模块。

变压器在线监测与评估平台主要用于下位机采集数据的可视化、存储、分析及处理,其系统平台主要由登录注册模块、数据存储模块、局部放电模块、状态评估模块构成,如图 3.29 所示。

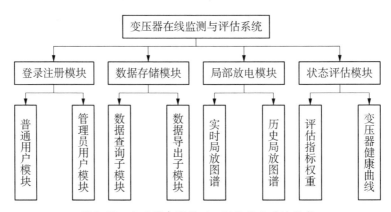

图 3.29 变压器在线监测可视化平台系统构成

其中登录注册模块包括普通用户和管理员用户两种登录方式,不同方式拥有的权限不同;数据存储模块包括数据查询和数据导出子模块,方便对数据的查询和保存;局部放电模块主要是对三种局部放电检测结果的可视化,主要包括实时局部放电图谱和历史局部放电图谱;状态评估模块包括对评估指标权重的计算和变压器健康度曲线的显示。

系统在采集多路信号后,通过编程实现采集多路信号的存储以及可视化,软件主界面如图 3.30 所示。主界面包括实时图像、数据存储等模块,单击相应按钮即可跳转至对应界面,主界面中还包括传感器数量、变压器健康度曲线等信息的显示。根据监测数据构建变压器状态评估模型,根据评估结果给出相应运维策略,实现变压器的在线监测和状态评估。

主界面有以下功能:

(1) 单击"实时图像""数据分析""后台管理""日志系统"等图标可跳转到对应界面,如单击"实时图像"图标可跳转到实时图像界面,查看系统监测数据动态曲线。

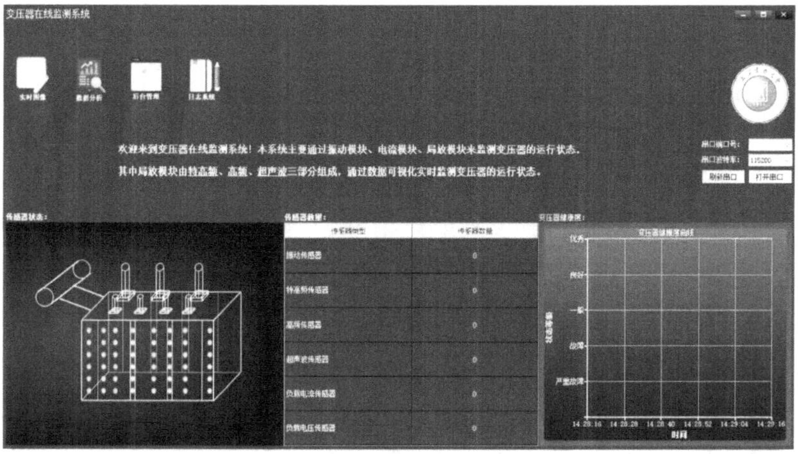

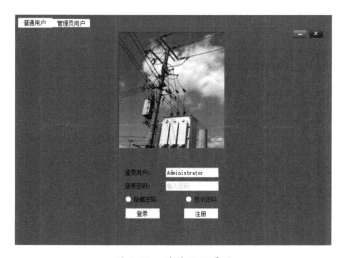

图 3.30　系统软件主界面

（2）单击"上海电力大学"校徽可截取任意屏幕大小。

（3）单击"刷新串口"按钮可在串口端口号下拉框中显示目前系统中可用端口号，单击"打开串口"按钮即可打开相应串口。其中串口功能可以显示当前终端中可用的端口号，波特率可以设置为 1 200、4 800、9 600、115 200 等波特率。

（4）变压器三维模型中绿色小点可代表传感器状态，显示则说明对应传感器状态正常，反之则表明状态异常，鼠标悬于绿色小点上可显示对应通道传感器信息。

（5）表格中显示传感器数量，包括超声波、特高频、高频电流等传感器数量，坐标系中显示变压器健康度曲线。

1. 登录注册模块设计

登录注册模块由登录和注册两部分组成，如图 3.31 所示。

图 3.31　登录注册界面

如果是首次登录变压器状态监测与评估系统，则需要先在系统中填写相关信息注册账号，系统采用 SQLite 数据库存储用户注册信息，包括注册时间、用户名、登录密码、邮箱等信

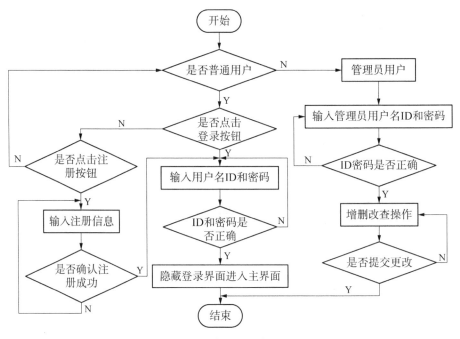

图 3.32　登录注册模块流程

息,注册成功后可用于登录系统,登录注册流程如图 3.32 所示。首先判断是否是普通用户,普通用户可以直接在相应文本框中输入用户 ID 名和登录密码访问系统,否则需要填写相关信息注册账号才能登录成功。

其中登录用户又分为普通用户和管理员用户,两种用户都可以登录系统,不同的是管理员用户可以登录系统后台查看新用户注册信息,并拥有修改后台用户信息权限。为了方便嵌入式系统开发,在界面中添加了截屏功能并在登录界面中嵌入了数字键盘,当单击登录密码输入文本框的时候会触发数字键盘对话框,如图 3.33 所示。即使在没有键盘外设情况下

图 3.33　管理员用户界面

也可以便捷输入密码信息,在登录成功后会隐藏登录界面进入系统主界面。

管理员用户拥有修改普通用户信息的权限,可以增加记录、删除记录、撤销修改、提交修改、注销登录等操作,其中注销登录可以退出当前管理员账号,如果想要修改用户信息,需要再次重复登录。例如将第 3 个用户的 ID 由原来的"zhaoxiaolei"改为"zhaolei",单击"提交修改"按钮,即可提示"您已成功完成提交修改!",表明信息修改成功,如图 3.34 所示。

图 3.34　提交修改界面

2. 数据存储模块设计

数据存储模块用到 Qt<QSqlDatebase>库函数中的 sqlite 数据库[54],给每个监测数据创建对应的数据表,在创建每个模块的数据表时,对于局部放电模块,由于每个通道采集的局部放电信号数据长度不固定,解决办法是将每个通道采集的所有数据拼接成一个字符串存入对应通道字段。例如针对局部放电模块创建数据表,部分代码如下:

query.exec("create table UHF(time_UHF varchar(100),timestamp int,CH1 varchar(100),CH2 varchar(100),CH3 varchar(100),CH4 varchar(100),CH5 varchar(100),CH6 varchar(100))");　％创建用于特高频采样数据存储的数据表

query.exec("create table UT(time_UT varchar(100),timestamp int,CH1 varchar(100),CH2 varchar(100),CH3 varchar(100),CH4 varchar(100),CH5 varchar(100),CH6 varchar(100),CH7 varchar(100),CH8 varchar(100),CH9 varchar(100),CH10 varchar(100),CH11 varchar(100),CH12 varchar(100))");％创建超声波数据存储表

query.exec("create table UF(time_UF varchar(100),timestamp int,CH1 varchar(100),CH2 varchar(100),CH3 varchar(100),CH4 varchar(100),CH5 varchar(100),CH6 varchar(100))");

在存储各个通道数据的同时存储对应时间戳,方便其他模块从数据库中查询数据,数据存储模块流程如图 3.35 所示。

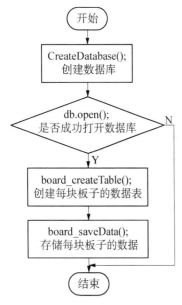

图 3.35　数据存储模块流程图

首先导入 QSqlDatabase 头文件,然后创建数据库,数据库采用的是 sqlite 轻量型数据库,创建数据库代码如下:

```
db2 = QSqlDatabase::addDatabase(" QSQLITE ",
"transConnection");
        db2.setDatabaseName(" transformer. db");
% 通过 Qsqlite 创建数据库
    if(! db2.open()){
        QMessageBox::critical(0,"Cannot open database",
            "Unable to establish a database connection.",
            QMessageBox::Cancel);   % 若数据库未打开则显示提示信息
        return;}
```

数据库创建成功后,根据系统监测数据的类型分别创建存储数据的数据表,包括振动、局部放电、电流等数据表,其中特高频局部放电数据存储表如图 3.36 所示。

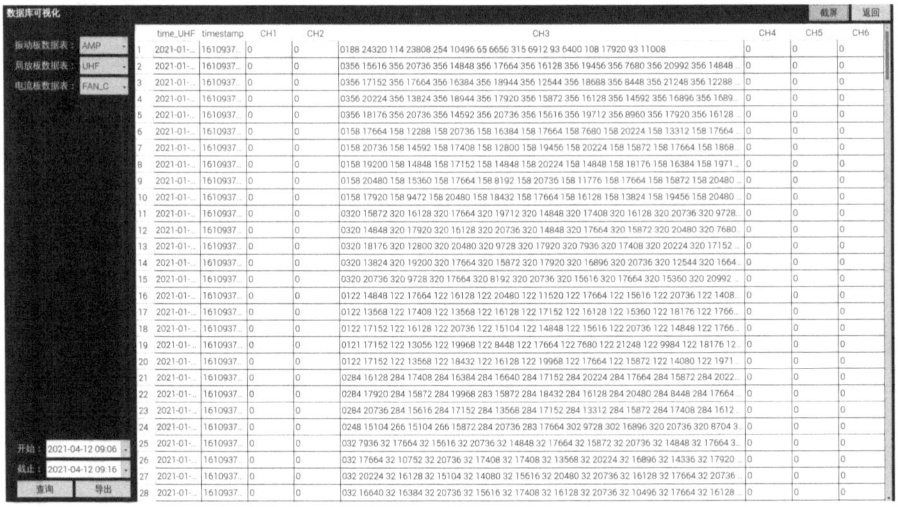

图 3.36　特高频局部放电数据存储表

通过单击相应检测模块的数据表即可查看系统对应模块的数据检测结果,数据存储模块的主要功能如下:

(1)数据表类型主要有振动板数据表、电流板数据表、局部放电板数据表 3 种数据存储表,选择相应类型存储表中的数据表即可显示对应数据,其中数据表中存储了时间、时间戳以及各通道采集的数据信息。

(2)选择查询的起始时间和截止时间,须保证起始时间小于等于截止时间,否则会弹出"时间设置错误"对话框,时间设置完成后,单击"查询"按钮即可显示指定时间段内的数据存储情况,其他时间段的数据则被过滤掉。

（3）数据存储界面为了方便数据的外部存储,在界面中设置了导出功能,即单击"导出"按钮可将当前界面中显示数据导出到任意存储路径,存储格式为后缀名为".CSV"的文件。

3. 局部放电模块设计

局部放电模块同样包括对实时数据和历史数据的可视化,其中对于同一局放源,系统采用超声波、特高频、高频电流三种检测方式对局部放电信号进行采集。局部放电数据包括放电幅值和相位两部分,并对放电幅值进行了归一化处理。相比于传统的单一方式,检测局部放电信号可以更加准确、真实地提取局部放电的特征信息,一般用局部放电图谱刻画局放信号的特征信息,局部放电图谱包括 PRPD 二维图谱和 PRPS 三维图谱,如图 3.37 所示。局部放电模块设计的主要功能如下:

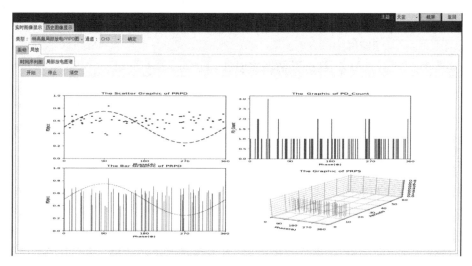

图 3.37　局部放电图谱

（1）针对同一局放源用特高频、高频电流、超声波三种检测方式,其中特高频设置了 6 路通道,高频电流设置了 6 路通道,超声波设置了 12 路通道。

（2）选择相应的检测方式和对应的通道即可显示局部放电图谱,其中类型和通道的选择可以依据主界面绿色小点信息进行选择。

（3）单击"清空"按钮可以刷新当前界面显示。

（4）图中三维柱状有三种不同颜色,每种颜色代表不同的状态。

（5）绿色:0.2<=放电幅值,表示正常状态。

（6）金色:0.2<放电幅值<=0.5,表示注意状态。

（7）红色:0.5<放电幅值,表示严重状态。

PRPD 是局部放电的相位分布图谱,是将局部放电产生的带相位的脉冲信号显示在二维坐标系中;PRPS 是将局部放电产生的带相位的脉冲信号按照时间的先后顺序显示在三维坐标系中,相当于是一段时间内 PRPD 图谱的叠加。图 3.37 中左上位置是 PRPD 散点图,显示了局部放电幅值与相位之间的散点分布图;右上位置是放电次数柱状图,显示了局部放电在各个相位放电次数的统计情况;左下位置是 PRPD 柱状图,与 PRPD 散点图对应;

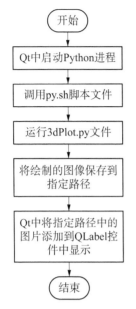

图 3.38 PRPS 图谱绘制流程

右下位置是局部放电 PRPS 图谱,显示了局部放电幅值与相位在不同放电周期内的分布情况。

由于 Qt 绘制三维图的库函数还不够完善,而且树莓派的 Linus 系统中自带了 Python 编译环境,Python 拥有丰富的 API 接口,对于绘制各种图形只需要调用对应封装函数即可,所以绘制 PRPS 图谱时,通过在 Qt 环境中启动 Python 进程调用用于绘图的代码实现。绘制 PRPS 图谱流程如图 3.38 所示。

为了实现局部放电实时图像的显示,考虑多线程编程,从而提高程序的运行效率。首先,在 Qt 环境中启动 Python 进程;然后,在线程中调用提前编写的脚本文件,在脚本文件中调取用于实现绘制图像的代码;最后,将绘制的图像先保存至指定路径,由于 Qlabel 控件支持多种文本形式的显示,所以在 Qt 环境中将保存的图像显示在 Qlabel 控件中。

4. 状态评估模块设计

系统各模块的监测数据是状态评估模块设计的基础,系统通过硬件和软件的设计采集变压器的运行数据,根据存储数据构建评估模型,通过评估结果给出对应的运维决策。评估指标量分别为特高频放电量、特高频放电次数、高频电流放电量、高频电流放电次数、超声波放电量、超声波放电次数 6 个指标。变压器运行状态等级分为优秀、良好、一般、故障、严重故障 5 个评估等级,每个等级对应相应的运维策略,关于变压器状态评估模型的构建已在上一节中详细介绍。

变压器状态评估过程可以用编程来实现,包括评估指标权重的确定、评估状态等级的确定、健康度的确定等,变压器状态评估流程如图 3.39 所示,最后将评估的结果可视化,更加直观地显示变压器的运行状态,实现变压器运行状态的实时监测。其中权重的确定为了避免主观因素或者客观因素对评估结果的决定性影响,采用主客观联合的方法确定变压器评估指标的权重,变压器正常运行时评估界面如图 3.40 所示,变压器运行状态等级为"故障"时,评估界面如图 3.41 所示。

变压器状态评估模块的主要功能如下:

(1)变压器状态等级文本框中实时显示变压器的运行状态,变压器运维策略文本框中实时显示变压器运行状态对应的运维策略。

(2)指标参数表格中显示评估指标的主观权重、客观权重、综合权重和监测指标实测值的归一化值。

(3)坐标系中动态显示变压器运行的健康度曲线,根据健康度的评估区间确定其状态等级和运维策略,便于运维人员实施相应运维策略。

(4)评估标准表格中显示健康度区间及相应的运维策略。

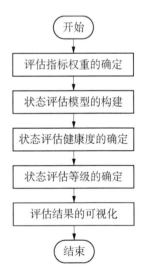

图 3.39 变压器状态评估流程

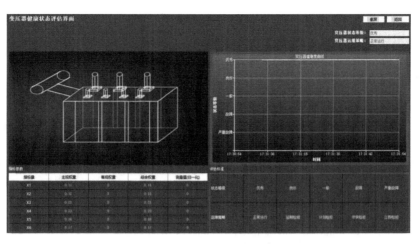

图 3.40　变压器运行状态正常界面

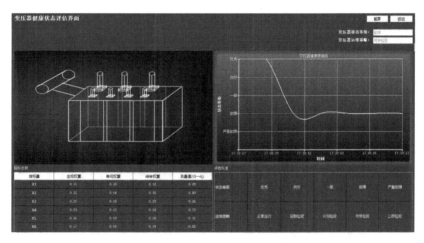

图 3.41　变压器运行状态故障界面

3.6 ▷ 局部放电测量的抗干扰算法

3.6.1　干扰源分析

1. 高频脉冲法的主要干扰源

（1）电源干扰。试验检测仪器及试验所用的电源与城市低压配电网相连,配电网内的各种干扰信号易对现场局部放电测量造成干扰[30]。

电源干扰主要来自电源网络、中频发电机组或变频电源,可选择下列措施进行抑制:①采用单台站用变压器为试验系统单独供电,供电电源电缆应尽量避免交叉缠绕并独立排列;②在供电电源的入口处设置低通滤波器可抑制电网干扰;③在被试变压器施加电压的入口处设置高压阻波器,其阻塞频率与局部放电测量系统的频带范围相匹配,可抑制试验电源系统的传递干扰;④选用具有内部屏蔽式结构的中间试验变压器,阻隔干扰信号的耦合;

⑤在测量仪器交流 220 V 电源入口设置屏蔽型隔离变压器,采用专用独立电源等措施,可抑制测量仪器电源回路干扰。

(2)各类电磁干扰。该类型干扰的特点是波形幅值的大小一般与试验电压的高低无关。其中空间电磁干扰的主要抑制措施有:①尽量减小试验回路的尺寸,并合理选择局部放电测量仪器的频带。②尽量缩短局部放电检测阻抗信号传输线的长度,检测阻抗应就近接地,减小空间干扰对检测阻抗的影响。③试品周边金属物件均应可靠接地。④对于相位固定、幅值较高的干扰,可利用具有选通元件的测量仪来剔除此类干扰。

(3)接地系统干扰。在试验回路中的接地系统设置不恰当时,会有多种高频的信号从接地回路耦合进入试验回路,从而形成干扰。接地系统干扰与试验回路的电压无关。

2. 超声波法的主要干扰源

超声波法的主要干扰源是机械的振动以及磁致伸缩噪声。

机械振动的主要特征是 PRPD 谱图中存在黑线和黑点,机械振动可能会造成局部放电或击穿(例如造成悬浮电位体放电或金属部件脱落引起击穿等),也可能不会造成局部放电或击穿,由于难以判断,故实际检测时需要仔细分析机械振动来源,必要时以其他检测手段(例如 X 射线透视、SF_6 气体成分分析等)进行辅助分析,判断其产生的原因及可能造成的后果。

当对 GIS 电磁式电压互感器进行超声局部放电检测时,会发现超声信号与背景噪声不同,并且可能表现为与悬浮电位体放电特征相似的谱图。这种噪声是由于钢体的磁致伸缩现象引起的,钢体(导磁的)的工频周期交变磁场改变了磁化的状态,这就引起了噪声。电磁式电压互感器磁致伸缩噪声与绝缘系统无关,故其是无害的。

3. 特高频电磁波法的主要干扰源

特高频电磁波法常见的干扰源有:灯具干扰、雷达干扰、电机干扰及手机干扰等。因为特高频所处频段较高,所以在大量设计中常使用高通窄带滤波器进行抑制,可以避免绝大部分的干扰,比如常见的来自手机的通信干扰可以采用 300～600 MHz 的窄带通滤波器进行抑制。但是局放电磁波信号能量主要集中在 1 GHz 以下,所以要避免使用截止频率高于 1 GHz 的高通滤波器进行噪声抑制,否则会造成测量局放信号能量的大量损失。

PRPD 图谱的识别可以有效地识别出特高频干扰信号。通过 PRPD 图谱可以将这些干扰与真实局部放电信号区分开来,常根据工频相关性、波形特征和频谱特性对信号进行鉴别。

3.6.2　改进 LMS 自适应滤波分析

1. LMS 自适应滤波原理

20 世纪 40 年代美国科学家诺伯特·维纳为解决对空射击的控制问题提出了一种以最小均方误差为最优准则的线性滤波器,利用平稳随机过程的相关特性和频谱特性对含有噪声的信号进行滤波,通过让误差达到最小值,维纳滤波可以达到最佳的滤波效果。作为数字信号处理领域的经典算法,维纳滤波理论是完美的,并且具有深远的意义。但是在实际工程中,维纳滤波理论需要一些先验知识,如噪声的统计特性、信号的统计特性等。这些先验知识可能难以得到,所以难以进行一些实际应用。

维纳滤波理论不仅需要知道输入向量的自相关矩阵以及输入向量与期望信号的互相关向量这些先验知识,还需要对输入向量自相关矩阵进行求逆。为解决这一问题,LMS 自适应滤波器以维纳滤波理论和梯度最陡下降法为基础,以最小均方误差为准则,沿权向量梯度估值的负方向搜索,使权向量逐渐收敛到维纳解。

自适应滤波器的原理如图 3.42 所示,自适应算法根据 $e(n)$ 调整滤波器的参数,使滤波器的输出 $y(n)$ 不断逼近期望信号 $d(n)$,但是不完全相等,自适应滤波器存在稳态偏差。

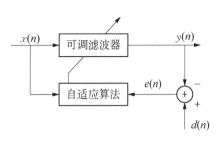

维纳的权值更新方程为

$$\boldsymbol{\omega}(n+1)=\boldsymbol{\omega}(n)+u(-\nabla J) \tag{3.30}$$

$$J=E(e^2(n)) \tag{3.31}$$

图 3.42　自适应滤波器原理

式中,$\boldsymbol{\omega}(n)$ 为各权系数组成的向量;u 为步长。为了简化计算,LMS 取误差信号的瞬时值作为期望的估计值,即

$$J=E(e^2(n)) \approx e^2(n)=(d(n)-\boldsymbol{\omega}^{\mathrm{T}}\boldsymbol{x})^2 \tag{3.32}$$

根据最陡梯度下降的原则,对 J 求导,有

$$\nabla J=-2e(n)\boldsymbol{x} \tag{3.33}$$

根据式(3.30)、式(3.33),得到最终权值的迭代公式为

$$\boldsymbol{\omega}(n+1)=\boldsymbol{\omega}(n)+2ue(n)\boldsymbol{x} \tag{3.34}$$

$\boldsymbol{x}=[x(n),\ x(n-1),\ \cdots,\ x(n-N+1)]^{\mathrm{T}}$ 为输入序列,N 为滤波器阶数,u 称为步长或者学习率。要使 LMS 自适应滤波器的权向量收敛,需要满足

$$0<u<\frac{1}{\lambda_{\max}} \tag{3.35}$$

式中,$\lambda_{\max}$ 是输入序列自相关矩阵的最大特征值。

自适应滤波器的缺点是需要知道应用场景中的噪声特征,但在实际工程中是不能提前准确得到期望信号的[31-33]。一种解决办法是通过事先收集变压器现场的空间电磁干扰,得到噪声的先验估计。这不仅增加了硬件和人力成本,还不能保证事先得到的噪声信号和实际的噪声信号具有相同的统计特性。另一种办法是对输入信号取一定的时延作为期望信号,通过取时延减弱输入信号与期望信号局部放电脉冲之间的相关性,但是噪声的相关性得到保持,这样滤波器的输出 $y(n)$ 将只含有周期性的窄带干扰而不包含局部放电脉冲,其原理如图 3.43 所示,其中 $\boldsymbol{x}$ 为输入自适应滤波器的序列,$y(n)$ 为窄带干扰的输出,$\boldsymbol{x}(n+\Delta)$ 为参考信号,实质为时延 Δ 个单位后的输入信号,$e(n+\Delta)$ 为滤波器的输出,实质为参考信号与 $y(n)$ 之间的误差。

本书选择的是第二种方法,将期望信号 $d(n)$ 减去仅含窄带干扰的 $y(n)$ 就能得到局部放电脉冲,即滤波器的输出为

$$e(n+\Delta)=d(n)-y(n) \tag{3.36}$$
$$=\boldsymbol{x}(n+\Delta)-\sum_{i=0}^{N-1}\boldsymbol{\omega}(i)\boldsymbol{x}(n-i)$$

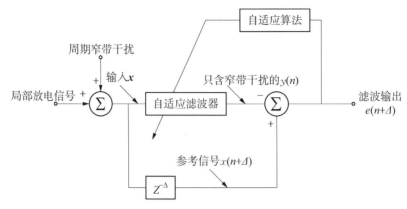

图 3.43　应用于局部放电的自适应滤波原理图

2. 改进 LMS 自适应滤波

传统 LMS 自适应滤波算法应用于变压器局部放电在线监测系统中存在收敛性差,出现多种频率干扰时容易发散的缺点[34]。为克服这些问题,下面提出一种改进的 LMS 算法。

在算法收敛阶段,需构造一种函数使得 LMS 自适应滤波算法具有较大步长以增加收敛速度,当算法收敛至稳定时在函数作用下减小步长以减小稳态误差。此外函数形式需要简单,避免复杂运算,否则将导致嵌入式设备运算资源紧张,影响局部放电监测系统的实时性。基于上述约束条件,构造的函数为

$$F(x) = \frac{x^n}{k^n + x^n} \tag{3.37}$$

式(3.37)中,参数 n 和 k 用以控制函数形状以适应实际情况。如图 3.44 所示,参数 n 越大,$F(x)$ 在 x 过大或过小时变化越缓慢。如图 3.45 所示,参数 k 越大,相同 x 时 $F(x)$ 越小。$F(x)$ 的值域为 $(0,1)$,图 3.44 和图 3.45 用于方便阐述函数性质,坐标无实际物理意义。

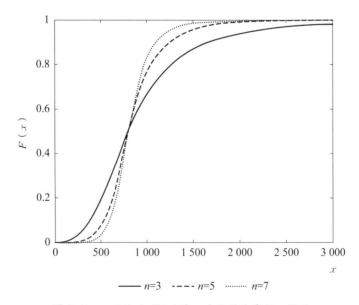

图 3.44　n 不同时,$F(x)$ 随 x 变化的曲线($k=800$)

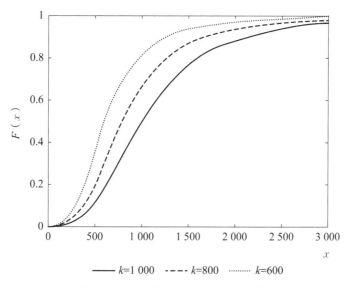

图 3.45　k 不同时，$F(x)$ 随 x 变化的曲线（$n=3$）

　　变压器局部放电在线监测系统数据采集与分析往往是由现场可编程逻辑门阵列（field programmable gate array，FPGA）或者单片机控制，该函数运算量小，具有在单片机或者 FPGA 上实现而不影响监测系统实时性的可能[35]。

　　基于此函数对式(3.37)进行改造，得到新的权值迭代公式为

$$\boldsymbol{\omega}(n+1)=\boldsymbol{\omega}(n)+2u(n)\left(F(f(n))+\frac{1}{a}\right)e(n)\boldsymbol{x} \quad (3.38)$$

$$u(n)=\begin{cases} k_1 u(n-1), & \text{迭代未发散过} \\ k_2 u(n-1), & \text{迭代发散时} \\ u(n-1), & \text{其余情况} \end{cases} \quad (3.39)$$

$$f(n)=|\,e(n)e(n-1)\,| \quad (3.40)$$

式中，$u(n)$ 的 $k_1 \geqslant 1$，$0<k_2 \leqslant 1$，它的目的是对步长做一个粗调，在初始或者失调阶段快速增加步长值，在发散时缩小步长值，直到找到一个足够大而又不至于发散的值时处于稳定状态不再变动，$u(n)$ 的初始值记为 $u(0)$。$f(n)$ 为相邻时刻误差的互相关函数，利用误差相关来提高算法的抗噪性能。a 为大于 0 的常数，实际应用时校正值不宜过小，它控制步长调整的上界为 $u(n)(1+1/a)$，下界为 $u(n)/a$，在收敛阶段 $u(n)$ 达到稳定，步长将基于 $f(n)$ 的值在这个上下界内进行微调，$f(n)$ 较大时增大步长以加快收敛速度，$f(n)$ 较小时缩小步长以减少稳态误差。

　　将式(3.37)中的自适应算法选取为上述的改进 LMS 算法，则改进 LMS 算法在每一次迭代中的处理流程如图 3.46 所示。

　　目前有采用数学方法来估计 LMS 自适应滤波算法失调量的方法，但实际应用于抑制窄带干扰效果并不理想。在算法失调时，滤波

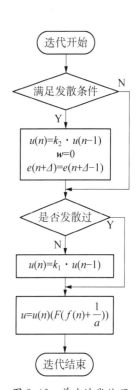

图 3.46　单次迭代处理
流程图

器输出的幅值将会处于一个振荡上升的失控状态,通过对滤波器的输出设置上限可以及时遏制这种失控状态。本节结合实际,将变压器局部放电在线监测系统底层 AD 芯片的量程作为滤波器输出的上限。需要注意,当算法发散时,权向量 $\boldsymbol{\omega}$ 已经偏离最优维纳解太多,不适宜继续在这个权向量上迭代,所以需要让权向量 $\boldsymbol{\omega}$ 归零重新迭代,此时的滤波器输出可以取为 $e(n-1)$。

为了评估滤波前后噪声抑制效果、信号相似程度和振荡相似度等,引入三种用于评价滤波器性能指标的参数,分别为信噪比(SNR)、均方误差(MSE)和波形相似系数(NCC)。SNR 反映了有用信号相对噪声信号的能量占比;MSE 反映了去噪后信号与理想信号的误差;NCC 反映了两个波形之间的相似度,区间在$[-1,1]$,其值越接近 1 代表两波形之间越相似。指标的定义为

$$\mathrm{SNR}=10\log\left(\frac{\sum_{i=1}^{L}f_i^2}{\sum_{i=1}^{L}(f_i-s_i)^2}\right) \tag{3.41}$$

$$\mathrm{MSE}=\frac{1}{L}\sum_{i=1}^{N}(s_i-f_i)^2 \tag{3.42}$$

$$\mathrm{NCC}=\frac{\sum_{i=1}^{L}s_if_i}{\sqrt{\left(\sum_{i=1}^{L}s_i^2\right)\left(\sum_{i=1}^{L}f_i^2\right)}} \tag{3.43}$$

式中,s_i 为消噪后信号;f_i 为局部放电原始信号;L 为序列长度。

3. 自适应滤波结果分析

局部放电脉冲信号是宽频带的,从局部放电发生点到检测点的过程会产生振荡衰减,因此局部放电脉冲可以用如下数学模型来等效。

(1)单指数衰减振荡形式。

$$f_1(t)=A\mathrm{e}^{-t/\tau}\sin(f_c\times2\pi t) \tag{3.44}$$

(2)双指数衰减振荡形式。

$$f_2(t)=A(\mathrm{e}^{-1.3t/\tau}-\mathrm{e}^{-2.2t/\tau})\sin(f_c\times2\pi t) \tag{3.45}$$

其中,A 为幅值;τ 为衰减系数;f_c 为振荡频率;t 表示仿真时间。

选取 20M 采样频率,每种局部放电形式采集 1 000 个点;衰减系数 τ 为 0.9×10^{-6};振荡频率 f_c 为 1MHz;以式(3.44)和式(3.45)模拟的局部放电脉冲如图 3.47(a)所示。仿真参数如下:$k_1\geqslant1$,$0<k_2\leqslant1$,$1\leqslant a\leqslant5$;函数 $F(x)$ 的参数 $n=3$,参数 $k=1000\mathrm{N}$,使参数 k 与滤波器阶数挂钩,阶数越高步长越小;算法发散条件设为 $e(n)>500$ 或者 $e(n)<-500$。

以正弦形式模拟四种窄带干扰,频率分别为 100 kHz、500 kHz、1~5 MHz 和 2 MHz。在图 3.47(a)的基础上加入上述窄带干扰后得到的染噪信号如图 3.47(b)所示。

基于上述参数,通过改变滤波器阶数 N 和参考信号时延 Δ 分析算法的性能。图 3.48~图 3.51 为不同时延 Δ 情况下,$N=16$、20、40 和 64 时的滤波效果。

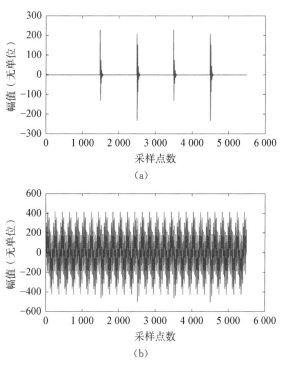

图 3.47　加入窄带干扰前后的仿真数据

(a) 局部放电脉冲；(b) 加入窄带干扰的局部放电脉冲

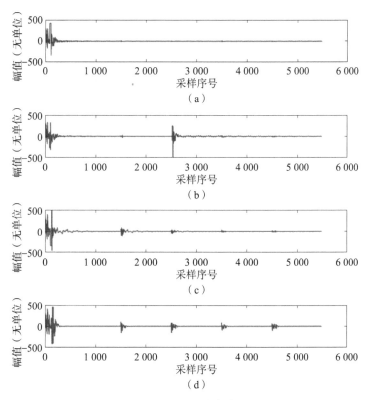

图 3.48　$\Delta=0$ 时的滤波效果

(a) $N=16$；(b) $N=20$；(c) $N=40$；(d) $N=64$

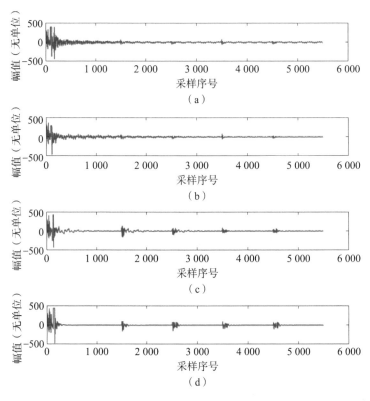

图 3.49 Δ＝1 时的滤波效果

(a) N＝16;(b) N＝20;(c) N＝40;(d) N＝64

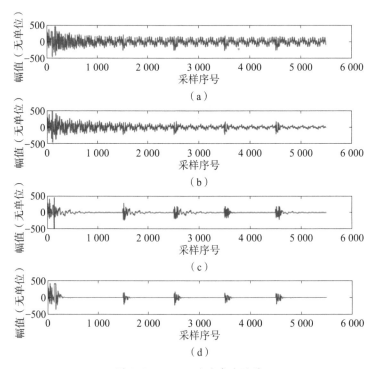

图 3.50 Δ＝4 时的滤波效果

(a) N＝16;(b) N＝20;(c) N＝40;(d) N＝64

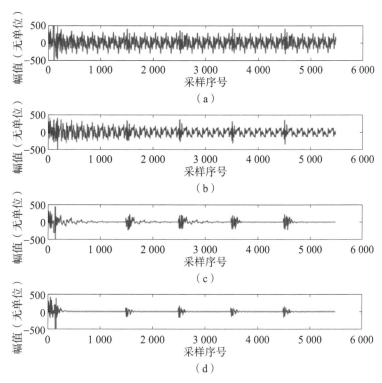

图 3.51　Δ＝16 时的滤波效果

(a) $N=16$；(b) $N=20$；(c) $N=40$；(d) $N=64$

以图 3.50 为例，滤波器阶数 N 自上而下依次增大。可以看到滤波器阶数越高，跟踪信号变化的能力越强。时延 Δ 的选取同滤波器阶数规律有所不同，它的取值存在矛盾，时延小会导致局部放电脉冲之间的解相关程度不够，时延大会导致稳态误差过大，这在滤波器阶数较低的情况下较为明显。经过课题组分析，发现时延 $\Delta=0$ 是一种特殊情况。由横向观察图 3.48～图 3.51 相同阶数、不同时延 Δ 情况下的仿真结果可知，时延为 0 时拥有最小的稳态误差，但是此时局部放电脉冲之间相关性过高导致 $y(n)$ 中含有局部放电脉冲的成分，进而使得滤波器的输出可能不含局部放电脉冲。

控制滤波器阶数 $N=64$，$u(0)=10^{-8}$，记录不同时延 Δ 情况下滤波后的信噪比得到表 3.2。由表 3.2 可知在滤波器阶数 $N=64$，时延 $\Delta-0$ 时，滤波后的信号拥有最高的信噪比，这是因为时延为 0 时虽然局部放电脉冲信号之间的自相关系数达到最大值，但是各个频率的周期性窄带信号的自相关系数也达到最大，局部放电脉冲的功率与窄带干扰的功率相比微不足道。简而言之，为了使自适应滤波器有高的信噪比，时延 $\Delta=0$ 也是可以考虑的，但是此时需要选取较高的滤波器阶数 N 来保持信号的跟踪能力。

表 3.2　$N=64$，$u(0)=10^{-8}$ 时滤波器输出的信噪比与时延

时延 Δ	0	4	8	12	16	20	26	32
信噪比/dB	2.500 8	−3.178 9	−4.332 1	−4.272 5	−1.400 4	−1.707 7	−4.541 4	−3.549 0

滤波器阶数越高,跟踪信号变化的能力越强。但是对于传统 LMS 算法来说,需要考虑到阶数和步长的匹配,不能随意改变,否则不能达到想要的滤波效果。而本书方法的步长可以自适应地进行调整,因而没有这个缺陷。

改变 $u(n)$ 不同的初始迭代值 $u(0)$ 与不同固定步长 u 的传统 LMS 自适应滤波结果进行对比。对于传统固定步长的 LMS 自适应滤波器而言,步长选取过小会导致收敛速度过慢,如图 3.52(a)所示;选取过大会导致算法发散,如图 3.52(c)、图 3.52(d)所示。因此在变压器复杂的工业环境中很难确定一个合适的 u 值。由图 3.53 可知,不管 $u(n)$ 的初始迭代值 $u(0)$ 选取为多少,改进 LMS 算法都可以快速地将其调整到一个合适的位置,具有适应复杂工业环境的特性。

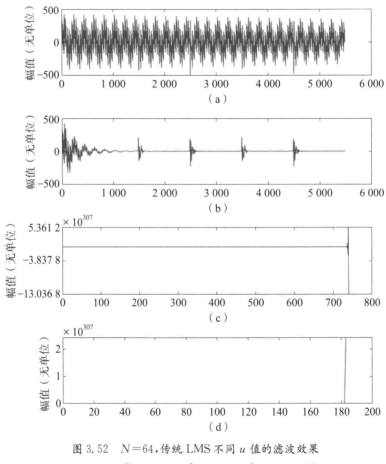

图 3.52　$N=64$,传统 LMS 不同 u 值的滤波效果

(a) $u=10^{-10}$;(b) $u=10^{-8}$;(c) $u=10^{-6}$;(d) $u=10^{-4}$

利用如图 3.54 所示的实验室研发的变压器局部放电在线监测装置来采集实际的放电信号。图 3.55 为采集到的超声波、高频及特高频局放信号。图 3.56(a)为一段在实验室利用罗格夫斯基线圈检测到的局部放电脉冲数据。但是实验室环境下没有过多干扰,所以人为加入 1 MHz、5 MHz、15 MHz 和 20 MHz 的模拟窄带干扰后波形如图 3.56(b)所示。滤波器阶数 N 为 64,时延 $\Delta=0$, $u(0)$ 选取为 10^{-9},传统 LMS 自适应滤波器 u 也为 10^{-9}。

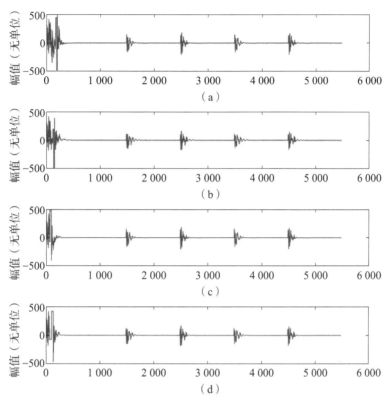

图 3.53 $N=64$,改进 LMS 不同 $u(0)$ 值的滤波效果

(a) $u(0)=10^{-10}$;(b) $u(0)=10^{-8}$;(c) $u(0)=10^{-6}$;(d) $u(0)=10^{-4}$

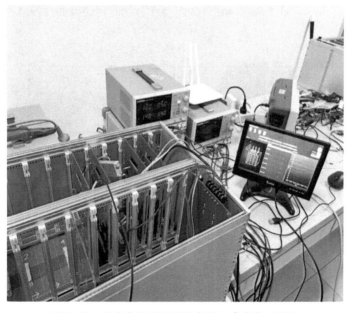

图 3.54 研发中的变压器局部放电在线监测系统

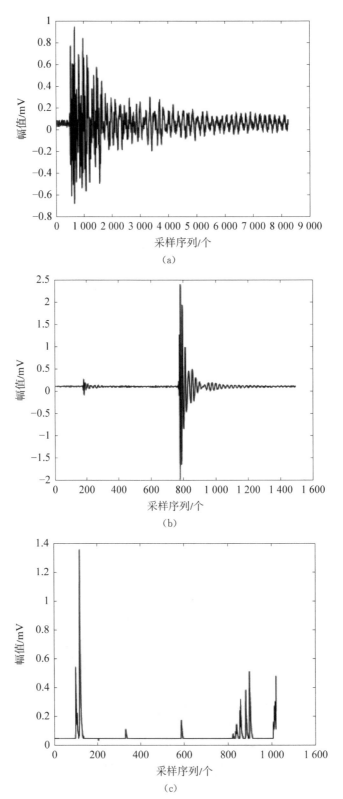

图 3.55 利用研发的在线监测系统捕获到的各种信号

（a）捕获到的超声波信号；（b）捕捉到的高频脉冲电流信号；（c）捕获到的特高频电磁波

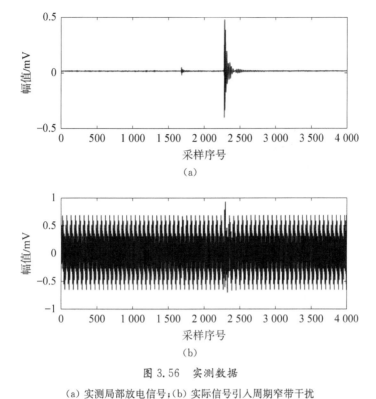

图 3.56　实测数据

（a）实测局部放电信号；（b）实际信号引入周期窄带干扰

　　图 3.57 为改进 LMS 自适应滤波器的步长变化曲线，在迭代的初始阶段变化迅速，权向量收敛后趋于稳定，只有在有局部放电脉冲的点处会有微小起伏。事实上这也可以看作是一种步长的自适应过程。

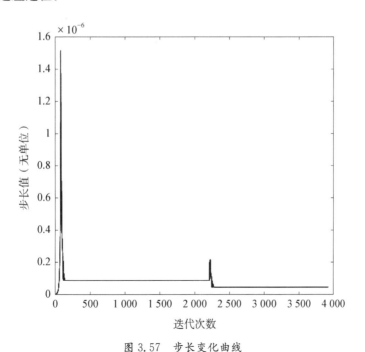

图 3.57　步长变化曲线

由图 3.58(a)可以看到传统的 LMS 自适应滤波器收敛速度过慢以至于局部放电脉冲不够明显,但是改进的 LMS 自适应滤波器很快就达到了收敛,如图 3.58(b)所示。

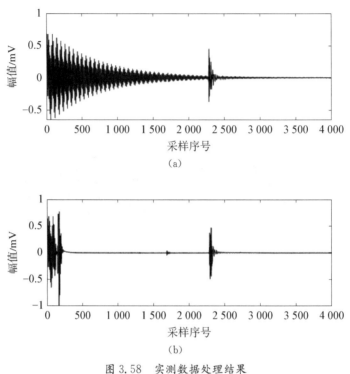

图 3.58 实测数据处理结果
(a) 传统 LMS 自适应滤波结果;(b) 本书方法滤波结果

图 3.59 为滤波前后的频谱。从图 3.59(a)上可以清楚看到滤波前 4 种频率的窄带干扰在频谱上占据了相当大的比例;从图 3.59(b)上可以看到传统 LMS 自适应滤波器对窄带干扰虽有一定抑制能力,但频谱上的尖峰依然清晰可见;而改进的 LMS 自适应滤波器准确地消除了 1 MHz、5 MHz、15 MHz 和 20 MHz 的尖峰频率,如图 3.59(c)所示。

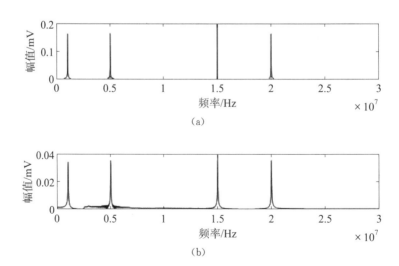

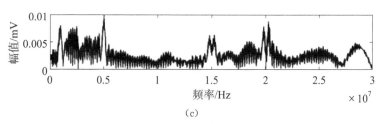

（c）

图 3.59　滤波前后频谱

（a）滤波前频谱；（b）传统 LMS 自适应滤波后频谱；（c）本书方法滤波后频谱

　　在图 3.59(a)的实测信号上叠加不同频率的单频率窄带干扰，滤波器阶数 $N=64$，$\Delta=0$，u 与 $u(0)$ 为 2.2×10^{-8}。因为实测局放信号较为纯粹，近似将图 3.59(a)所测量的实测局放信号作为有用信号。图 3.60～图 3.62 为叠加不同频率窄带干扰时传统 LMS 自适应滤波

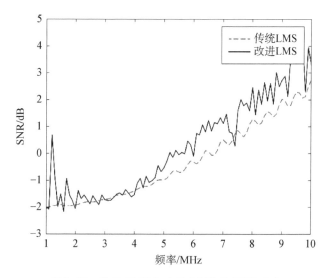

图 3.60　传统 LMS 与改进 LMS 的 SNR 对比

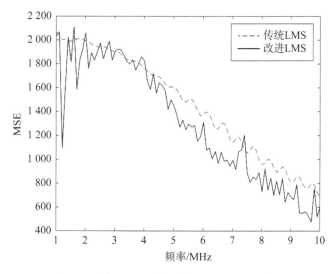

图 3.61　传统 LMS 与改进 LMS 的 MSE 对比

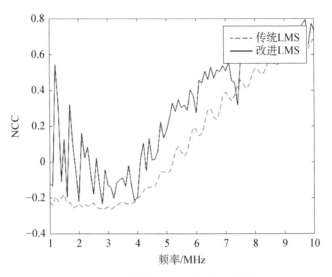

图 3.62　传统 LMS 与改进 LMS 的 NCC 对比

与本书改进方法三种去噪指标的对比,三种指标分别为信噪比(SNR)、均方误差(MSE)和波形相似系数(NCC)。相对传统的 LMS 自适应滤波,改进 LMS 方法的 SNR 平均提升了 0.58 dB,MSE 平均减少了 9.87%,NCC 平均提升了 130.77%,可以看到改进 LMS 的滤波器性能总体优越于传统的 LMS 自适应滤波器。

3.6.3　Hankel-SVD-CEEMDAN 改进阈值降噪

1. Hankel-SVD 原理

假设采样序列为:$X_i = \{x_i(1), x_i(2), \cdots, x_i(N)\}$,其中 N 为序列长度。将 PD 信号的采样序列构建为 Hankel 矩阵,构建方式如式(3.46)所示。

$$\boldsymbol{H}_{m \times k} = \begin{bmatrix} x_i(1) & x_i(2) & \cdots & x_i(w) \\ x_i(2) & x_i(3) & \cdots & x_i(w+1) \\ \vdots & \vdots & & \vdots \\ x_i(m) & x_i(m+1) & \cdots & x_i(N) \end{bmatrix} \tag{3.46}$$

其中,$m = N + 1 - w$;$w = N/2$。

周期性窄带干扰不仅能量远高于 PD 信号,而且其频谱与 PD 信号存在重叠部分,难以得到抑制。奇异值分解(SVD)利用周期性窄带干扰与 PD 信号正交不相关的特点,将原始 PD 信号分解为不同的正交分量。表征窄带干扰的奇异值因为携带大量能量会显著大于其他奇异值。

设有双线性函数

$$f(x, y) = x^{\mathrm{T}} A y \tag{3.47}$$

其中,$x, y \in \mathbf{R}^{n \times 1}$,$A \in \mathbf{R}^{n \times 1}$,引入线性变化:$x = \boldsymbol{U}\xi$,$y = \boldsymbol{V}\eta$,$\boldsymbol{U}, \boldsymbol{V} \in \mathbf{R}^{n \times n}$,式(3.47)变化为

$$f(x, y) = (U\xi)^{\mathrm{T}}A(V\eta) = \xi^{\mathrm{T}}U^{\mathrm{T}}AV\eta \tag{3.48}$$

令：

$$S = U^{\mathrm{T}}AV \tag{3.49}$$

则式(3.48)可以写为

$$f(x, y) = \xi^{\mathrm{T}}S\eta \tag{3.50}$$

通过选择合适的正交矩阵 U、V，可以使得 S 为正交矩阵，即

$$S = \mathrm{diag}(\sigma_1, \sigma_2, \cdots, \sigma_n) \tag{3.51}$$

对式(3.52)两边左乘 U、右乘 V^{T} 得到

$$A = USV^{\mathrm{T}} \tag{3.52}$$

式(3.52)被称为矩阵 A 的奇异值分解。奇异值分解(SVD)是线性代数中的一个重要概念，SVD 可以将任意维实矩阵分解为左奇异矩阵 U、对角矩阵 S 和右奇异矩阵 V^{T} 的乘积，其中对角矩阵 S 主对角线上的元素称为奇异值。

奇异值分解的对象是矩阵，不可直接对原始 PD 信号采样序列进行分解。利用 Hankel 矩阵将一维 PD 信号采样序列构建至二维的矩阵空间，再对 Hankel 矩阵进行 SVD 分解即可获得 PD 信号对应的左右奇异矩阵和奇异值。

为了找到有效奇异值信号进行重构，计算奇异值变化的斜率

$$g_n = \left| \frac{q_n - q_{n+1}}{p_n - p_{n+1}} \right| (0 < n < s) \tag{3.53}$$

式中，(p_n, q_n) 是第 n 个奇异值的坐标；(p_{n+1}, q_{n+1}) 是第 $n+1$ 个奇异值的坐标。研究表明可以将奇异值斜率的最大值作为周期性窄带干扰与 PD 信号的分界点。根据计算的斜率保留表征周期性窄带干扰的奇异值点，将其余奇异值置零进行重构，设重构后得到的轨迹矩阵为 H_s，即

$$H_s = U_p S_p V_p^{\mathrm{T}} \tag{3.54}$$

其中，p 为表征周期性窄带干扰的奇异值点个数，U_p 为左奇异矩阵的前 p 列，S_p 为前 p 个奇异值构成的对角矩阵，V_P^{T} 为右奇异矩阵的前 p 行，将轨迹矩阵展开

$$H_s = \begin{bmatrix} y_s(1, 1) & y_s(1, 2) & \cdots & y_s(1, w) \\ y_s(2, 1) & y_s(2, 2) & \cdots & y_s(2, w) \\ \vdots & \vdots & & \vdots \\ y_s(m, 1) & y_s(m, 2) & \cdots & y_s(m, w) \end{bmatrix} \tag{3.55}$$

其中，y_s 为轨迹矩阵的元素。求取反对角元素的均值对矩阵降维得到一维时间序列 $Y_i = \{y_i(1), y_i(2), \cdots, y_i(N)\}$。

$$\begin{cases} y_i(1) = y_s(1, 1) \\ y_i(2) = [y_s(1, 2) + y_s(2, 1)]/2 \\ \vdots \\ y_i(N) = y_s(m, w) \end{cases} \tag{3.56}$$

将重构得到的时间序列 Y_i 从原始采样序列 X_i 中减去得到抑制了窄带干扰的 PD 信号，记为 Z_i：

$$Z_i = X_i - Y_i \tag{3.57}$$

2. 自适应噪声的完备经验模态分解原理

为了解决集合经验模态分解（ensemble empirical mode decomposition，EEMD）在加入白噪声后导致分解误差增大、完备性不足的问题，自适应噪声的完备经验模态分解方法（CEEMDAN）在 EEMD 的基础上以自适应的方式添加白噪声，有效地克服了 EEMD 的缺点。

在原始信号 $x(t)$ 中加入不同的白噪声 $\omega^i(t)$，得到新的信号 $x(t) + \varepsilon_0 \omega^i(t)$，$\varepsilon_0$ 为噪声系数。对新的信号用 EMD 方法重复进行 I 次分解，求取均值得到第一个固有模态函数（intrinsic mode function，IMF），则

$$\mathrm{IMF}_1(t) = \frac{1}{I} \sum_{i=1}^{I} \mathrm{IMF}_{i1}(t) \tag{3.58}$$

第一个残余分量为

$$r_1(t) = x(t) - \mathrm{IMF}_1(t) \tag{3.59}$$

定义算子 $E_j(\cdot)$ 为信号经过 EMD 分解后的第 j 个固有模态函数。对信号 $r_1(t) + \varepsilon_1 E_1(\omega^i(t))$ 再重复进行 I 次分解，得到第二个 IMF 分量为

$$\mathrm{IMF}_2(t) = \frac{1}{I} \sum_{i=1}^{I} E_1(r_1(t) + \varepsilon_1 E_1(\omega^i(t))) \tag{3.60}$$

对于 $k = 2, \cdots, K$，计算 k 阶残余量为

$$r_k(t) = r_{k-1}(t) - \mathrm{IMF}_k(t) \tag{3.61}$$

提取信号 $r_k(t) + \varepsilon_k E_k(\omega^i(t))$ 中第一个 IMF 的分量，第 $k+1$ 个模态函数分量定义为

$$\mathrm{IMF}_{k+1}(t) = \frac{1}{I} \sum_{i=1}^{I} E_k(r_k(t) + \varepsilon_k E_k(\omega^i(t))) \tag{3.62}$$

以此类推得到各阶 IMF 分量，直到信号为单调函数时停止分解，当得到 K 个模态函数时，残差表示为

$$R(t) = x(t) - \sum_{k=1}^{K} \mathrm{IMF}_k(t) \tag{3.63}$$

原始信号 $x(t)$ 表示为

$$x(t) = R(t) + \sum_{k=1}^{K} \mathrm{IMF}_k(t) \tag{3.64}$$

原始 PD 信号经过 Hankel-SVD 抑制周期性窄带干扰后仍然残留着大量白噪声。为了抑制白噪声，通过 CEEMDAN 将含有白噪声的 PD 信号分解为若干个 IMF 分量的基础上，计算各个 IMF 分量与原信号的相关系数，当 IMF 分量中 PD 信号含量较多时，相关系数相

对会偏高,当 IMF 分量中白噪声含量较多时,相关系数相对会偏低。

选择当相关系数第一次出现局部极大值时,将该阶 IMF 分量作为噪声分量和 PD 信号分量的分界,之后将噪声分量剔除实现对白噪声的抑制。相关系数的计算公式为

$$\rho = \frac{\sum_{t=1}^{N}(y_i(t)-\bar{y})(\mathrm{IMF}_k(t)-\overline{\mathrm{IMF}_k})}{\sqrt{\sum_{t=1}^{N}(y_i(t)-\bar{y})^2}\sqrt{\sum_{t=1}^{N}(\mathrm{IMF}_k(t)-\overline{\mathrm{IMF}_k})^2}} \tag{3.65}$$

熵作为热学概念常用来描述热学系统的混乱程度,信息论中也引入熵的概念用以衡量时间序列的复杂性。样本熵是基于近似熵基础上提出的一种时间序列复杂性的度量方法,样本熵的值越低,序列的复杂度越低;样本熵的值越高,序列的复杂度越高。

计算经过相关系数法舍弃噪声分量后的各个 IMF 分量的样本熵,求取样本熵的中值作为划分高频分量和低频分量的阈值。样本熵大于阈值的是序列复杂性高的高频分量,样本熵低于阈值的是序列复杂性低的低频分量。样本熵的计算步骤如下:

(1)假设长度 M 的序列 $x(t)=\{x_1, x_2, \cdots, x_M\}$,参照原始序列重构得到向量 $X(i)=\{x_i, x_{i+1}, \cdots, x_{i+u-1}\}$,其中 $1 \leqslant i \leqslant M-u,u$ 为嵌入维数。

(2)计算 $d_{ij}(1 \leqslant j \leqslant M-u, j \neq i)$,$d_{ij}$ 为 $X(i)$ 和 $X(j)$ 对应元素差值绝对值的最大值。

(3)统计 d_{ij} 中小于 r 的个数记为 $\mathrm{num}(d_{ij}<r)$,r 为相似容限。定义 $B_{iu}(r)=\mathrm{num}(d_{ij}<r)/(M-u-1)$。

(4)求 $B_{iu}(r)$ 的平均值记为 $B^u(r)$。

(5)对维数 $u+1$ 重复步骤(1)、(2)、(3)、(4)得到 $B_{iu+1}(r)$ 和 $B^{u+1}(r)$。

(6)计算样本熵:$\mathrm{SampEn}(u, r, M)=-\ln\dfrac{B^{u+1}(r)}{B^u(r)}$。

受小波阈值法启发,对 CEEMDAN 分解得到的 IMF 分量可以做类似阈值处理,有两种形式:

(1)硬阈值函数:

$$\mathrm{IMF}'_k(t)=\begin{cases}\mathrm{IMF}_k(t), & |\mathrm{IMF}_k(t) \geqslant T_k| \\ 0, & |\mathrm{IMF}_k(t) < T_k|\end{cases} \tag{3.66}$$

(2)软阈值函数:

$$\mathrm{IMF}'_k(t)=\begin{cases}\mathrm{sgn}(\mathrm{IMF}_k(t))(|\mathrm{IMF}_k(t)-T_k|), & |\mathrm{IMF}_k(t) \geqslant T_k| \\ 0, & |\mathrm{IMF}_k(t) < T_k|\end{cases} \tag{3.67}$$

在式(3.66)和式(3.67)中,$\mathrm{IMF}_k(t)$ 为降噪前第 k 阶 IMF 分量,$\mathrm{IMF}'_k(t)$ 为降噪后第 k 阶 IMF 分量。硬阈值函数处理后可以有效保留信号的特征,但信号的连续性较差;软阈值函数处理后信号更加平滑,但是会损失一部分有用信号的能量,产生重构误差。

针对 PD 信号的特征,结合硬阈值函数和软阈值函数的优缺点,提出一种改进的阈值函数用于 CEEMDAN 分解后对 IMF 分量的阈值处理:

$$
\text{IMF}_k'(t)=\begin{cases}\text{IMF}_k(t)-\text{sgn}(\text{IMF}_k(t))\big[(1-S(\alpha)\big]T_k, & |\text{IMF}_k(t)|\geqslant T_k \\ S(\alpha)\text{IMF}_k(t), & S(\alpha)T_k\leqslant|\text{IMF}_k(t)|<T_k \\ 0, & |\text{IMF}_k(t)|<S(\alpha)T_k\end{cases}
$$

$$
\tag{3.68}
$$

$$
S(\alpha)=\frac{1}{1+e^{-\alpha}} \tag{3.69}
$$

在式(3.68)和(3.69)中,$\text{IMF}_k(t)$和$\text{IMF}_k'(t)$为去噪前后的第k阶IMF分量;T_k为第k阶IMF分量对应的阈值。α为控制阈值函数衰减度的参数,其值越小函数的平滑程度越高,但是相应的重构误差也会增加,$S(\alpha)$称为Sigmoid函数,因为其连续、光滑、严格单调等性质,广泛应用于逻辑回归、神经网络等领域,常用作神经网络的阈值函数。变量α经过Sigmoid函数映射,范围限制在(0,1)之间。从式(3.68)和式(3.69)中可以看出,当α趋于正无穷时,式(3.68)相当于硬阈值函数,当α趋于负无穷时,式(3.68)相当于软阈值函数。

改进的阈值函数采用双阈值对信号进行处理,相当于对硬阈值函数和软阈值函数做折中处理,图3.63为三种阈值函数对正比例函数的处理过程($T_k=0.3$,$\alpha=0$),可以看到改进阈值函数存在一个平滑的过渡过程,更加符合PD信号振荡衰减过程连续性的特点。对分解后的IMF分量进行改进阈值降噪处理借鉴的是小波阈值降噪的思想,其实质是针对每个IMF分量的特殊性选取适用于它的阈值,然后对CEEMDAN分解后的分量进行分段滤波。虽然将小波阈值的思想应用于CEEMDAN分解在原理上是可行的,但是阈值T_k的选取需要有一个合理的模型,否则会严重影响重构信号的连续性。

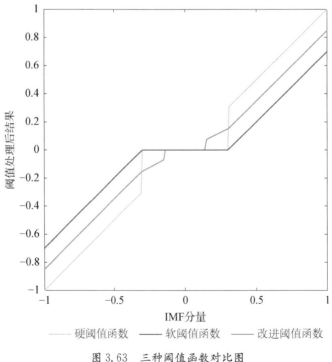

图3.63 三种阈值函数对比图

本书对式(3.68)中的阈值 T_k 采用下述模型进行自适应选取,即

$$T_k = C\sqrt{E_k 2\ln N} \tag{3.70}$$

其中,C 为常数,$C=0.45$;N 为 IMF 序列的长度;E_k 为样本熵提取的高频分量中第 k 阶 IMF 的能量,可以使用下式进行估算

$$E_k = \frac{E^*}{0.719} 2.01^{-k} \tag{3.71}$$

针对高频噪声降噪,模型采用低阶 IMF 的能量估计剩余 IMF 的能量。在式(3.71)中,E^* 为样本熵提取的高频分量中阶数最低的 IMF 对应的能量,即

$$E^* = \left(\frac{\text{median}(|\text{IMF}^*|)}{0.6745}\right)^2 \tag{3.72}$$

其中,IMF^* 对应样本熵提取的高频分量中阶数最低的本征模态函数。

针对周期性窄带干扰和白噪声的 PD 染噪信号提取的流程如下:

(1)构建 Hankel 矩阵,将原始一维 PD 采样序列升维至二维矩阵空间。

(2)对 Hankel 矩阵进行 SVD 分解,将奇异值斜率的最大值作为周期性窄带干扰与 PD 信号的分界点,对表征周期性窄带干扰的奇异值进行重构得到轨迹矩阵。

(3)对重构得到的轨迹矩阵反对角线求均值分离出周期性窄带干扰的一维时间序列,从原始 PD 信号中减去重构的周期性窄带干扰得到初步提取的 PD 信号。

(4)利用 CEEMDAN 将提取得到的 PD 信号分解为若干个 IMF 分量。计算 IMF 分量与分解前信号的相关系数,当相关系数第一次出现局部极大值时,将小于该阶的 IMF 分量剔除,实现对白噪声的抑制。

(5)计算保留的各个 IMF 分量的样本熵,将样本熵的中值作为阈值,拾取出保留的 IMF 分量中的高频分量。

(6)对拾取出的高频分量进行基于 Sigmoid 函数的改进阈值去噪,滤除残余白噪声。

(7)将经过改进阈值去噪的高频分量与余下的低频分量重构,得到最终提取的 PD 信号。

上述提取 PD 信号的流程如图 3.64 所示。流程中的关键步骤是奇异值分解和 CEEMDAN 分解。现场测量的局部放电信号中掺杂的周期性窄带干扰主要由电网高次谐波、载波通信和无线电通信等引起,

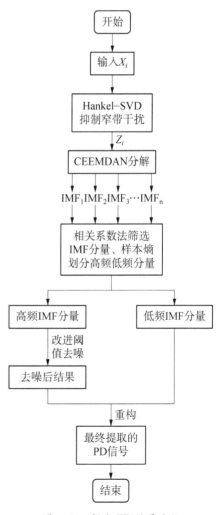

图 3.64 提取 PD 信号流程

一般为多种频率的正弦信号叠加形成。这类干扰属于电磁干扰,一般通过空间耦合或者线路传导的方式进入测量点,幅值较大,频率与 PD 信号有重叠,加上 PD 信号本身为非平稳突变信号,基于傅里叶变换的传统干扰抑制方法很难取得理想结果,奇异值分解作为许多机器学习算法的基石,可以根据噪声与 PD 信号在二维空间正交不相关的特点分离出噪声与 PD 信号,具有广阔的应用前景;白噪声包括半导体器件的散粒噪声、变压器绕组的热噪声和配电线路中耦合进入检测系统的噪声等,这类干扰在电路中无处不在,时域上杂乱无章,频谱范围极广,功率谱密度为恒定的数值,对于白噪声的处理一直是一个热门的研究,利用 CEEMDAN 分解数据不需要选取小波函数、分解层数,并具有高度的自适应性,也没有短时傅里叶变换、小波变换等方法受 Heisenberg 测不准原理制约的缺点,具有很高的时间精度和频率分辨率,非常适用于对局放这种非平稳突变信号掺杂白噪声的处理。本书根据现场 PD 信号和干扰源的特征提出了一种基于奇异值分解和 CEEMDAN 分解的 PD 信号特征提取方法,这种方法适用于处理实际 PD 信号中的噪声,具有很强的针对性。

3.6.4 Hankel-SVD-CEEMDAN 改进阈值法结果分析

脉冲电流法广泛应用于局部放电信号的测量,通过脉冲电流法检测到的局部放电信号具有较宽频带,研究表明可以用如下两种数学模型描述。

(1) 单指数衰减振荡型:

$$f(t) = A e^{-t/\tau} \sin(2\pi f_c t) \tag{3.73}$$

(2) 双指数衰减振荡型:

$$A(e^{-1.3t/\tau} - e^{-2.2t/\tau}) \sin(2\pi f_c t) \tag{3.74}$$

其中,A 为幅值;τ 为衰减系数;f_c 为振荡频率。采样频率为 20 MHz,PD 脉冲 1、3 为单指数衰减振荡形式,PD 脉冲 2、4 为双指数衰减振荡形式。PD 信号的仿真参数如表 3.3 所示。

表 3.3 PD 信号仿真参数

PD 脉冲标记	1	2	3	4
振荡频率 f_c/MHz	1	1.5	1	1.5
信号幅值 A/mV	0.3	1.3	0.3	1.3
衰减系数 τ/μs	2	3	2	3

周期性窄带干扰主要由载波通信引起,由不同频率的正弦信号叠加形成,数学表达式为

$$C = \sum_{i=1}^{h} A_i \sin(2\pi f_i t) \tag{3.75}$$

其中,h 为周期性窄带干扰的数量;A_i 为周期性窄带干扰幅值;f_i 为周期性窄带干扰的频率。仿真选取 20 MHz 采样频率,叠加五种窄带干扰,频率为 100 kHz、500 kHz、1~2 MHz、5 MHz 和 7 MHz。

仿真理想 PD 信号如图 3.65(a)所示,在理想 PD 信号上添加白噪声,再与窄带干扰叠加形成染噪 PD 信号如图 3.65(b)所示,PD 脉冲已经完全淹没在周期性窄带干扰和白噪声中。

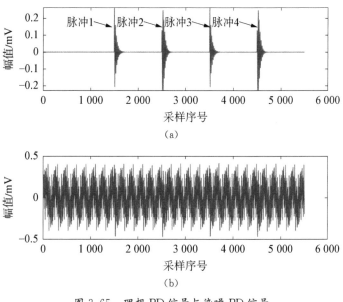

（a）

（b）

图 3.65　理想 PD 信号与染噪 PD 信号

（a）理想 PD 信号；（b）染噪 PD 信号

图 3.66 为染噪 PD 信号的时频谱，从时频谱上可以清晰看到五条窄带，分别对应着五种频率的周期性窄带干扰。在时域图中 PD 信号已经完全淹没在周期性窄带干扰和白噪声中，但从时频谱的角度看可以发现在 PD 信号产生的时间段，大量频率的幅值出现增大的现象。PD 信号是一个宽频带的信号，其频率与部分周期性窄带干扰存在重叠，这也增大了抑

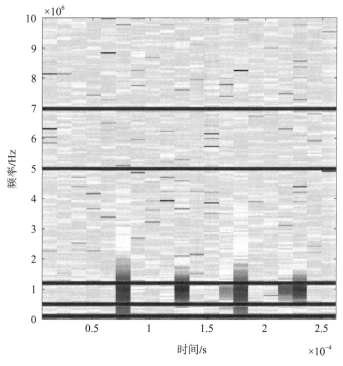

图 3.66　染噪 PD 信号时频谱

制周期性窄带干扰的难度。

对图 3.65(b)的染噪 PD 信号进行 Hankel-SVD 处理,处理结果如图 3.67 所示。可以看到第 10 个奇异值和第 11 个奇异值差异显著,根据图 3.68 的奇异值斜率变化曲线也可以看到第 10 个奇异值点是斜率突变点。可以认为,前 10 个奇异值点对应的是周期性窄带干扰。

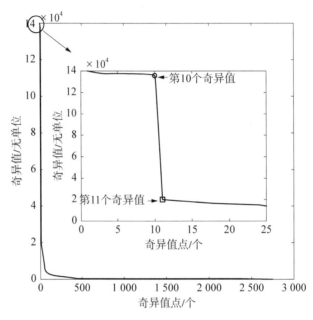

图 3.67 染噪 PD 信号奇异值变化曲线

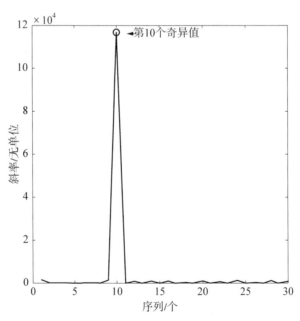

图 3.68 奇异值斜率变化曲线

重构窄带干扰并将其从染噪 PD 信号中减去后,得到如图 3.69 所示的降噪后的 PD 信号。经过 Hankel-SVD 处理后,绝大部分的周期性窄带干扰已被去除,PD 信号脉冲清晰可见,但仍存在大量白噪声。如果不去除残余的白噪声,会导致后续局部放电定位、脉冲识别等工作都难以进行。

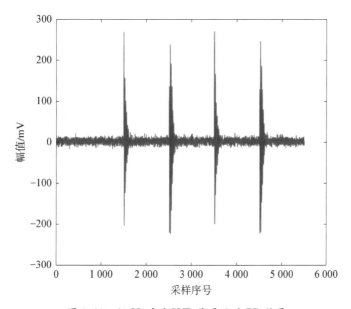

图 3.69　经 Hankel-SVD 降噪后的 PD 信号

对图 3.69 初步降噪后的信号进行 CEEMDAN 分解,加入白噪声强度为 2 dB,噪声添加次数为 500 次,内部最大包络次数设为 3 000。图 3.70 为分解后产生的 15 个 IMF 分量中前 10 个 IMF 分量的三维波形图,各个 IMF 分量及其对应频谱如图 3.71 所示。

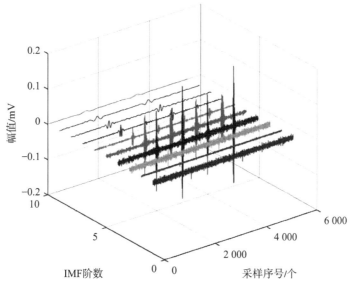

图 3.70　CEEMDAN 分解后 IMF 分量三维波形图

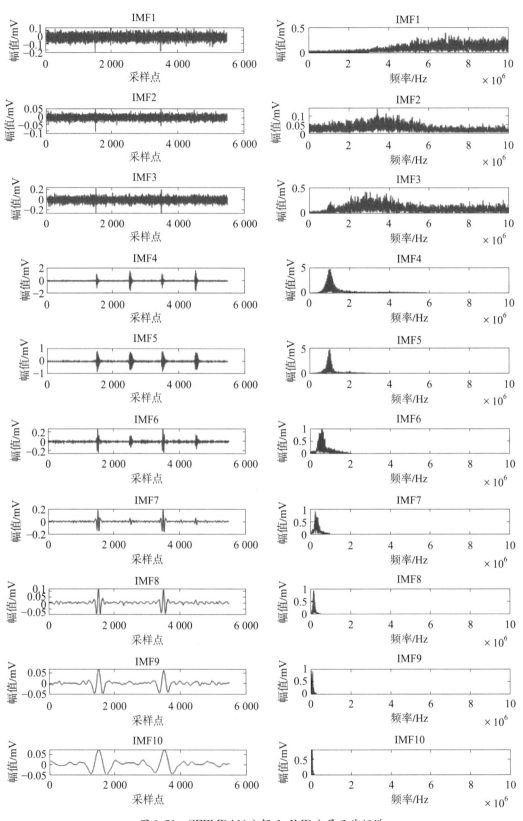

图 3.71　CEEMDAN 分解后,IMF 分量及其频谱

经过 CEEMDAN 分解后完成对噪声和信号的自适应分解。从图 3.72 中 IMF 分量的频谱上可以看到 IMF1、IMF2 和 IMF3 三个分量的频谱宽度极大,幅值较为均匀,这正符合白噪声的特点,这三个 IMF 分量中携带着大部分白噪声的能量。IMF4、IMF5 和 IMF6 这三个分量为 PD 脉冲主导的分量,但是其中仍然存在着残余的白噪声。

为了验证该方法的优越性,引入多种方法与该方法的去噪结果进行对比。图 3.72(a) 为对原始信号进行补充的总体经验模态分解(CEEMD),对各个 IMF 分量进行小波阈值去噪再重构的结果;图 3.72(b) 为对原始信号进行集合经验模态分解(EEMD),通过计算峭度值提取有效分量,对有效分量进行奇异值分解降噪再重构的去噪结果;图 3.72(c) 为本书方法,计算相关系数确认噪声与信号的分界舍弃掉低阶的高频 IMF 分量滤除大部分的白噪声,再对经过计算样本熵拾取的高频分量进行改进阈值去噪,最终提取的局部放电信号如图 3.72(c) 所示。

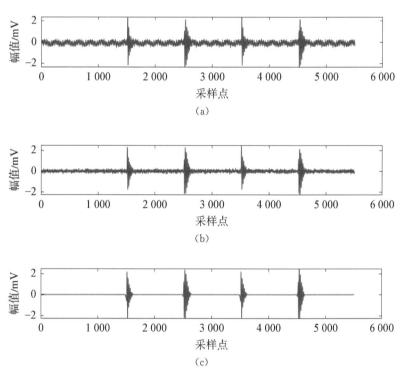

图 3.72 不同方法去噪结果对比
(a) CEEMD-小波阈值方法的去噪结果;(b) EEMD-SVD 方法的去噪结果;(c) 本书方法的去噪结果

为了评估去噪前后噪声抑制效果、信号相似程度和振荡相似度,引入三种用于评价算法性能指标的参数,分别为信噪比(SNR)、均方误差(MSE)和波形相似系数(NCC)。SNR 是指有用信号相对噪声信号的能量占比,反映了信号中含有的有用信号的比例,SNR 的值越大,降噪后信号的相对噪声更少;MSE 是指降噪后信号与理想信号之差平方的期望值,反映了降噪后信号与理想信号的误差,MSE 的值越小说明降噪后信号越接近理想信号,算法性能越好;NCC 是对两个序列进行了归一化互相关的计算,反映了两个波形之间的相似度,区间在 [−1, 1],其值越接近 1,则代表两波形之间越相似。指标定义为

$$SNR = 10\log\left(\frac{\sum\limits_{i=1}^{L} f_i^2}{\sum\limits_{i=1}^{L} (f_i - s_i)^2}\right) \tag{3.76}$$

$$MSE = \frac{1}{L}\sum_{i=1}^{N} (s_i - f_i)^2 \tag{3.77}$$

$$NCC = \frac{\sum\limits_{i=1}^{L} s_i f_i}{\sqrt{\left(\sum\limits_{i=1}^{L} s_i^2\right)\left(\sum\limits_{i=1}^{L} f_i^2\right)}} \tag{3.78}$$

在式(3.77)~式(3.78)中,s_i 为消噪后信号;f_i 为理想 PD 信号;L 为序列长度。

CEEMD-小波阈值方法、EEMD-SVD 方法及该方法的去噪指标如表 3.4 所示。根据表 3.4 的结果和指标对比可以发现:①CEEMD-小波阈值方法去噪后未能完全去除周期性窄带干扰,这是因为 PD 信号与周期性窄带干扰存在频带重叠部分,使得周期性窄带干扰无法有效滤除;②EEMD-SVD 方法去噪后仍残余大量白噪声,这是因为 EEMD 方法存在模态混叠的缺点,导致 PD 信号与白噪声无法得到有效分离;③本书方法根据周期性窄带干扰与 PD 信号在二维空间正交不相关的特点,通过奇异值分解有效去除了与 PD 信号频带重叠的周期性窄带干扰,然后利用抑制模态混叠效应的 CEEMDAN 方法分解信号,结合相关系数和样本熵的计算对 IMF 分量进行舍弃和拾取,选取合适的阈值模型,通过改进阈值降噪对白噪声进行处理,最终还原得到的 PD 信号最为纯粹,畸变较小,对于周期性窄带干扰和白噪声都有明显的抑制作用。根据表 3.4 的定量指标可以证明本书方法相较其他方法拥有更优越的去噪性能。

表 3.4 去噪指标对比

指标	方法	脉冲 1	脉冲 2	脉冲 3	脉冲 4
SNR	CEEMD-小波阈值	8.2755	9.9933	8.1711	9.7764
	EEMD-SVD	12.2685	14.1382	12.7584	13.7822
	本书方法	13.4799	20.4509	13.9051	19.6986
MSE	CEEMD-小波阈值	0.0266	0.0274	0.0272	0.0288
	EEMD-SVD	0.0106	0.0105	0.0095	0.0114
	本书方法	0.0080	0.0025	0.0073	0.0029
NCC	CEEMD-小波阈值	0.9290	0.9507	0.9283	0.9484
	EEMD-SVD	0.9703	0.9817	0.9733	0.9798
	本书方法	0.9800	0.9961	0.9821	0.9953

参考文献

[1] WENBO W, LIN S, BIN W, et al. Partial discharge feature extraction based on synchrosqueezed windowed Fourier transform and multi-scale dispersion entropy [J]. Measurement and Control. 2020, 53(8):1078-1087.

［2］ FENG Changgu, HUNG Chengchen, BO Yanchen. A fractional fourier transform-based approach for gas-insulated switchgear partial discharge recognition ［J］. Journal of Electrical Engineering & Technology, 2019, 14(5):2073 - 2084.

［3］ 罗远林,李朝晖,程时杰,等. 结合数学形态学滤波与频谱校正的发电机局部放电离散谱干扰抑制方法[J]. 中国电机工程学报,2019,39(21):6403 - 6412.

［4］ ZHOU S, TANG J, PAN C, et al. Partial discharge signal denoising based on wavelet pair and block thresholding ［J］. IEEE Access, 2020, 8(1):119688 - 119696.

［5］ 钱勇,黄成军,陈陈,等. 多小波消噪算法在局部放电检测中的应用[J]. 中国电机工程学报,2007,4(6):89 - 95.

［6］ CHEN X J, YANG Y M. Analysis of the partial discharge of ultrasonic signals in large motor based on Hilbert-Huang transform ［J］. Applied Acoustics, 2018, 131(1):165 - 173.

［7］ DEY, D, CHATTERJEE, et al. Cross-wavelet transform as a new paradigm for feature extraction from noisy partial discharge pulses. ［J］. IEEE Transactions on Dielectrics & Electrical Insulation, 2010.

［8］ 张宇辉,段伟润,李天云. 局部放电信号中抑制周期性窄带干扰的逆向分离方法[J]. 电工技术学报,2015,30(6):232 - 239.

［9］ 雷云飞,杨高才,刘盛祥. 用于变压器局部放电在线监测的改进 NLMS 自适应滤波算法[J]. 电网技术,2010,34(8):165 - 169.

［10］ 黄成军,郁惟镛. 基于小波分解的自适应滤波算法在抑制局部放电窄带周期干扰中的应用[J]. 中国电机工程学报,2003(1):108 - 112.

［11］ MOHAMMADIRAD A, AKMAL A A S, VAKILI R. Localization of partial discharge in a transformer winding using frequency response assurance criterion and LMS adaptive filter ［J］. Electric Power Systems Research, 2018, 163(1): 461 - 469.

［12］ 罗新,牛海清,胡日亮,等. 一种改进的用于快速傅里叶变换功率谱中的窄带干扰抑制的方法[J]. 中国电机工程学报,2013,33(12):167 - 175＋200.

［13］ 李天云,高磊,聂永辉,等. 基于经验模式分解处理局部放电数据的自适应直接阈值算法[J]. 中国电机工程学报,2006,4(15):29 - 34.

［14］ ZHONG J, BI X, SHU Q, et al. Partial discharge signal denoising based on singular value decomposition and empirical wavelet transform ［J］. IEEE Transactions on Instrumentation and Measurement. 2020,69(11):8866 - 8873.

［15］ YANG X, HUANG H, SHU Q, et al. Partial discharge signal extraction method based on EDSSV and low rank RBF neural network ［J］. IEEE Access,2021,9(1):9744 - 9752.

［16］ 饶显杰,周凯,汪先进,等. 基于改进 SVD 算法的局部放电窄带干扰抑制方法[J]. 高电压技术,2021,47(2):705 - 713.

［17］ 张宁,刘友文. 基于 CEEMDAN 改进阈值滤波的微机电陀螺信号去噪模型[J]. 中国惯性技术学报,2018,26(5):665 - 669＋674.

［18］ 孙抗,李万建,张静. 含窄带噪声和白噪声的复杂染噪局部放电信号提取及应用[J]. 电子科技大学学报,2021,50(1):14 - 23.

［19］ 罗志增,严志华,傅炜东. 基于 CEEMDAN - ICA 的单通道脑电信号眼电伪迹滤除方法[J]. 传感技术学报,2018,31(8):1211 - 1216.

［20］ 刘霞,宋启航. CEEMDAN 自适应阈值去噪算法在地震方向的应用[J]. 重庆大学学报,2019,42(7):95 - 104.

［21］ SUN K, ZHANG J, SHI W, et al. Extraction of partial discharge pulses from the complex noisy signals of power cables based on CEEMDAN and wavelet packet ［J］. Energies, 2019, 12(17):3242.

［22］ 徐永干,姜杰,唐昆明,等. 基于 Hankel 矩阵和奇异值分解的局部放电窄带干扰抑制方法[J]. 电网技

术,2020,44(7):2762 - 2769.

[23] ZHAO X, CHENG Y H, MENG Y P, et al. Applying WPD and SVD to classification of EM wave induced by partial discharge in power transformer [J]. Journal of Electrical Engineering, 2013, 64 (4):222 - 229.

[24] 王超. 电力设备局部放电在线监测系统设计[D]. 上海:东华理工大学,2021. DOI:10. 27145/d. cnki. ghddc. 2021. 000310.

[25] 吴诗优,郑书生,钟爱旭. GIS 内光信号传播及传感器布局方式研究[J]. 高电压技术,2022,48(1):337 - 347. DOI:10. 13336/j. 1003 - 6520. hve. 20201531.

[26] 程昌奎,郑永建,庞军,等. 变压器局部放电监测中的最优小波与脉冲鉴别去噪方法研究[J]. 高压电器,2016,52(3):123 - 128.

[27] 谭拥,余成波,张林. 基于修正加速度的对数归一化变步长自适应滤波的心率估计算法[J]. 科学技术与工程,2021,21(10):4092 - 4097.

[28] 庞宇,陈亚军,汪立宇. 一种改进的变步长最小均方算法滤除心电信号运动伪迹的研究[J]. 科学技术与工程,2020,20(8):3083 - 3087.

[29] 王晓初,周思杰,王义,等. 重构小波阈值的微机电系统——惯性测量单元降噪处理[J]. 科学技术与工程,2021,21(20):8509 - 8514.

[30] 王晓霞. 自适应滤波在大型电机局部放电在线监测信号处理中的应用[D]. 上海:上海交通大学,2001.

[31] XIE J, WANG Y, LV F, et al. Denoising of partial discharge signal using rapid sparse decomposition [J]. International Transactions on Electrical Energy Systems, 2016, 26(11):2494 - 2512.

[32] WU B Y, ZHANG Y F, LI X B, et al. The removal method and generation mechanism of spikes in Insight - HXMT/HE telescope [J]. 2022,53(3):1037 - 1051.

[33] ZHOU K, OH S K, QIU J L. Design of ensemble Fuzzy-RBF neural networks based on feature extraction and multi-feature fusion for GIS partial discharge recognition and classification [J]. Journal of Electrical Engineering & Technology, 2022, 17(1):513 - 532.

[34] 江友华,朱毅轩,江相伟,等. 基于改进 LMS 自适应滤波的局部放电噪声抑制方法[J]. 科学技术与工程,2022,22(3):1039 - 1047.

[35] 江友华,朱毅轩,杨兴武,等. 基于 Hankel-SVD-CEEMDAN 改进阈值的局部放电特征提取方法[J]. 电网技术,2022,46(11):4557 - 4567.

第4章 变压器局部放电监测与健康状态的智慧评估

4.1 ▶ 概述

随着我国以可再生能源为主题的新型电力系统的应用,我国电力系统已经朝着超高压、大容量的现代化电力系统进行推进,电网规模逐渐复杂[1]。根据国家电网安全运行分析统计,到 2022 年底,我国直接接地系统的大电流变压器保有量已超万台,从 2002 至 2022 年发生较为严重的电力事故有八百余次,其中因变压器所发生的安全事故为四百余次,比例达到安全事故总数的一半[2]。因此,大型变压器作为电网重要的节点,其健康状态对电力系统的安全稳定运行是至关重要的。为了提高电力系统设备整体的可靠运行,从而保证电网正常的运转,加强对变压器设备的监测,具有重要的现实意义。

电力变压器的监测手段多样,众多专家学者已提出多种变压器的监测方法,其中局部放电监测作为一种比较直接、快捷的方法得到了广泛的应用。但现有的局放监测采用单一传感器的信息来源,可能会由于变压器、传感器的老化或传感器距离故障点过远,单一传感器接受的局放数据通常是不完整的,并且对未知信息的处理尚未完善,无法对变压器进行全面可靠的监测,造成电力变压器健康监测与评估精确度不高[3]。因此,目前重点研究的方向在多源信息融合方面,多源信息融合是将空间和时间上不同的信息源进行综合,以获得一致的描述或评估,并优于单一传感器。如果互补和辅助信号能够有效地利用或融合在一起,就可以得到更准确的变压器健康评估等级。本章将通过局部放电三种检测方式结果的信息融合,综合对变压器的运行状态进行评估,以便提高电力设备健康状态评估的准确性。

在线监测系统在不影响变压器正常运行的前提下,通过各种传感器的感知设备采集变压器运行数据,变压器状态评估系统根据运行数据构建评估模型对运行中的变压器进行健康状态评估,决策人员根据不同的评估结果实施相应的运维策略,从而保证变压器安全稳定运行。

4.2 ▶ 变压器状态监测与评估技术现状

4.2.1 变压器状态监测研究现状

在国内外,随着监测技术的不断发展,越来越多的研究人员针对变压器油中溶解气体和局部放电对变压器的在线监测展开研究。华北电力大学可再生能源重点实验室研制了一种基于光子晶体光纤的气体传感系统,该系统通过检测绝缘油中溶解乙炔的含量实现对变压器的在线监测[4],实验证明其研制的气体传感系统检测灵敏度较高。加拿大研究人员提出了一种新的溶解气体分析方法,该方法结合了用于变压器故障诊断的关键气体和比率方法,即使对于严重的变压器故障,该方法仍能够保持较高识别率[5],这解决了传统气体溶解分析方法对于变压器严重故障不敏感的问题。荷兰代尔夫特理工大学在局部放电中使用高频电流传感器推断出一种基于实测电压双时间积分的通用电荷估计方法[6],这推动了变压器局部放电在线监测的发展。

由于变压器的实际结构比较复杂,运行参数信息较多,所以针对变压器的状态监测研究一直是热点。变压器在实际运行时,器身会随着变压器运行异常的种类不同而发生不同程度的振动,由于制造工艺水平的限制使绝缘系统中含有气隙或者受外界环境等因素的影响会造成变压器发生局部放电现象[7];油浸式变压器运行异常会导致风机、油泵电流异常,且在绝缘油中裂解气体。所以文献[8]设计了一种面向变压器振动的分布式监测系统;文献[9]使用特高频局部放电检测方式对变压器进行在线监测;文献[10]设计了一种变压器油中溶解气体的在线监测装置。但现有变压器的在线监测系统仍存在误检、漏检、监测数据源单一、监测数据不直观等缺点。

4.2.2 变压器状态评估研究现状

变压器状态评估不仅可以实现对变压器运行状态的监测,还能够保障整个电力系统的安全稳定运行。由于开展变压器状态评估研究具有较为重要的实际意义,所以备受国内外研究人员的关注。

国外对于电力设备状态评估开展的相关研究较早,研究成果发展较快且具有一定实际意义。美国电力科学研究院不仅对输变电设备运行状态进行评估,而且对相关评估系统进行了开发和研究[11],研究的系统具有一定的可行性与实用性,减少了由于传统人工巡检方式带来的各种问题。日本的电力设备状态评估系统不仅局限于电力设备运行状态的评价[12],由于实际工程还需要被应用于各类相关电力公司,注重运用云计算对设备产生的海量数据进行处理,从而提高电力设备状态评估的准确度。输变电设备运行故障带来的危害已引起越来越多的人关注,欧洲地区的很多国家也陆续开展输变电设备状态评估系统的研究[13],并且运用不同的评估策略,使用目前相对成熟的评估算法实现对输变电设备的可靠评估,从而增加评估结果的可信度。

国内的输变电设备状态评估的研究起步较晚,大多是针对地理信息系统(geographic information system, GIS)设备、电缆、变压器等展开研究。最初针对电力设备的状态评估同样也是依据各种电力设备的状态评价导则进行研究[14],传统的状态评估比较简单,就是依据设备运行数据的波动范围人为地给各项评价指标进行打分,最后得到设备的综合得分,状态等级的划分也比较简单,采用"非黑即白"的评价原则,即设备运行状态只有正常和异常两种状态。随着输变电设备状态评估技术的不断发展,传统的状态评估方法由于主观因素对评估结果起决定性影响,无法对电力设备的运行状态进行细分而逐渐被现在的评估方法所替代。目前针对输变电设备状态评估的研究较多,例如,对于变压器的状态评估多是依靠油中溶解气体的含量进行展开研究[15],虽然目前输变电设备的状态评估还未形成统一的评价标准,但是针对输变电设备的状态评估技术一直在发展并趋于完善中。

近年来随着人工智能的迅速发展,各种机器学习算法被应用到变压器状态评估中,例如基于模糊理论[16-17]、支持向量机[18-19]、人工神经网络[20-21]等方法。基于模糊理论评估方法的核心是隶属函数的确定,但局限性在于隶属函数在确定过程中存在较多主观性;基于支持向量机评估方法是将评估指标作为网络输入层,评估结果作为网络输出层,但支持向量机本质上是一个解决二分类问题的方法,对应用于变压器状态评估这种多分类问题,其准确度会下降,且需要大量数据进行网络训练;人工神经网络同样存在样本数据量大、无法定量评估等问题。文献[22]提出了基于可拓理论的评估模型,虽然不需要大量样本数据用于模型训练,且能够对变压器运行状态进行定量评估,但是评估指标局限于变压器油中溶解气体的单一数据源,可能无法反映变压器的整体运行状态。

变压器的实际结构比较复杂,目前状态监测和评估系统仍处于发展阶段,不同监测和评估系统存在不同的优缺点,但都主要存在以下问题[23-27]:

(1)不同地区对变压器运行状态的监测往往采用不同厂家生产的监测装置,采用的各类检测传感器型号也不同,导致出现各种不标准化的检测数据,从而降低了数据的利用率。

(2)部分监测装置由于监测时间过长导致监测数据在传输时存在延迟,且部分监测装置的监测量单一,比如监测变压器振动信号、局部放电信号等,因此监测装置容易存在误报率、漏报率高等问题。

(3)变压器在线监测系统存在监测数据不直观、人机交互不友好等问题,且要求操作监测平台的相关人员需具备一定的专业能力。

(4)变压器是一个实际结构较为复杂的系统,其运行状态受到很多因素的影响,传统变压器状态评估往往仅依靠单一状态量构建评估模型,未能针对多源信息构建评估模型,单一状态量无法正确反映变压器的运行状态,导致评估结果不合理。

针对目前存在的问题,基于局部放电的变压器状态评估研究较少,且针对同一放电源只用一种检测方式获取信息源,可能会存在误检、漏检、应用场合适应度不够高等问题,从而造成变压器运行状态评估结果准确度下降,因此考虑针对同一放电源对多种检测结果进行信息源融合,进而对变压器运行状态进行评估。

4.2.3　变压器状态评估的多源信息融合研究现状

多源信息融合技术是近年来发展起来的一种新的信息处理技术,利用多个传感器相互配合得到的信号,并基于一定的优化准则,在实际应用中发挥着重要作用。其中多源信息融合最常用的理论为 D-S(Dempster-Shafer)证据理论[28-31]。

D-S 证据理论作为多源信息融合的一种重要工具,它首先由邓普斯特(Dempster)提出,并由沙弗(Shafer)开发。D-S 证据理论有许多优点:一方面,它通过将 Mass 函数不仅分配给由单个对象组成的命题,而且分配给这些对象的联合来明确表达模糊性;另一方面,它可以从完全模糊性开始,接受在没有初始概率的情况下应用不完全模型。因此,D-S 证据理论被广泛应用于信息集成的各个领域中。

国外对于 D-S 证据理论的变压器健康评估相关研究较早,研究成果发展较快且可应用在实际工程中。美国南卡罗来纳大学提出了一种改进的集成深度卷积神经网络模型 D-S 证据理论的健康评估方法,利用卷积神经将来自传感器的信号进行快速傅里叶变换(FFT),

计算特征的均方根图作为输入,改进的 D-S证据理论通过证据距离矩阵和改进的基尼指数来实现。加州大学伯克利分校提出了一种基于支持向量机(SVM)和 D-S证据理论的健康监测评估方法,利用一对一的多类支持向量机进行诊断,欧洲地区部分国家也陆续开展了电力变压器的健康监测研究,改进 D-S证据理论可以增加健康评估的精确度。

4.3 变压器局部放电的信息融合

4.3.1 信息融合技术

信息融合这个概念是在 20世纪 70年代被提出来,最初被用于作战的一种技术,又称为多传感器信息融合[32]。信息融合实质上是指生物对自然界客观存在事物的认识过程,只从一个方面认识事物是片面的,在认识事物的过程中用各种器官对客观事物进行多种类、多维度的感知,通过在感知到的大量信息中提取有用的信息,最后通过大脑分析判断特征信息得到对客观事物的认识和评价。这种从最初对客观事物的感知到认识的过程就是信息融合的过程,人类和动物都可以通过听觉、嗅觉、视觉等感知客观事物,然后通过大脑将各类感知的信息进行分析、处理,进而对客观事物了解得更全面。而对于某个系统感知客观事物时,感知器官一般指各种种类的传感器。

虽然信息融合技术发展了很多年,但是,由于各种限制因素,至今尚未有一个真正统一的定义。美国实验室理事联合会(joint directors of laboratories,JDL)从军事方面给出的定义[33]是:信息融合是一种对事物多层次、多维度处理的一个过程,包含对多种维度数据进行检测、处理、分析等相关操作,从而提高对客观事物的认识度,对战场上的形势作出实时的评估。

目前学者研究的信息融合就是选择一个合适的算法,模拟大脑处理分析信息的过程。在不同种类的传感器中,传感器和传感器之间针对同一客观事物获得的信息不尽相同,充分挖掘不同传感器得到的资源数据库并通过各种方法对观测的信息进行处理,得到的结果才能更贴合客观事物本身。

信息融合根据数据融合层次的不同可以分为三种不同种类的融合方式:数据层信息融合、特征层信息融合、决策层信息融合[34],每种融合方式应用的场合不同,可以根据实际情况选择其中一种或者多种融合方式。

1. 数据层信息融合

数据层信息融合是直接将获得的数据进行一定的融合,由于获得数据的途径一般通过各类传感器获得,所以也称为传感器级的信息融合。直接对传感器测得的数据进行分析、关联和融合,然后根据融合结果进行特征提取和身份识别,最终得到识别结果,数据层信息融合的结构如图 4.1所示。

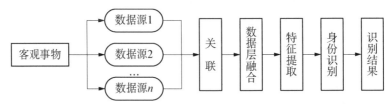

图 4.1　数据层信息融合的结构

2. 特征层信息融合

特征层信息融合是对传感器数据预处理后进行融合,不直接对传感器数据进行关联分析,而是对传感器数据提取的特征信息进行融合,特征层信息融合的结构如图 4.2 所示。

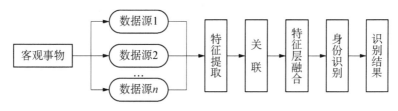

图 4.2　特征层信息融合的结构

3. 决策层信息融合

决策层信息融合是一种高层次的融合方式,主要针对来源于不同渠道的结果或者决策信息进行的融合。首先对客观事物的评价通过每个传感器自身的感知数据做出决策,然后按照一定规则将各种决策的结果进行融合,决策层信息融合的结构如图 4.3 所示。

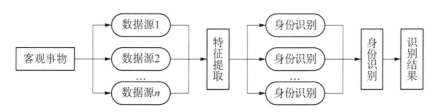

图 4.3　决策层信息融合的结构

三个融合层次各有优缺点,具体使用哪种方法需要根据客观事物自身情况决定,可以选择其中一种方式或者多种方式对信息进行融合。信息融合通过三种不同的传感器采集变压器局部放电信号,对变压器的运行状态进行评估。由于数据层的融合方式要求数据必须来自同一类型的传感器,所以监测的数据受到了限制,考虑到书中引入的变压器评估模型,所以采用特征层信息融合方式将检测数据进行处理再进行融合,进而对变压器的运行状态进行综合评估。

4.3.2　信息融合的变压器状态评估结构

特征层信息融合主要是对不同局部放电检测方式的检测结果进行融合,首先将不同传感器检测数据进行预处理,然后通过赋予其不同权重来构建变压器状态评估模型。假设将局部放电检测方式看作输入层,评估模型看作中间层,评估结果看作输出层,本书构建的信息融合状态评估结构和传统的评估结构相比仅在输入层有所差别。传统评估结构输入层仅考虑单一局部放电检测方式,信息融合评估结构考虑超声波、特高频、高频电流三种局部放电检测方式,通过评估模型将三个信息源的数据赋予不同权重并进行融合,综合得出变压器的运行状态(见图 4.4)。

变压器状态评估系统包括指标权重确定与物元分析模型构建两部分,如图 4.5 所示。为了避免在权重确定过程中主观因素或客观因素对评估结果的决定性影响,变压器评估指

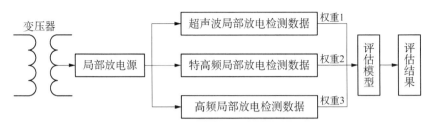

图 4.4 局部放电检测信息融合评估结构

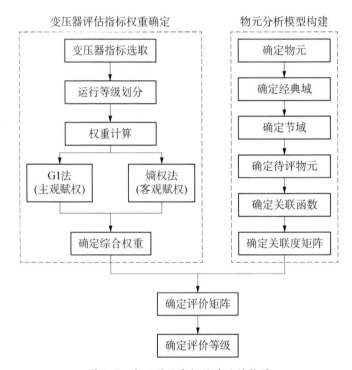

图 4.5 变压器状态评估系统结构图

标采用主客观赋权融合的方式确定其权重,选择可拓学中的物元分析法构建变压器状态评估模型。根据综合权重和关联度矩阵确定变压器评价矩阵,再通过评价矩阵确定变压器运行所隶属的评价等级。

4.4 ▸ 变压器健康状态的智慧评估

4.4.1 评估指标选取

在变压器状态评估中,系统检测到的往往是变压器的某一类数据,而单一数据不能反映变压器的实际运行特征,只能反映局部的某个特征。例如,振动测试只反映变压器是否因运行的异常状态而导致绕组和铁芯发生变形、松动。目前在变压器状态评估中,指标选取量最多的是油中溶解气体(dissolved gas analysis，DGA)，针对 DGA 气体的研究方法有传统的三比值法、大卫三角形法、改进的三比值法等[35]。基于 DGA 的测量方法因与电力设备无直接的电气连接而被广泛应用，但是它不能反映由于水分引起的贯穿性绝缘故障[36]。

局部放电(partial discharge，PD)是指导体间绝缘由于外部场强的作用导致绝缘损坏而在部分导体间发生的放电现象，局部放电是一个长期发展的过程，放电初期绝缘损坏程度较小，但随着放电的持续发生可能导致绝缘因放电而被击穿，从而造成不可逆转的绝缘损坏。研究表明，变压器的大多数故障是由于局部放电导致，运行过电压、雷电波冲击等均会导致局部放电发生，除了外部因素的影响，设备内部因素同样也会造成局部放电的发生，例如绝缘材料在制造过程中由于工艺水平的限制可能会存在杂质、导体表面凹凸不平等内部因素[37]。对于变压器来说，局部放电现象可以反映其故障发生的过程，所以可以考虑通过对局部放电的检测反映变压器的运行状态。

变压器内部结构复杂，其运行产生的海量数据包含了变压器运行的特征信息，不同种类的数据从不同维度反映了变压器的运行状态，选取全部指标量不仅工作量大，而且也不现实，指标选取既要保证评估指标的简洁性和普适性，也应该不影响变压器运行状态。局部放电作为变压器的一种监测手段，不仅能够实现变压器在线监测，保证其正常运行，还能够客观反映变压器运行状态。由于局部放电主要有超声波、特高频、高频电流三种检测方式，所以为了克服单一检测方式不确定性等缺点，从变压器局部放电的三种检测方式中选取评估指标进行多源信息融合并构建指标体系，如图 4.6 所示。

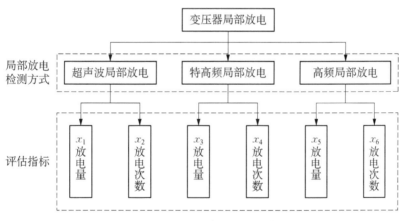

图 4.6　变压器状态评估指标体系

由于局部放电能够较为准确地反映变压器的运行状态，所以变压器评估模型的指标常选取以局部放电指标量为基础。由于单一的 PD 检测方式存在误报、漏报等缺点，所以选取较为常见的三种 PD 检测方式针对同一放电源进行检测，避免偶然因素对检测结果的影响。主要选取的局部放电指标量是放电次数和放电量，PD 放电量的大小和 PD 的放电次数对绝缘材料的影响程度很大，如果 PD 放电量越大，在单位时间内的放电次数越多，则绝缘材料的绝缘损坏越严重，材料老化的速度越快，所以检测局部的放电量和放电次数是保证绝缘材料的绝缘水平良好所必须考虑的指标量，通过三种 PD 检测方式的特点确定各个评估指标量的权重大小，完成对变压器的运行状态评估。

4.4.2 评估状态等级划分

对变压器运行状态进行等级划分是状态评估中的重要部分,不仅可以掌握变压器的健康状态,还能够为后续变压器的运维策略提供参考。然而不同文献中等级划分有所差别[38-39],划分的等级程度不同,没有统一的标准。在变压器的状态等级划分方面,传统的是非制已基本淘汰,即状态划分为两种状态:"合格"和"不合格",这种划分方法虽然简单易于理解,但是不能更细致地评估变压器的运行状态,不利于后续的变压器运维管理。传统评估方法采用"评分制",即以0~100分划分变压器的运行状态,但这种方法受人为因素影响较大,不能完全利用变压器的运行数据进行综合评判,不利于根据变压器的运行状态进行维修管理。

笔者通过多次实验结果和实际情况对变压器运行状态进行等级划分,将传感器测得指标数据进行预处理,为了方便计算和评估指标量纲不同对实验结果的影响,对所有评估指标的量值进行了归一化处理。根据多次实验统计1 min内局部放电指标数据的结果,将每个指标的范围划分为5个等级,根据指标数据确定变压器的运行状态等级,所以变压器的运行状态也划分为5个等级,如表4.1所示。

表4.1 变压器运行状态评价指标量值的分级标准

变压器运行状态	评估指标 x_i						运维策略
	x_1	x_2	x_3	x_4	x_5	x_6	
优秀	0.05	0.1	0.05	0.1	0.05	0.1	正常运行
良好	0.15	0.2	0.15	0.2	0.15	0.2	延期检修
一般	0.3	0.3	0.3	0.3	0.3	0.3	计划检修
故障	0.5	0.5	0.5	0.5	0.5	0.5	尽快检修
严重故障	1	1	1	1	1	1	立即检修

变压器处于"优秀"状态,意味着变压器的各项运行指标均在正常范围内波动,无异常值出现,变压器完全处于正常状态,此时,变压器可以继续正常运行。

变压器处于"良好"状态,意味着变压器的某项运行指标接近临界值或者在临界值附近波动,此时变压器处于正常状态,但是应延期检修。

变压器处于"一般"状态,意味着变压器的某些运行指标已超过正常值,但是此时异常指标值并未影响变压器运行,仍处于正常运行状态,但是应指定检修计划。

变压器处于"故障"状态,意味着变压器的某些运行指标已超过正常值,且异常的指标值已对变压器的运行造成了影响,此时,变压器可以带故障运行一段时间,但是只允许短时间运行,所以应尽快安排检修,防止出现更严重的故障。

变压器处于"严重故障"状态,意味着某些指标数据劣化趋势非常明显,随时有可能出现危险事故,此时,变压器应该立即停电进行检修,降低事故发生率。

4.4.3 评估指标权重确定

权重是评价体系中非常重要的指标,权重的大小可以主观或客观地赋予其不同值,不同值的大小反映了对应评价指标对评估结果的影响程度。由于变压器的实际结构较为复杂，其运行产生的数据种类繁多，有些数据包含特征信息较多，与变压器运行状态紧密联系。相反，有些数据包含较少有用信息，所以为了合理利用数据包含的特征信息，在对变压器运行状态进行评估时应该对各评估指标的权重赋予不同值，才能更加客观真实地反映出变压器的运行状态[40]。

随着评估算法研究的不断发展，不同种类的权重确定方法也应运而生。根据权重赋值本质的不同，可以分为主观赋权法和客观赋权法两类。主观赋权法是根据人为的经验因素赋予权重不同的大小值，如层次分析法（AHP）、Delphi 法、G1 法等。主观赋权法概念的提出较早，受主观因素影响太大，针对同一指标权重，不同专家根据自身经验赋予的值不同，容易造成同一评估结果差别太大[41]。客观赋权法有主成分分析法（PCA）、理想解法（TOPSIS）、熵权法等，其客观性较好，主观性较差。客观赋权法权重的大小主要根据评价指标的测量值确定，虽然避免了人为因素对评估结果的影响，但是可能会使指标的权重偏离实际情况，从而造成评估结果不可信[42]，所以为了弥补两类方法的优缺点，使评估结果更准确，本书将两类方法结合起来对变压器的运行状态进行评估，避免了主观或客观因素对其评估结果的决定性影响。

由于评估指标的选取主要针对局部放电，而且超声波、特高频、高频电流局部放电三种检测方式具有不同特点，超声波局部放电检测技术多用于放电定位和缺陷识别，且在内部结构复杂的变压器中，由于超声波的衰减行为可能导致部分放电信号无法被检测到；特高频局部放电检测技术受干扰信号影响较小，检测的频带较高，可以有效抑制背景噪声；高频电流局部放电检测技术的频带介于超声波和特高频检测频带之间，可应用于高压电力设备的带电检测，因此三种局部放电的检测方式对同一放电源的检测结果可能有所差异。

主观赋权法——G1 法是对 AHP 的改进，它不需要一致性检验，简化了权重的确定过程；客观赋权法——熵权法比较简单，通过代码实现较为容易，所以变压器评估模型的指标权重确定通过 G1 法和熵权法的组合赋权方式确定评估指标权重并进行数据融合。

1. G1 法确定主观权重

G1 法是一种解决复杂问题的主观权重确定方法，也称为序关系分析法[43]。该方法和层次分析法一样需要相关专家凭借自己的经验知识对评估指标进行打分，但不同的是 G1 法不需要构造判断矩阵，也不需要进行一致性检验，与层次分析法相比其计算量较小，权重确定效率较高。G1 法确定权重过程如下：

1）确定序关系

在评价指标集$\{x_1, x_2, \cdots, x_m\}$中，专家根据经验因素判断评价指标对评价结果的影响程度，从 m 个评价指标中选择一个影响程度最大的评价指标，记为 X_1，然后从剩余评价指标中再选择一个影响程度最大的评价指标，记为 X_2，如此循环，直至剩下最后一个评价指标，即最不重要指标，记为 X_m。

因此，对于评价指标集$\{x_1, x_2, \cdots, x_m\}$，根据评价指标对评价结果的影响程度可以对其重要程度进行排序，即序关系为

$$X_1 \geqslant X_2 \geqslant \cdots \geqslant X_m \tag{4.1}$$

2）确定相邻指标间的重要程度

确定序关系后，相邻指标 X_{i-1} 和 X_i 对评价结果的重要程度可以根据相邻指标间权重之比确定，表示为

$$\gamma_i = \frac{\omega_{i-1}}{\omega_i} \quad i = 2, 3, \cdots, m \tag{4.2}$$

式中，γ_i 为相邻指标 X_{i-1} 和 X_i 之间的相对重要程度比值；ω_{i-1} 为原有为评价指标 X_{i-1} 的权重；ω_i 为原有为评价指标 X_i 的权重。

根据 G1 权重理论规定，相邻指标之间的相对重要程度之比 γ_i 的赋值如表 4.2 所示。

表 4.2 相邻指标之间的相对重要程度之比 γ_i 的赋值

γ_i 赋值	γ_i 赋值说明
1.0	评价指标 X_{i-1} 与 X_i 相比，同样重要
1.2	评价指标 X_{i-1} 与 X_i 相比，比较重要
1.4	评价指标 X_{i-1} 与 X_i 相比，明显重要
1.6	评价指标 X_{i-1} 与 X_i 相比，强烈重要
1.8	评价指标 X_{i-1} 与 X_i 相比，极端重要
1.1,1.3,1.5,1.7	相邻指标的重要程度介于上述情况之间

3）确定指标权重

最不重要评价指标 X_m 的权重可由以下公式计算：

$$\boldsymbol{\omega}_m = \left(1 + \sum_{j=2}^{m} \prod_{i=j}^{m} \gamma_i\right)^{-1} \tag{4.3}$$

计算出指标 X_m 的权重 $\boldsymbol{\omega}_m$ 后，根据各指标权重之和为 1 和公式（4.2）即可得到其余的指标权重值，即评价指标集 $\{x_1, x_2, \cdots, x_m\}$ 确定序关系后的 $\{X_1, X_2, \cdots, X_m\}$ 指标集的权重集为 $\{\boldsymbol{\omega}_1, \boldsymbol{\omega}_2, \cdots, \boldsymbol{\omega}_m\}$，则根据确定序关系后评价指标和原指标集对应关系可以得到原评价指标集 $\{x_1, x_2, \cdots, x_m\}$ 的权重集为 $\{\boldsymbol{\omega}_{g1}, \boldsymbol{\omega}_{g2}, \cdots, \boldsymbol{\omega}_{gm}\}$。

2. 熵权法确定客观权重

熵是统计物理与信息论中的概念，它是对事物某种状态的量度。熵值的大小与事物内在的混乱程度息息相关，熵值越大，表明事物的混乱程度越严重，事物的混乱程度也可以称为离散程度[44]。

熵权法是一种客观赋权的方法，评价指标测量值决定了其权重大小。一般用信息熵的概念描述指标包含有用信息量的大小，信息熵越小，说明该指标包含较多有用信息，对评估结果起到的作用越大，所以根据其包含信息量的大小应赋予该指标较大权重值。

假设评价体系中有 m 个评价指标，每个评价指标都有 n 种状态，则第 i 个指标的信息熵为

$$E_i = -\frac{1}{\ln n} \sum_{j=1}^{n} p_{ij} \ln p_{ij} \tag{4.4}$$

式中，p_{ij} 为第 i 个指标处于第 j 个状态时的概率，其计算公式为

$$p_{ij} = \frac{Y_{ij}}{\sum\limits_{j=1}^{n} Y_{ij}} \qquad (4.5)$$

式中，Y_{ij} 为各个评价指标标准化后的量，则第 i 个指标的熵权 $\boldsymbol{\omega}_{si}$ 的计算公式为

$$\boldsymbol{\omega}_{si} = \frac{1 - E_i}{m - \sum\limits_{i=1}^{m} E_i} \qquad (4.6)$$

通过熵权的定义、熵权的计算模型和熵函数的性质，发现熵权具备以下性质：

（1）如果每一个被评价的对象在评价指标 i 上的值存在显著差异，计算出的熵值比较小，熵权值相对比较大，表明此项指标对评价结果的影响较大，应当给予足够的重视。

（2）评价指标熵权值之和等于 1，熵权值的大小同评价对象以及评价指标的选取直接相关。在确定了评价对象后，就能够计算出每一个评价指标的熵权值，熵值和指标的重要程度成负相关，如果某个评价指标的重要程度较低，为了简化评估过程可以将此指标视为冗余指标。

3. 确定综合权重

主观权重是根据专家经验确定的，因此可能会因人而异，从而对评估结果产生影响。客观权重是根据数据大小确定的，却忽略了专家经验的主观因素，因此会出现异常数据造成客观权重不合理的情况。综合权重确定过程如图 4.7 所示，主观权重由专家给评估指标打分确定，客观权重是根据指标数据的实测值来确定的，两种权重确定的方式仅考虑了单一因素，易造成评估结果的不可靠性。为了避免主客观因素对评价结果产生决定性影响，可以采用综合权重[45]来计算，即

$$\omega_{gsi} = \frac{\omega_{gi}\omega_{si}}{\sum\limits_{i=1}^{m} \omega_{gi}\omega_{si}} \qquad (4.7)$$

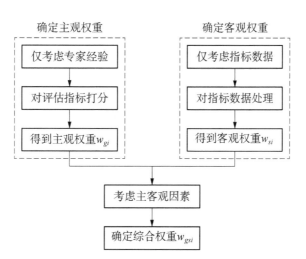

图 4.7　综合权重确定过程

4.4.4 评估模型构建

针对现有评估方法存在的不确定性、主观性和评估指标单一性等问题,将基于物元分析的评估模型进行改进并引入到变压器状态评估中,通过同一局部放电源的 3 个不同信息源检测结果的信息融合对变压器的运行状态进行评估。

物元分析由中国学者蔡文于 1983 年提出,将评价区间从[0~1]拓展到整条实数轴,实现了对矛盾类问题的精准描述,而且利用关联函数可以取负值的特点,使得根据特征提取得到的特征量判断其隶属于某个集合的程度更加全面。随着其理论不断完善,物元分析逐渐发展为一门新生学科[46-47]。

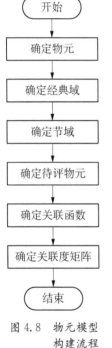

图 4.8 物元模型
构建流程

物元分析法通过将待评对象用物元表示,将评价指标量值的取值范围用经典域物元表示,将评价指标的实际测量值用节域物元表示,根据各物元确定关联函数对待评对象作出合理评估结果,物元模型构建流程如图 4.8 所示。确定好物元后,将评价指标用合理的赋权方法确定其权重大小,再运用设定的关联函数计算各关联度的大小,确定待评价对象与各等级区间的贴近度,得到待评物元的隶属等级。

物元分析法利用关联函数将评估指标和评价对象的关系定量化,更能对变压器运行状态进行精准描述。由于从超声波(UT)、特高频(UHF)、高频电流(HFCT)局部放电检测 3 个方面对变压器进行状态评估,所以构建的物元模型如

$$\boldsymbol{R} = \begin{bmatrix} \text{局部放电(PD)} & c_1(\text{UT 放电次数}) & v_1 \\ & c_2(\text{UT 放电量}) & v_2 \\ & c_3(\text{UHF 放电次数}) & v_3 \\ & c_4(\text{UHF 放电量}) & v_4 \\ & c_5(\text{HFCT 放电次数}) & v_5 \\ & c_6(\text{HFCT 放电量}) & v_6 \end{bmatrix}$$

1. 物元的基本概念

物元分析法是将待评价对象用事物、特征、量值 3 个元素来描述,将要评价事物记作 N,其特征记为 c,特征量值记为 v,可以用有序三元组 $\boldsymbol{R} = (N, c, v)$ 作为描述待评对象的基本元,称为物元。其中,v 由 N 和 c 确定,记作 $v = c(N)$,物元分为经典域物元、节域物元和待评价物元[48]。

一个事物有多个特征,如果事物 N 以 n 个特征 $c_1, c_2, \cdots, c_n$ 和相应的量值 $v_1, v_2, \cdots, v_n$ 描述,则表示为

$$\boldsymbol{R} = \begin{bmatrix} N & c_1 & v_1 \\ & c_2 & v_2 \\ & \cdots & \cdots \\ & c_n & v_n \end{bmatrix} = \begin{bmatrix} N & c_1 & c_1(N) \\ & c_2 & c_2(N) \\ & \cdots & \cdots \\ & c_n & c_n(N) \end{bmatrix}$$

2. 经典域物元的确定

经典域物元是指待评价对象各个评价等级关于对应各指标所规定的量值范围,例如,变压器运行状态的评估指标 c_1(UT 放电次数)在第 j 个评价等级下规定的范围为 $[a, b]$,说明 c_1 的值在此范围内变化时变压器的运行状态不变。假设将变压器的运行状态分为 n 个不同的等级,则变压器运行状态评价对象 N 关于第 $j(j=1, 2, \cdots, n)$ 个评价等级的经典域物元可以表示为

$$
\boldsymbol{R}_{pj} = \begin{bmatrix} N_{pj} & c_1 & v_{p1j} \\ & c_2 & v_{p2j} \\ & \vdots & \vdots \\ & c_i & v_{pij} \\ & \vdots & \vdots \\ & c_m & v_{pmj} \end{bmatrix} = \begin{bmatrix} N_{pj} & c_1 & [a_{p1j}b_{p1j}] \\ & c_2 & [a_{p2j}b_{p2j}] \\ & \vdots & \vdots \\ & c_i & [a_{pij}b_{pij}] \\ & \vdots & \vdots \\ & c_n & [a_{pmj}b_{pmj}] \end{bmatrix} \tag{4.8}
$$

式中,R_{pj} 为评价对象 N 关于第 j 个评价等级的经典域物元;N_{pj} 为第 j 个评价等级下的评价对象;$[a_{pij}, b_{pij}]$ 为特征量 c_i 在第 j 个评价等级下的量值范围。

所以变压器运行状态评价对象 N 关于 n 个评价等级的总体经典域物元可以表示为

$$
\boldsymbol{R}_p = \begin{bmatrix} N_p & N_{p1} & N_{p2} & \cdots & N_{pj} & \cdots & N_{pn} \\ c_1 & [a_{p11}b_{p11}] & [a_{p12}b_{p12}] & \cdots & [a_{p1j}b_{p1j}] & \cdots & [a_{p1n}b_{p1n}] \\ c_2 & [a_{p21}b_{p21}] & [a_{p22}b_{p22}] & \cdots & [a_{p2j}b_{p2j}] & \cdots & [a_{p2n}b_{p2n}] \\ \vdots & \vdots & \vdots & & \vdots & & \vdots \\ c_i & [a_{pi1}b_{pi1}] & [a_{pi2}b_{pi2}] & \cdots & [a_{pij}b_{pij}] & \cdots & [a_{pin}b_{pin}] \\ \vdots & \vdots & \vdots & & \vdots & & \vdots \\ c_m & [a_{pm1}b_{pm1}] & [a_{pm2}b_{pm2}] & \cdots & [a_{pmj}b_{pmj}] & \cdots & [a_{pmn}b_{pmn}] \end{bmatrix} \tag{4.9}
$$

3. 节域物元的确定

节域物元是指待评价对象评价等级的全体关于各指标所规定的量值范围,例如,变压器运行状态的评估指标 c_1(UT 放电次数)在所有评价等级下规定的范围为 $[c, d]$,说明 c_1 的值在此范围内变动。根据物元分析理论,可以将变压器运行状态评价对象 N 关于所有评价等级的节域物元表示为

$$
\boldsymbol{R}_q = \begin{bmatrix} N_q & c_1 & v_{q1} \\ & c_2 & v_{q2} \\ & \vdots & \vdots \\ & c_i & v_{qi} \\ & \vdots & \vdots \\ & c_m & v_{qn} \end{bmatrix} = \begin{bmatrix} N_q & c_1 & [c_{q1}d_{q1}] \\ & c_2 & [c_{q2}d_{q2}] \\ & \vdots & \vdots \\ & c_i & [c_{qi}d_{qi}] \\ & \vdots & \vdots \\ & c_m & [c_{qm}d_{qn}] \end{bmatrix} \tag{4.10}
$$

式中,R_q 为评价对象 N 关于所有评价等级的节域物元;N_q 为评价对象 N 的所有评价等级;$[c_{qi}, d_{qi}]$ 为特征量 c_i 所有评价等级下的量值范围。

4. 待评物元的确定

待评物元是指待评价对象评估指标的具体值,例如变压器运行状态的放电次数和放电量等评估指标的量值,可以用一对有序三元组表示待评物元,假设变压器运行状态评价对象 N 有 m 个评价指标,则待评物元可以表示为

$$\boldsymbol{R} = \begin{bmatrix} N & c_1 & v_1 \\ & c_2 & v_2 \\ & \vdots & \vdots \\ & c_i & v_i \\ & \vdots & \vdots \\ & c_m & v_m \end{bmatrix} \tag{4.11}$$

式中,R 为变压器运行状态评价对象 N 的待评价物元;v_i 为待评价对象 N 第 i 个评价指标的测量数据。

5. 关联函数和待评矩阵的确定

关联函数实质上是描述物元中元素到实轴上的映射关系,即论域中任意一点 v_i 与经典域 $v_{pij} = [a_{pij}, b_{pij}]$ 和节域 $v_{qi} = [c_{qi}, d_{qi}]$ 的量化关系[49-50]。通过关联函数,可以定量描述物元特征,更能客观刻画待评对象不同评价等级的区别。

将点 v_i 到经典域和节域的距离定义为距,则论域中任意一点 v_i 到 $v_{pij} = [a_{pij}, b_{pij}]$ 和 $v_{qi} = [c_{qi}, d_{qi}]$ 的距分别为

$$\rho(v_i, v_{pij}) = \left| v_i - \frac{a_{pij} + b_{pij}}{2} \right| - \frac{b_{pij} - a_{pij}}{2} \tag{4.12}$$

$$\rho(v_i, v_{qi}) = \left| v_i - \frac{c_{qi} + d_{qi}}{2} \right| - \frac{d_{qi} - c_{qi}}{2} \tag{4.13}$$

式中,$\rho(v_i, v_{pij})$ 为点 v_i 到经典域的距;$\rho(v_i, v_{qi})$ 为点 v_i 到节域的距。

$v_{pij} = [a_{pij}, b_{pij}]$ 的模定义为

$$|v_{pij}| = |b_{pij} - a_{pij}| \tag{4.14}$$

变压器运行状态评价对象 N 第 i 个评价指标关于第 j 个评价等级的关联函数可以表示为

$$k_j(v_i) = \begin{cases} \dfrac{-\rho(v_i, v_{pij})}{|v_{pij}|} & v_i \in v_{pij} \\ \dfrac{\rho(v_i, v_{pij})}{\rho(v_i, v_{qi}) - \rho(v_i, v_{pij})} & v_i \notin v_{pij} \end{cases} \tag{4.15}$$

式中,$k_j(v_i)$ 表示待评物元在第 j 个评价等级下第 i 个评价指标的关联度。

由公式(4.7)可知综合权重为 $\boldsymbol{\omega}_{gsi}(i = 1, 2, \cdots, m)$,所以变压器运行状态的权重矩阵为

$$\boldsymbol{\omega} = \lvert \omega_{gs1}, \omega_{gs2}, \cdots, \omega_{gsi}, \cdots, \omega_{gsm} \rvert \tag{4.16}$$

变压器运行状态评价对象 N 的所有评价指标在第 j 个评价等级下的关联度矩阵为

$$\boldsymbol{K}_j = \lvert k_j(v_1)\ k_j(v_2)\cdots k_j(v_i)\cdots k_j(v_m) \rvert^{\mathrm{T}} \tag{4.17}$$

所以变压器运行状态 m 个评价指标在 n 个评价等级下的综合关联度矩阵为

$$\boldsymbol{K} = \lvert K_1 K_2 \cdots K_j \cdots K_n \rvert \tag{4.18}$$

得到变压器运行状态权重矩阵和综合关联度矩阵后,即可得到变压器运行状态的评价矩阵为

$$\boldsymbol{H} = \boldsymbol{\omega} \cdot \boldsymbol{K} \tag{4.19}$$

在评价矩阵 $\boldsymbol{H}$ 中,若第 j 列的值最大,则变压器运行状态隶属于第 j 个评价等级。

4.5 ▶ 变压器健康状态的智慧评估测试

4.5.1 系统功能测试

系统软硬件设计完成后,需要对系统的功能和可行性进行测试,主要包括系统功能测试和实验测试两部分,根据系统测试结果对系统进行改进和优化[51-54]。

系统功能测试主要是对系统软件平台的功能测试,按照使用流程分模块进行多次测试,主要测试内容为不同事件下各模块的反馈结果。功能测试主要按分模块进行测试,包括登录注册模块、数据存储模块、实时监测模块、状态评估模块。

1. 登录注册模块功能测试

登录注册模块功能测试的内容与测试方法如表 4.3 所示。

表 4.3　登录注册模块功能测试

测试内容	测试方法	测试结果
用户注册	按系统要求输入用户名、登录密码等信息	注册成功
	输入已注册过的用户名	注册失败(用户名重复)
用户登录	输入正确的用户名和密码	登录成功
	输入正确的用户名和错误的密码	登录失败(密码错误)
	输入空用户名和密码	登录失败(请按正确格式输入)
	输入不存在的用户名	登录失败(用户名不存在)

若为新用户,则首次登录前需要先注册账号,填写相关信息即可注册成功,如果注册用户名已存在,则提示"注册失败!用户名已被注册!",如图 4.9 所示。若已在系统中注册过账号,登录时输入相应用户名 ID 和登录密码即可进入系统主界面。

2. 数据存储模块功能测试

数据存储模块的具体测试内容与方法如表 4.4 所示。

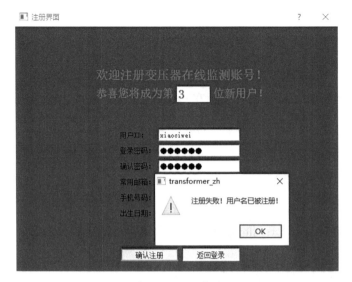

图 4.9 注册界面

表 4.4 数据存储模块功能测试

测试内容	测试方法	测试结果
存储功能,通信不正常	串口未打开,模拟各种实验	数据库中存储数据不成功
存储功能,通信正常	串口打开,模拟各种实验	数据库中存储数据成功
查询功能	时间格式不正确	查询失败,提示错误信息
保存功能	单击导出按钮,选择指定路径	保存成功

数据存储模块主要存储数据的入库时间、时间戳、各个通道传感器采集的数据,其中存储时间戳的主要作用是方便数据的查询功能,接通的传感器采集的数据存入对应的通道。使用查询功能时可以设置查询的起止时间,若时间设置错误,则提醒"时间设置错误!",如图 4.10 所示。

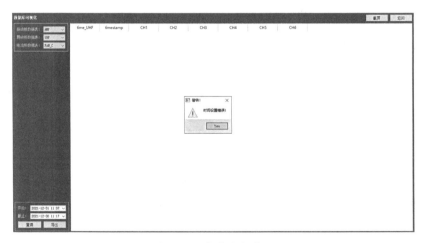

图 4.10 查询功能界面

　　在存储界面中也可以将指定数据保存到指定路径下,首先查询指定时间段的数据,查询成功后点击"导出"按钮即可将数据保存到指定路径,保存的数据格式是后缀名为".csv"的格式文件,如图 4.11 所示。

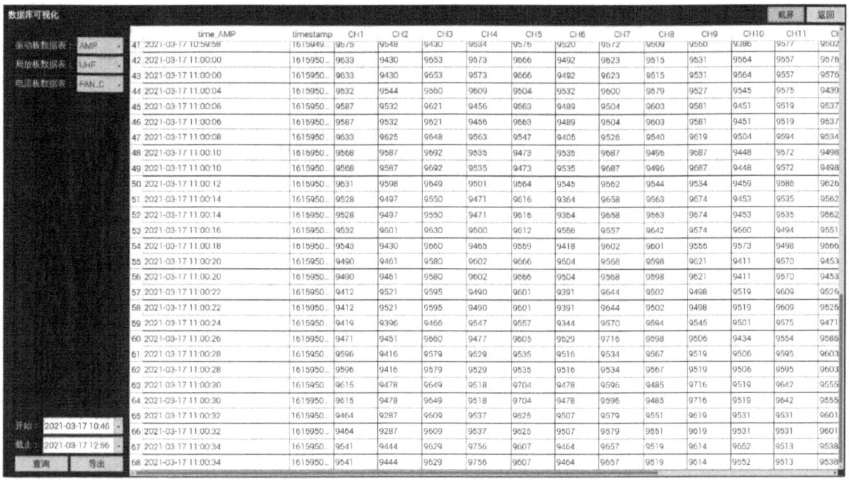

图 4.11　数据导出界面

3. 局部放电模块功能测试

　　局部放电模块功能测试主要是对系统局部放电信号检测的功能进行测试,在系统通信正常情况下,模拟局部放电实验测试其功能,具体测试的内容与方法如表 4.5 所示。

表 4.5　局部放电模块功能测试

测试内容	测试方法	测试结果
通信不正常	串口未打开,模拟局部放电实验	系统检测不到数据,控制台不输出信息
通信正常	串口打开,模拟局部放电实验	系统检测到数据,控制台输出对应信息
UT 局部放电检测	通信正常,模拟变压器局部放电	超声波检测模块检测到局部放电信号
HFCT 局部放电检测	通信正常,模拟变压器局部放电	高频电流检测模块检测到局部放电信号
UHF 局部放电检测	通信正常,模拟变压器局部放电	特高频检测模块检测到局部放电信号

　　其中对于局部放电实验,在实验室现有条件下模拟局部放电的发生。特高频传感器检测到的信号如图 4.12 所示,左侧为局部放电的时间序列图,定性反映了局部放电信号的发展趋势,可以从时间序列图定性判断局放源距离传感器的远近;右侧为局部放电信号幅值和相位的 PRPD 二维图谱,反映了局部放电信号幅值的分布情况。

4. 状态评估模块功能测试

　　在系统成功检测到各种信号后,根据检测数据对变压器的运行状态进行评估。状态评估模块的功能测试主要是测试评估模型的可行性,包括指标权重、变压器运行状态隶属度、运维策略等的测试,具体测试内容与方法如表 4.6 所示。

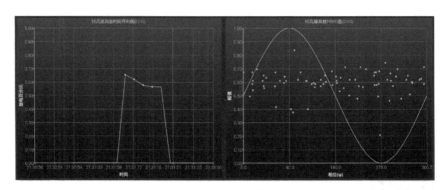

图 4.12 特高频局部放电实验检测结果

表 4.6 状态评估模块功能测试

测试内容	测试方法	测试结果
通信不正常	串口未打开,模拟局部放电实验	指标权重、隶属度等无显示
通信正常,模拟局部放电实验	串口打开,不做任何模拟实验	指标权重、隶属度等无变化,变压器运行状态正常
	串口打开,模拟局部放电实验	指标权重、隶属度等变化,变压器运行状态改变
	改变模拟局部放电的时间	指标权重、隶属度实时更新内容,变压器运行状态实时更新

4.5.2 实验测试

在软硬件测试后,需要对实验平台进行实验测试,测试的主要内容是针对同一局放源,用特高频、高频、超声波局部放电检测方式对其进行检测,通过实验对比,证明针对局部放电信息融合的检测方式较单一检测方式的状态评估结果更可靠[55]。

在保证系统通信正常的情况下进行局部放电模拟实验,考虑到实验室现有条件和限制,通过模拟局部放电代替变压器实际放电的发生。为了验证基于多源信息融合的局部放电状态评估效果更好,分别选取模拟变压器持续放电时间 2 s、5 s、10 s 时的实验结果进行实验分析。在模拟放电时,针对同一放电源,通过 3 种局部放电检测方式进行检测,以特高频局部放电检测方式为例进行说明,对于 3 组模拟放电实验特高频检测方式的结果如图 4.13～图 4.15 所示。

模拟实验完成后,根据实验平台检测数据进行状态评估。首先计算出评价指标的综合权重,再根据实验平台测得数据和各项评价指标不同等级区间对变压器运行状态做出评价结果。将不同的实验结果指标量进行归一化处理,如表 4.7 所示。

表 4.7 不同局部放电时间的各评估指标归一化处理

放电时间(s)	评估指标 x_i					
	x_1	x_2	x_3	x_4	x_5	x_6
2	0.04	0.41	0.05	0.66	0.05	0.54
5	0.08	0.39	0.12	0.69	0.10	0.54
10	0.28	0.49	0.36	0.73	0.31	0.62

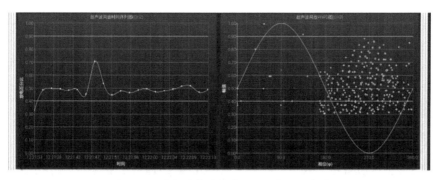

图 4.13 模拟局部放电在 2 s 时的检测结果

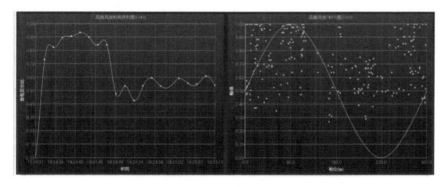

图 4.14 模拟局部放电在 5 s 时的检测结果

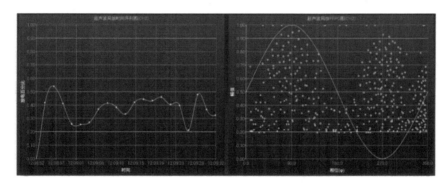

图 4.15 模拟局部放电在 10 s 时的检测结果

1. 计算主观权重

根据变压器局部放电研究方向人员的意见,对变压器局部放电的各个评估指标建立一定的关系:X_1(UHF 放电次数 x_4)$\geqslant X_2$(UHF 放电量 x_3)$\geqslant X_3$(HFCT 放电次数 x_6)$\geqslant X_4$(HFCT 放电量 x_5)$\geqslant X_5$(UT 放电次数 x_2)$\geqslant X_6$(UT 放电次数 x_1)。

由表 4.2 可得相邻指标间相对重要程度的理性赋值:

$$\gamma_2 = \frac{\omega_1}{\omega_2} = 1.1$$

$$\gamma_3 = \frac{\omega_2}{\omega_3} = 1.2$$

$$\gamma_4 = \frac{\omega_3}{\omega_4} = 1.1$$

$$\gamma_5 = \frac{\omega_4}{\omega_5} = 1.3$$

$$\gamma_6 = \frac{\omega_5}{\omega_6} = 1.1$$

根据公式(4.3)可以计算最不重要指标 X_6 的权重为

$$\boldsymbol{\omega}_6 = \left(1 + \sum_{j=2}^{6} \prod_{i=j}^{6} \gamma_i\right)^{-1} = 0.11$$

因此,可以根据所有指标权重之和为 1 与公式(4.2)计算出变压器运行状态的其他指标权重值,即可以得到确定序关系后的 $\{X_1, X_2, X_3, X_4, X_5, X_6\}$ 指标集的权重集为 $\{0.229, 0.208, 0.174, 0.158, 0.121, 0.11\}$,则原指标集的权重集为 $\{0.11, 0.121, 0.208, 0.229, 0.158, 0.174\}$。

2. 计算客观权重

由于变压器运行状态的每个待评价指标被划分为 5 个不同评价等级,即 5 种不同运行状态,然后再根据表 4.7 中实验数据和公式(4.4)～公式(4.7)运用编程计算各指标的熵权值,变压器运行状态各评估指标权重分布如表 4.8 所示。

表 4.8 变压器运行状态各评估指标的权重分布

权重	评估指标 x_i					
	x_1	x_2	x_3	x_4	x_5	x_6
$\boldsymbol{\omega}_{gi}$	0.11	0.12	0.21	0.23	0.16	0.17
$\boldsymbol{\omega}_{si}$	0.18	0.14	0.18	0.13	0.19	0.18
$\boldsymbol{\omega}_{gsi}$	0.12	0.10	0.23	0.18	0.18	0.19

根据公式(4.9)可知变压器运行状态关于 5 个评价等级的总体经典域物元可以表示为

$$\boldsymbol{R}_p = \begin{bmatrix} N_p & \text{优秀} & \text{良好} & \text{一般} & \text{故障} & \text{严重故障} \\ c_1 & [0, 0.05) & [0.05, 0.15) & [0.15, 0.3) & [0.3, 0.5) & [0.5, 1] \\ c_2 & [0, 0.1) & [0.1, 0.3) & [0.3, 0.5) & [0.5, 0.7) & [0.7, 1] \\ c_3 & [0, 0.05) & [0.05, 0.15) & [0.15, 0.3) & [0.3, 0.5) & [0.5, 1] \\ c_4 & [0, 0.1) & [0.1, 0.3) & [0.3, 0.5) & [0.5, 0.7) & [0.7, 1] \\ c_5 & [0, 0.05) & [0.05, 0.15) & [0.15, 0.3) & [0.3, 0.5) & [0.5, 1] \\ c_6 & [0, 0.1) & [0.1, 0.3) & [0.3, 0.5) & [0.5, 0.7) & [0.7, 1] \end{bmatrix}$$

根据公式(4.10)可以构建变压器运行状态的节域物元为

$$\boldsymbol{R}_q = \begin{bmatrix} N_q & c_1 & [0, 1] \\ & c_2 & [0, 1] \\ & c_3 & [0, 1] \\ & c_4 & [0, 1] \\ & c_5 & [0, 1] \\ & c_6 & [0, 1] \end{bmatrix}$$

下面,以模拟放电时间 10 s 为例,根据实验结果可以构建变压器运行状态的待评物元为

$$\boldsymbol{R}_{(10s)} = \begin{bmatrix} N & c_1 & 0.276 \\ & c_2 & 0.486 \\ & c_3 & 0.362 \\ & c_4 & 0.732 \\ & c_5 & 0.312 \\ & c_6 & 0.618 \end{bmatrix}$$

根据公式(4.12)～公式(4.17)可以计算模拟局放在 10 s 时变压器运行状态的关联度矩阵为

$$\boldsymbol{K}_{(10\,s)} = \begin{bmatrix} -0.45 & -0.32 & 0.13 & -0.07 & -0.44 \\ -0.44 & -0.37 & -0.28 & 0.05 & -0.02 \\ -0.46 & -0.37 & -0.14 & 0.30 & -0.28 \\ -0.70 & -0.66 & -0.61 & -0.46 & 0.46 \\ -0.46 & -0.34 & -0.03 & 0.05 & -0.38 \\ -0.58 & -0.53 & -0.46 & -0.24 & 0.24 \end{bmatrix}$$

再根据公式(4.19)可以计算出模拟局放 10 s 时变压器运行状态的评价矩阵为

$$\boldsymbol{H}_{(10\,s)} = \boldsymbol{\omega} \cdot \boldsymbol{K}_{(10\,s)} = \begin{bmatrix} -0.52 & -0.44 & -0.25 & -0.05 & -0.06 \end{bmatrix}$$

同理,可以计算不同模拟局部放电时间时变压器运行状态的总体评价矩阵为

$$H = \begin{bmatrix} H_{(2s)} & -0.22 & -0.24 & -0.54 & -0.47 & -0.42 \\ H_{(5s)} & -0.43 & -0.03 & -0.35 & -0.38 & -0.36 \\ H_{(10s)} & -0.52 & -0.44 & -0.25 & -0.05 & -0.06 \end{bmatrix}$$

由总体评价矩阵可以看出模拟局部放电时间在 2 s、5 s、10 s 时,评价矩阵的第 1、2、4 列值最大,所以隶属的评价等级分别为“优秀”“良好”“故障”。由于变压器受到实际运行环境的外界因素干扰,可能会对检测结果造成影响,可以看出三组实验的评估结果比较符合实际情况。其中对于模拟局部放电 10 s 时系统状态评估的结果如图 4.16 所示,此时变压器的运行状态为故障,提示应尽快检修,防止变压器故障进一步恶化。

本章是针对局部放电基于多源信息融合的变压器状态评估,其中在模型构建确定指标权重时采用组合赋权的方式确定指标权重的大小,通过 3 种局部放电检测方式结果的融合,确定变压器的运行状态。为了验证本章思想的合理性,做了两组对比实验。

1. 赋权方式对比实验

在模型构建确定指标权重时采用组合赋权的方式,目的是防止主观权重或者客观权重对评估结果的决定性影响。为了验证组合赋权方式与单一赋权方式的区别,分别模拟持续不同时间的局部放电实验,通过实验结果分析证明组合赋权方式的评估结果更可靠。不同权重计算方式的评估结果如图 4.17 所示。

由图 4.17 可以看出,G1 法和熵权法评估结果有所差异,组合赋权法确定权重可以减少主观或客观因素对评估结果的影响,使评估的结果更可靠。

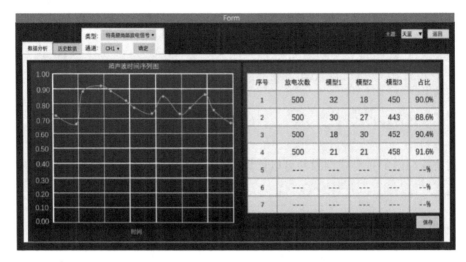

图 4.16 模拟局部放电 10 s 时的变压器状态评估界面

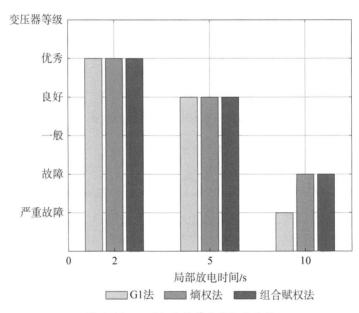

图 4.17 不同权重计算方式评估结果

2. 数据融合对比实验

由于系统针对局部放电有特高频、高频电流、超声波局部放电检测 3 种检测方式,通过 3 种检测方式结果的融合确定变压器的运行状态,所以分别以单一局部放电检测方式和融合方式构建模型进行变压器状态评估,评估结果如图 4.18 所示。

由图 4.18 可以看出,针对单一局部放电检测方式对变压器进行状态评估可能会造成评估的结果不可信,针对 3 种局放检测方式信息融合的评估结果更符合预期结果,验证了单一数据源可能无法反映变压器整体的运行状态。

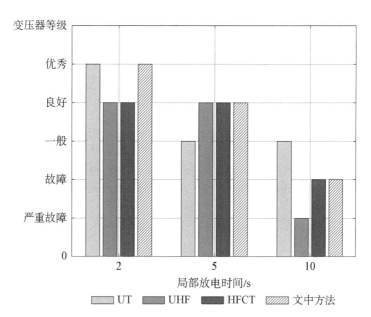

图 4.18 不同局放检测方式评估结果

参考文献

[1] 金佳杰. 电力变压器多维度检测与状态评估技术研究及应用[D]. 杭州:杭州电子科技大学,2021.

[2] 张金泉. 基于信息融合的变压器状态评估方法研究[D]. 成都:西南交通大学,2020.

[3] 王保义,杨韵洁,张少敏. 改进 BP 神经网络的 SVM 变压器故障诊断[J]. 电测与仪表,2019,56(19):
53 - 58.

[4] WANG Y, MA G M, ZHENG D Y, et al. Detection of dissolved acetylene in power transformer oil
based on photonic crystal fiber [J]. IEEE Sensors Journal, 2020, PP(99): 1 - 1.

[5] NANFAK A, EKE S, KOM C H, et al. Interpreting dissolved gases in transformer oil: A new
method based on the analysis of labelled fault data [J]. IET Generation Transmission & Distribution,
2021, 2021(2): 1 - 16.

[6] RODRIGO-MOR A, MUOZ F A, CASTRO-HEREDIA L C. Principles of charge estimation
methods using high-frequency current transformer sensors in partial discharge measurements [J].
Sensors, 2020, 20(9): 2520.

[7] MEITEI S N, BORAH K, CHATTERJEE S. Partial discharge detection in an oil-filled power
transformer using fiber bragg grating sensors: A review [J]. IEEE Sensors Journal, 2021, 21(9):
10304 - 10316.

[8] 丛培杰,曲德宇,白雨,等. 面向变压器振动的分布式监测系统的设计与实现[J]. 电测与仪表,2019,56
(18):107 - 112+140.

[9] 蔡鋆,袁文泽,张轩瑞,等. 基于特高频自感知的变压器局部放电检测方法[J]. 高电压技术,2021,47
(6):2041 - 2050.

[10] 刘慧鑫,连鸿松,张江龙,等. 变压器油中溶解气体在线监测装置运行质量指标及评价体系[J]. 高压电
器,2021,57(1): 143 - 149.

[11] 王硕. 基于大数据分析技术的输变电设备状态评估系统的设计与实现[D]. 济南:山东大学,2018.

[12] 张博文,阎春雨,毕建刚,等. 基于大数据的输变电设备状态预警系统架构研究[J]. 电力信息与通信技

术,2016,14(12):26-32.

[13] 廖瑞金,王有元,刘航,等.输变电设备状态评估方法的研究现状[J].高电压技术,2018,44(11):3454-3464.

[14] 35 kV~500 kV 油浸式电力变压器(高抗)状态评价导则:Q/CSG11001—2014[S].广州:中国南方电网公司,2014.

[15] WANG J X, ZHOU Q, XU L N, et al. Gas sensing mechanism of dissolved gases in transformer oil on Ag-MoS 2 monolayer: A DFT study [J]. Physica E: Low-dimensional Systems and Nanostructures, 2020, 118(C).

[16] LI C P, HU X Y, GUAN G F, et al. Power Transformer Condition Assessment Method based on Improved Rough Fuzzy K-means Clustering [J]. IOP Conference Series: Earth and Environmental Science, 2021, 645(1).

[17] 王海亮,邓玲,何奇,等.直觉模糊层次分析法下变压器状态的灰色模糊综合评判模型[J].高压电器,2020,56(9):216-222.

[18] HU Z, NIU G C, HU D M. Application Of Ahp-Entropy Method And Lssvm In The Assessment And Forecasting Of Transformer Operating Status [C]. 2018.

[19] 王晶,许素安,洪凯星,等.基于 DGA 特征量优选与 GA-SVM 的变压器故障诊断模型[J].变压器,2020,57(12):36-40+46.

[20] LIN Z M, TANG S P, PENG G, et al. An Artificial Neural Network Model with Yager Composition Theory for Transformer State Assessment[C]. 2017.

[21] LIAO W L, YANG D C, WANG Y S, et al. Fault Diagnosis of Power Transformers Using Graph Convolutional Network [J]. 2021(2).

[22] 牛国成,胡贞,胡冬梅.基于 SVM 与物元信息熵的变压器健康度分析与预测[J].湖南大学学报(自然科学版),2019,46(8):91-97.

[23] 李军浩,韩旭涛,刘泽辉,等.电气设备局部放电检测技术述评[J].高电压技术,2015,41(8):2583-2601.

[24] LUO B, WANG J, DAI D, et al. Partial discharge simulation of air gap defects in oil-paper insulation paperboard of converter transformer under different ratios of AC-DC combined voltage [J]. Energies, 2021(14).

[25] YANG Y, BI J G, WANG H J, et al. Study of the ultrasonic characteristics of typical partial discharge on GIS [J]. Advanced Materials Research, 2013(1508).

[26] 马国明,周宏扬,刘云鹏,等.变压器局部放电光纤超声检测技术及新复用方法[J].高电压技术,2020,46(5):1768-1780.

[27] JIANG J, WANG K, XUERUI W U, et al. Characteristics of the propagation of partial discharge ultrasonic signals on a transformer wall based on Sagnac interference [J]. Plasma Science and Technology, 2020, 22(2): 024002 (9pp).

[28] 毛颖科,丁炀,吴剑敏,等.电力变压器超声波局部放电检测技术应用的研究[J].电力与能源,2020,41(5):554-557+586.

[29] 张智超,李盛,邢耀敏,等.基于高频电流法的电缆局部放电带电检测的分析[J].机电信息,2020(24):33-35+37.

[30] SIMENG, SONG, XIAOXIN, et al. Research on time-domain transfer impedance measurement technology for high frequency current transformers in partial discharge detection of cables [J]. Journal of Shanghai Jiaotong University (Science), 2020, 25(1): 10-17.

[31] BEURA C P, BELTLE M, TENBOHLEN S. Study of the influence of winding and sensor design on ultra-high frequency partial discharge signals in power transformers [J]. Sensors, 2020, 20(18).

[32] ZHANG L X. Information fusion technology in Internet of things: A Survey [J]. Advanced Materials

Research, 2015(2149).

[33] JIANG S, LIAN M, LU C, et al. SVM-DS fusion based soft fault detection and diagnosis in solar water heaters [J]. SAGE PublicationsSage UK: London, England, 2019(3): 118 - 135.

[34] 杨晓梅,张菊玲,赵忠华. 多源信息融合技术及其应用研究[J]. 无线互联科技,2019,16(18)：133 - 134.

[35] 刘慧鑫,连鸿松,张江龙,等. 变压器油中溶解气体在线监测装置运行质量指标及评价体系[J]. 高压电器,2021,57(1)：143 - 149.

[36] KURIYAMA R, KATO F, MWASHITA M, et al. Investigation of diagnostic technique for thermal fault on natural ester oil-immersed transformer by dissolved gas analysis [J]. Water and Energy International, 2018(3).

[37] 董凤珠,黄永晶,芦佩雯,等. 基于支持向量机的变压器故障诊断综述[J]. 工业控制计算机,2019,32 (9)：89 - 90＋93.

[38] 杜江,孙铭阳. 基于变权灰云模型的变压器状态层次评估方法[J]. 电工技术学报,2020,35(20)：4306 - 4316.

[39] A Condition Assessment Method of Power Transformers Based on Association Rules and Variable Weight Coefficients [J]. 中国电机工程学报,2013(24).

[40] 谭贵生,曹生现,赵波,等. 基于关联规则与变权重系数的变压器状态综合评估方法[J]. 电力系统保护与控制,2020,48(1)：88 - 95.

[41] 彭道刚,陈跃伟,范俊辉,等. 基于层次分析法和粗糙集的变压器状态评估研究[J]. 高压电器,2019,55 (7)：150 - 157.

[42] 朱江行,邹晓松,赵真,等. 基于改进 TOPSIS 灰色关联分析的变压器状态评估方法[J]. 电力科学与工程,2020,36(8)：30 - 36.

[43] 刘一民,章家欢,杨心平,等. 一种基于专家调研和 G1 法的继电保护综合评价方法[J]. 电网技术,2020,44(9)：3533 - 3539.

[44] LI K W, WU L F, YU X Y, et al. State evaluation of distribution transformer based on improved subjective and objective fusion method [D]. DEstech Transactions on Computer Science and Engineering, 2016.

[45] 李玲玲,刘敬杰,凌跃胜,等. 物元理论和证据理论相结合的电能质量综合评估[J]. 电工技术学报,2015,30(12)：383 - 391.

[46] 骆思佳,刘昕鹤,吕启深,等. 基于物元分析法的电力变压器套管健康状态评估[J]. 高压电器,2015,51 (7)：177 - 184.

[47] 刘云鹏,许自强,付浩川,等. 采用最优云熵改进可拓云理论的变压器本体绝缘状态评估方法[J]. 高电压技术,2020,46(2)：397 - 405.

[48] 李滨,王亚龙. 基于多级可拓评价法的变电站建设项目功能效果后评价[J]. 电网技术,2015,39(4)：1146 - 1152.

[49] QIU G, XIE Z, SHENG H, et al. Transformer fault diagnosing method based on extenics and rough set theory [J]. International Journal of Security and its Applications, 2014, 8(5): 65 - 74.

[50] 陈铭. 结合古林法与层次可拓法的电力变压器综合状态评估方法[D]. 合肥:合肥工业大学,2019.

[51] 贺威,胡晓娅. 基于 ARM 和 FPGA 的多通道局部放电检测系统设计[J]. 计算机与数字工程,2013,41 (1)：49 - 51＋71.

[52] HERATH T, KUMARA J, BANDARA K, et al. Field verification of a simple partial discharge denoising method for generator applications [J]. IET Science Measurement Technology, 2020.

[53] 王晓辉,聂小华,常亮. 基于 Qt 的专用有限元软件 GUI 模块的设计与开发[J]. 计算机应用与软件,2020,37(1)：21 - 26＋65.

[54] 肖力. 基于 Python 的航空发动机仿真平台开发[J]. 计算机应用与软件,2021,38(6)：9 - 13＋3.

[55] 江友华,易罡,黄荣昌,等. 基于多源信息融合的变压器检测与评估技术[J]. 上海电力大学学报,2020,36(5)：481 - 485.

第 **5** 章 | 变压器振动状态监测与智慧评估

5.1 ▸ 概述

电力工业发展迅猛,现已经渗透到社会经济活动中的各个领域,人们在生活和工业生产中对电能稳定性的依赖程度日益升高,这对电网系统的安全运行和输电可靠性提出了更高的要求。电力系统的安全运行是多种设备共同协调作用的结果,电力变压器是电网中电能转化的枢纽,其安全稳定运行对维持工业制造、居民生活和社会秩序等方面的正常运转具有重要意义。为了防止变压器突发故障对社会生活造成恶劣影响,通过变压器状态在线监测与评估及时发现其潜在问题,成为一项亟待解决的重要研究课题。

变压器状态监测主要分为电气性能监测和机械稳定性监测两方面。其中,电气性能监测主要包含油色谱分析法、局部放电法等,由于其发展较早,在变压器状态监测方面已经有比较广泛的应用。统计数据表明,变压器事故中,铁芯与绕组损坏占比高达 55.6%[1],尽管制作工艺不断优化,变压器的运行稳定性持续提升,但变压器在运行过程中难免遭受电流冲击,进而影响机械稳定性。这种故障在初级阶段,电气性能仍然保持正常,很难通过电气性能检测出来,但损伤的不断积累最终将导致变压器崩溃[2]。因此,为及时发现变压器潜在的机械稳定性问题,对变压器进行机械稳定性状态检测是非常重要的。

变压器机械稳定状态检测方法主要分为停电检测法和在线检测法两大类。停电检测法[3-7]是指定期对变压器进行停电检修和维护,这种方法虽然可以发现并解决变压器损伤,但是,定期停电检测没有考虑变压器当前状态,具有一定的盲目性,对正常变压器停电检测不仅占用社会资源,还会对变压器造成一定程度的损坏,减少变压器寿命。在线检测法能实时监测变压器状态,从而能有效避免以上不利情况的发生。变压器在线检测法主要包括在线电抗法、低压脉冲法和振动分析法等。在线电抗法[8-9]是离线电抗法的拓展,由于变压器绕组的尺寸、形状和位置等因素决定了其短路电抗值,因此可通过监测电抗值对绕组形变进行评估,但绕组变形较微弱时,短路阻抗法难以识别故障状态;低压脉冲法[10-11]是通过输入脉冲信号后检测频率响应信号的变化,实现对变压器绕组变形的检测,其优点是灵敏性高,可以检测绕组轻微变形,但由于输入波形发生的微小变化会导致输出结果发生改变,实验重复性不好。振动分析法是通过对变压器器身振动信号进行分析,推测出绕组和铁芯的机械稳定性,从而实现变压器状态监测,与前两种机械稳定性在线监测方法相比,能识别微弱形变,灵敏度高,受外界因素影响小,可靠性好,与变压器没有电气联系,抗干扰能力强。

5.2 ▶ 振动分析法研究现状

目前,国内外学者通过理论推导和仿真模型对变压器振动进行数学描述,结合实验对变压器的振动特性进行研究,根据振动特征建立变压器状态评估算法模型,具体工作可总结为以下四个方面:

1. 变压器振动机理及特性研究

汲胜昌[12]课题组研究了变压器绕组和铁芯振动原理,并深入分析运行电压、负载电流等运行工况对振动特性的影响;该课题组对变压器弹性元件——绝缘垫块开展了力学特性试验,对绕组轴向进行振动分析,并经过统计学分析验证振动特性[13];该课题组根据绕组振动的特点,结合波动方程对绕组在变压器油中的传播机理进行定性分析;祝丽花等[14]通过搭建铁芯磁特性平台,研究了不同夹紧力作用下铁芯的振动特性;赵洪山等[15]通过多自由度振动系统运动学理论建立绕组振动的运动微分方程,并在此基础上分析了预紧力和电磁力对振动特性的影响;Liu X 等[16]推导了变压器铁芯的磁致伸缩模型,基于变压器铁芯的非对称变形,提出了振动半波能量法反映直流偏磁引起的磁通分布异常;刘等[17]用冲击锤对叠层铁芯展开试验,分析铁芯振动的频率和振型。

2. 变压器振动数学模型研究

师愉航等[18]利用哈密顿原理推导了变压器振动数学方程,分析变压器绕组机械振动与磁场之间的耦合关系,建立了变压器绕组两体振动模型;王丰华等[19]通过有限元分析法建立变压器绕组的三维模型,对不同状态下变压器绕组的固有频率和振型进行分析;赵小军等[20]分析了直流偏磁与振动特征的关系,建立了磁-机械耦合场模型;Vibhuti 等[21]在磁致伸缩振动模拟的基础上,用质量弹簧系统代替磁芯,并应用动态遗传算法来寻找必要的系统结构,提出了一种磁致伸缩振动模型,用于改进磁芯机械完整性评价和发现可能的机械缺陷;Serigne 等[22]考虑了铁磁材料的磁各向异性和磁弹性各向异性,用于磁化和磁致伸缩计算,建立变压器铁芯振动宏观模型,并将该模型集成到有限元程序中,实现变压器铁芯磁致伸缩变形预测。

3. 基于振动分析法的变压器状态评估算法研究

黄春梅等[23]提出通过混沌理论对绕组振动进行分析,并通过核可能性聚类算法实现变压器状态监测;潘超等[24]利用小波包变换进行振动信号的分解重构,对不同状态下变压器重构信号的尺度-能量占比特征值进行分析,提出基于尺度-能量占比的振动特征识别方法;张重远等[25]提出利用 Mel 时频谱降低振动信号进行维度,并将其对卷积神经网络训练,得到变压器状态评估模型,实现对变压器不同状态的判别;Munir 等[26]通过傅里叶变换和小波包变换等方法对变压器振动信号进行处理,并介绍了各自的特点。

4. 变压器在线振动监测与评估系统研究

周求宽等[27]基于振动分析法研发了电力变压器在线监测系统,该系统利用传感器、处理器和显示器三个模块实现对信号的采集、处理和显示;王泽波等[28]对信号采集、调理及故障判断等技术的开发过程进行详细介绍,研发出变压器状态检测系统,实现在线故障监测与异常预警;徐晨博等[29]设计了文件传输模型,实现电力变压器振动在线监测系统实时通信,并将其应用于变压器监测现场。

现有研究取得了丰硕的学术成果,为实现变压器机械振动稳定性监测提供了理论支撑,经过分析后发现仍存在一些不足之处,具体包括以下几点:

(1)振动信号特征提取方面。振动信号中蕴含了大量表征变压器机械结构方面的信息,部分学者分别从时域、频域和时频域特性中进行分析,忽略了各个特性之间的区别与联系,没有对振动信号特征进行全面、有效的提取,可能丢失部分重要特征;部分特征参数之间区分度不大,对于变压器状态评估贡献较小,用于变压器状态评估时,还可能导致评估效果较差等问题。

(2)变压器状态评估算法方面。变压器运行工况复杂,对于同一个变压器,在不同工况下振动信号特征可能存在较大差异,通过单一特征指标作为评估条件难以保证状态评估准确性;不同变压器在结构、机械状态等方面各不相同,人工神经网络等状态评估算法只适用于神经网络对应的特定变压器,对不同变压器的状态评估准确性低,普适性较差;部分变压器状态评估算法复杂度高、计算难度大、运算时间长,难以满足现场测试仪器要求。

5.3 ▶ 变压器振动原理及特性分析

5.3.1 变压器振动原理

1. 绕组振动

变压器运行时,线圈产生的磁场并不能完全通过铁芯,产生的漏磁导致绕组的载流导体产生电磁力,从而使得绕组发生强制振动。在正常运行过程中,电磁力不足以引起变压器故障,但遭受到短路或雷击导致的大电流冲击时,电磁力瞬间增大,绕组线圈的机械振动剧烈,可能导致自身变形、冲击其他部件等问题,将严重影响变压器的机械稳定性。大型电力变压器大多采用饼式线圈结构,在饼式结构中,上下两个夹件对绕组两端进行固定,线饼之间夹有绝缘油和绝缘垫块。在漏磁导致的电磁力作用下,线饼发生振动。在分析时,可将变压器绕组等效为如图 5.1 所示的弹簧质量系统[30-32]。

根据牛顿第二定律,以线饼等效质量块为对象,建立线饼的运动方程为

$$M\frac{\mathrm{d}^2 x}{\mathrm{d}t^2} + C\frac{\mathrm{d}x}{\mathrm{d}t} + Kx = F + Mg$$

(5.1)

式中,M 为线饼质量矩阵;x 为轴向位移;C 为绝缘油阻尼系数矩阵;K 为绝缘垫块弹性系数矩阵;F 为电磁力矩阵。

根据毕奥-萨瓦定律(Biot-Savart Law),

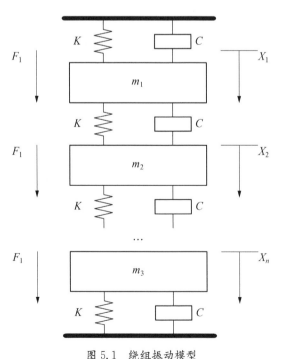

图 5.1 绕组振动模型

电磁力与交变电流的平方成正比,即

$$\boldsymbol{F} = bi^2 = \boldsymbol{b}(I_m \cos \omega t)^2 = 0.5bI_m^2(1 + \cos 2\omega t) \tag{5.2}$$

$$i = I_m \cos \omega t \tag{5.3}$$

其中,I_m 为变压器工作时绕组电流幅值;ω 为电流频率。将式(5.2)代入式(5.1)求解二阶微分方程,得到绕组加速度为

$$a_w = \frac{\mathrm{d}^2 \boldsymbol{x}}{\mathrm{d}t^2} = -4\omega^2 GI_m^2 \sin(2\omega t + \varphi) \tag{5.4}$$

$$G = \frac{b}{2\sqrt{(K - \boldsymbol{M}\omega^2)^2 + C^2\omega^2}} \tag{5.5}$$

$$\tan \varphi = -\frac{2C\omega}{K - 4\boldsymbol{M}\omega^2} \tag{5.6}$$

由式(5.4)可知,电磁力引起的振动加速度幅值 a_w 与 I_m^2 成正比,其频率为 2ω,即 100 Hz,但绝缘垫块的非线性可能会导致以 100 Hz 为基频的倍频谐波出现。

2. 铁芯振动

铁芯的振动主要由两部分构成:硅钢片在磁化过程中产生的振动以及电磁力引起的振动[33],后者受硅钢片结构影响很大,随着技术的进步,电磁力的影响逐渐变小,前者成为铁芯振动的主导原因[34]。磁致伸缩是铁磁材料被磁化时发生形变的一种物理现象,改变程度主要与磁场的大小、方向有关。

根据电磁感应定律,当理想变压器空载运行时,电源电压与铁芯磁感应强度的关系为

$$U_s \sin \omega t = -NS\frac{\mathrm{d}B}{\mathrm{d}t} \tag{5.7}$$

式中,U_s 为电源电压幅值;S 为铁芯横截面积;N 为绕组匝数。对式(5.7)积分得到的磁感应强度为

$$B = \frac{-U_s \int \sin \omega t}{NS} = B_0 \cos \omega t \tag{5.8}$$

$$B_0 = U_s/(\omega NS) \tag{5.9}$$

在最大磁化状态下,磁感应强度与磁场强度成正比,即

$$\mu = B/H = B_s/H_c \tag{5.10}$$

式中,B_s 为最大磁化状态的磁感应强度;H_c 为矫顽力。铁芯中的磁场强度为

$$H = B/\mu = BH_c/B_s = B_0 H_c \cos \omega t/B_s \tag{5.11}$$

磁化作用产生的硅钢片形变为[35]

$$\frac{\Delta L}{L \mathrm{d}H} = |\,H\,|\frac{2\varepsilon_s}{H_c^2} \tag{5.12}$$

式中，ΔL 为硅钢片尺寸变化量；L 为硅钢片尺寸；ε_s 为饱和磁化下的磁致伸缩率。求解式 (5.12)，得到硅钢片尺寸变化量为

$$\Delta L = L\int_0^H |H| \frac{2\varepsilon_s}{H_c^2}\mathrm{d}H = L\frac{\varepsilon_s H^2}{H_c^2} = L\frac{\varepsilon_s B^2}{B_s^2} = \frac{L_\varepsilon^2{}_s U_s^2}{(\omega N S B_s)^2}\cos^2\omega t \tag{5.13}$$

因此，变压器空载条件下的铁芯振动加速度为

$$a_c = \frac{\mathrm{d}^2\Delta L}{\mathrm{d}t^2} = -\frac{2L\varepsilon_s U_s^2}{(NSB_s)^2}\cos 2\omega t \tag{5.14}$$

可知，在磁化作用下，振动幅值 a_c 与 U_s^2 成正比，频率为 2ω，即 $100\,\mathrm{Hz}$。但在运行过程中的磁滞损耗、涡流损耗等问题将导致硅钢片磁通密度与磁感应强度变为非线性关系，从而产生高次谐波分量。

3. 变压器振动合成

变压器器身表面振动是各振源信号经过固体和液体两种介质传播后叠加的结果，振源及振动传播过程如图 5.2 所示。

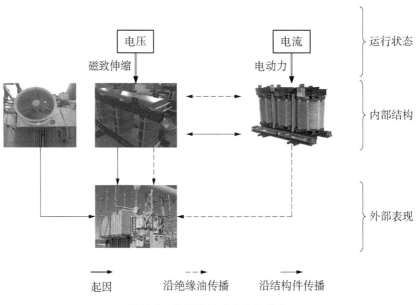

图 5.2 变压器振动产生和传播

由图 5.2 可知，变压器机械振动主要由风扇、铁芯和绕组三部分振源混合叠加而成。其中，风扇振动频率较低，与其他两个振源的频率特性差别很大；磁化作用引起的铁芯振动和电动力引起的绕组振动，通过绝缘油和支撑结构相互影响，并最终传达至变压器表面，是引起变压器振动的主要原因。

根据振动叠加理论，只有在相位差可忽略的前提下，不相关的振动信号之间才可进行线性叠加[36]，运行中的变压器，功率因数通常不为 1，即铁芯与绕组振动相位差不可忽略，则两者叠加合成的加速度为

$$a = \sqrt{a_c^2 + a_w^2 + 2a_c a_w \cos \phi} \tag{5.15}$$

其中，ϕ 为铁芯与绕组振动加速度之间的相位差，则合成振动加速度满足：

$$\left| |a_c| - |a_w| \right| \leqslant a \leqslant |a_c| + |a_w| \tag{5.16}$$

由式(5.16)可知，在不同的变压器运行功率因数下，铁芯与绕组振动合成的加速度是不同的，其幅值最大为两者幅值的和，最小为两者幅值差的绝对值。

5.3.2 时域特性分析

1. 时域统计特性和概率分布

在信号分析中，一般采用统计特性和概率分布对信号进行时域特性分析，其中一般统计量包括均值、方差和均方根值三种特征计算方法，概率分布包括峰值因子、峭度因子和偏度。一般统计量通常可以体现出振动信号的离散程度，在概率分布特征中，峰值因子代表峰值在波形信号中的极端程度，峭度因子用来描述波形平缓程度，偏度反映了波形信号的非对称性[37]。时域特征计算方法如表 5.1 所示。

表 5.1　时域特征计算方法

一般统计特性	公式	概率分布特性	公式
均值	$a_{mean} = \dfrac{1}{N} \sum\limits_{i=1}^{N} a_i$	峰值因子	$a_c = \dfrac{1}{a_{rms}} (a_{max} - a_{min})$
方差	$s^2 = \dfrac{1}{N} \sum\limits_{i=1}^{N} (a_i - a_{mean})^2$	峭度因子	$a_{ku} = s^{-4} \dfrac{1}{N} \sum\limits_{i=1}^{N} (a_i - a_{mean})^4$
均方根值	$a_{rms} = \sqrt{N^{-1} \sum\limits_{i=1}^{N} a_i^2}$	偏度	$a_{sk} = a_{rms}^{-3} \dfrac{1}{N} \sum\limits_{i=1}^{N} (a_i - a_{mean})^3$

在表 5.1 的公式中，a_i 为变压器振动信号第 i 个振动点的值；N 为振动信号的长度。

2. 实测信号时域特征分析

由变压器振动原理可知，根据变压器结构、振动传播方式和运行工况等的不同，变压器器身振动信号也并不完全相同，因此本实验通过信号采集装置，对实验室中 3 台型号相同但运行年限不同的变压器，分别从 6 个不同位置对振动信号进行采集。由于振动信号的有效频率分布在 1000 Hz 以内，根据奈奎斯特采样定理，设置采样频率为 12.8 kHz，采样时长为 0.16 s，得到的时域信号波形图如图 5.3～图 5.5 所示。

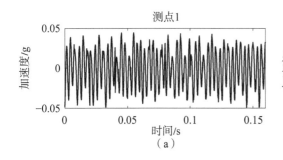

（a）

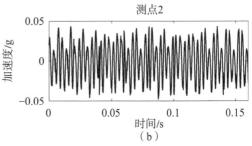

（b）

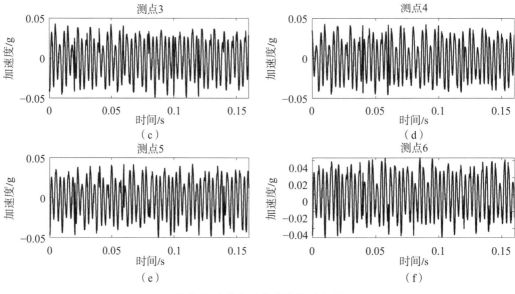

图 5.3 1 号变压器器身振动波形

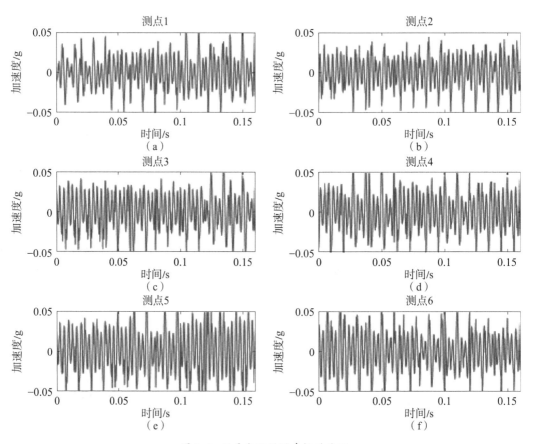

图 5.4 2 号变压器器身振动波形

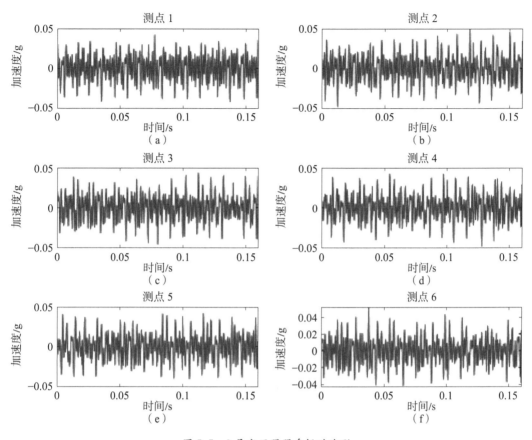

图 5.5　3 号变压器器身振动波形

由图 5.3～图 5.5 可见,3 台变压器的振动波形差异明显,同一台变压器不同测点的振动波形较为相似。其中,1 号和 2 号加速度幅值接近 0.05 g,而 3 号变压器加速度幅值约为 0.04 g,且振动波形与 1 号和 2 号变压器差异较为明显;对于同一台变压器的 6 个测点,其振动信号的幅值和波形都比较接近。

根据时域特征指标计算公式,对采集到 3 台变压器 6 个不同位置的振动信号进行计算,得到的计算结果如图 5.6 所示。

由图 5.6 可见,对于同一台变压器不同位置的振动信号时域特性差异较小,其中,峰值因子的差异较明显,以 2 号变压器为例,在测点 1～4 中,峰值因子的特征值在 5.1 左右。在测点 5 和 6 中,特征值分别为 3.94 和 3.93,说明在这两个测点的振动波形极端程度较低,与其他测点差异稍大。对于不同变压器来说,振动信号的部分特性差异较大,其中峰值因子和峭度差异较明显,3 号变压器的峰值因子,在测点 1～4 中,特征值较高在 6 左右,在测点 5 和 6 中,特征值缩小为 5.1 左右,但相较于 1 号和 2 号变压器来说总体数值较大,说明 3 号变压器振动波形整体的极端程度更高。3 号变压器的峭度因子特征值约为 2.8,而 1 号变压器约为 1.9,这说明 3 号变压器振动信号的波形更加陡峭。3 台变压器振动波形的均值、方差和均方根三个特征参数均在 0 左右,差异并不明显。

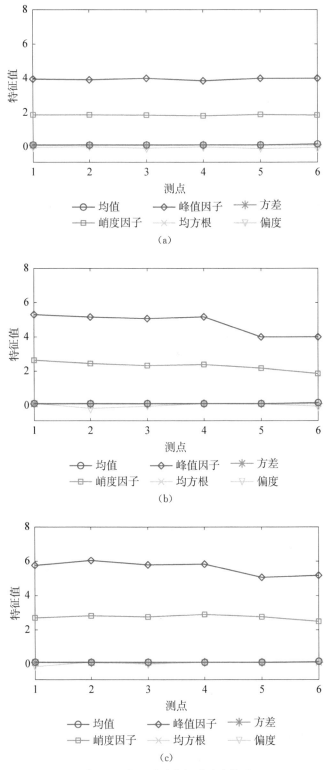

图 5.6 变压器器身振动时域特性

(a) 1 号变压器时域特征；(b) 2 号变压器时域特征；(c) 3 号变压器时域特征

通过对比发现，一般统计特性在变压器时域特性中的差异性较小，即区分度较小，不适宜作为评估变压器状态的指标；具有概率分布特性的峰值因子、峭度因子和偏度，在不同变压器以及不同位置上的差异性较为明显，这更有利于对变压器状态进行判别和评估。

5.3.3　频域特性分析

1. 傅里叶变换

傅里叶变换（Fourier transform，FT）的计算方法简单、直观性好，是计算频域特性分布最常用的一种方法。连续的变压器振动信号经过数据采集系统采样后，成为离散采样点，可通过离散傅里叶变换（discrete Fourier transform，DFT）方法将其变换为频域信号[38]。

对于采集到的振动信号 $x_n(n=0, 1, \cdots, N-1)$，其傅里叶变换为

$$X_k = \text{DFT}[x_n] = \sum_{n=0}^{N-1} x_n \exp\left(-\text{j}\frac{2\pi k}{N}n\right) \quad k=0, 1, \cdots, N-1 \tag{5.17}$$

其中，N 为采样点个数。由此可知，DFT 本质上是用不同频率的正弦信号对离散信号进行描述。对信号进行分解计算时，针对每一个 k 值，需要进行 N^2 次的乘法和 N^2 次的加法运算，随着 N 增大，其计算量将飞速增长。

快速傅里叶变换（fast Fourier transform，FFT）利用函数的对称性和周期性，对计算过程进行简化，振动信号 x_n 的 FFT 可表示为

$$X_k = X_1(k) + X_2(k)\exp\left(-\text{j}\frac{2\pi k}{N}\right), \ k=0, 1, \cdots, N/2-1 \tag{5.18}$$

$$X_1(k) = \sum_{n=0}^{N/2-1} x_1(n)\exp\left(-\text{j}\frac{2\pi k}{N/2}n\right), \ k=0, 1, \cdots, N/2-1 \tag{5.19}$$

$$X_2(k) = \sum_{n=0}^{N/2-1} x_2(n)\exp\left(-\text{j}\frac{2\pi k}{N/2}n\right), \ k=0, 1, \cdots, N/2-1 \tag{5.20}$$

其中，$x_1(n)$ 和 $x_2(n)$ 分别为振动信号的奇数列和偶数列。

2. 倒频谱

倒频谱（cepstrum）是将时域信号变换为倒频域的一种方法，对挖掘信号中的周期特征分量十分有效，常用于机械振动中故障诊断及定位等方面[39-40]。

对于振动信号 $x_n(n=0, 1, \cdots, N-1)$，其倒频谱为

$$C_p(q) = |\text{FFT}^{-1}|\lg S(f)||^2 \tag{5.21}$$

$$S(f) = \left| \lim_{N \to \infty} \frac{1}{\sqrt{N}} \sum_{n=-N/2}^{N/2} x_n \text{e}^{2\pi \text{j} fn/f_s} \right|^2 \tag{5.22}$$

其中，FFT^{-1} 为傅里叶逆变换，$S(f)$ 为功率谱密度函数，q 为倒频率，其值越大则对应的波动速度越快[41]。通过监测装置采集到的变压器器身振动信号并非振动源信号本身，而是经过紧固件和变压器油等介质传播后非线性叠加的信号，通过对数运算和傅里叶逆变换使得非线性叠加信号得以分离，有利于对铁芯和绕组振动特征提取。

文献[42]指出，相同状态下变压器不同测点的频谱图可能会出现较大差异，状态评估结

果受测量位置影响较大。而倒频谱将矢量叠加的振动信号变换之后，由于其分离特性使得相位信息和传递信息忽略不计，因此受到振动传感器安装点位置、振动信号传播过程的影响较小，从而更利于实现变压器状态评估。

3. 实测信号频域特性分析

对采集到的 3 台变压器 6 个不同位置器身振动信号进行 FFT 变换，得到频域特征分布如图 5.7 所示。

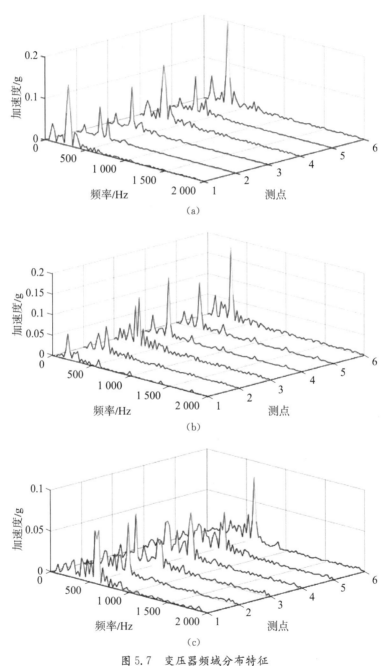

图 5.7 变压器频域分布特征

(a) 1 号变压器频谱；(b) 2 号变压器频谱；(c) 3 号变压器频谱

由图 5.7 可见，对于同一台变压器来说，不同测量点信号的频率分布存在相同点，以 1 号变压器为例，6 个不同测点的频率主要分布在 100 Hz、300 Hz 以及少量的 400 Hz 上，在 1 000 Hz 以上的频率分布较少；同时，不同测点的频率分布也存在一定的差异性，以 1 号变压器为例，测点 1 的振动信号在 300 Hz 频率处，幅值远大于测点 2 的值，在 400 Hz 处的幅值小于测点 2 信号在该频率的幅值。对于不同变压器，其信号差异性相对于不同测点的差异性更为明显，以测点 1 为例，1 号变压器频率较为集中，在 300 Hz 处分布最多；2 号变压器相对于 1 号变压器的频率分布较分散，但仍以 100 Hz、200 Hz、300 Hz 和 500 Hz 为主；3 号变压器的频率分布最为复杂和分散，在以 100 Hz 为基频的各次倍频处都有一定分布，甚至 1 000 Hz 以上也有部分频率分量。由此可得到以下结论：

（1）同一台变压器不同位置的振动信号频率分布相似，具有一定的差异性但并不突出，其主要是以 100 Hz 为基频及其倍频分布较多，且多分布于 1 000 Hz 以内。

（2）不同运行年限的变压器振动信号频率分布差异较为明显，通常认为随着运行年限的增加变压器机械稳定性逐渐变差，其频率分布复杂度和分散程度增加，因此频率分布特性可以作为频域特性指标实现对变压器状态的评估。

对采集到的 3 台变压器 6 个不同测点，每个测点 10 段器身振动信号数据进行倒频谱计算，得到其倒频域分布特征如图 5.8 所示。

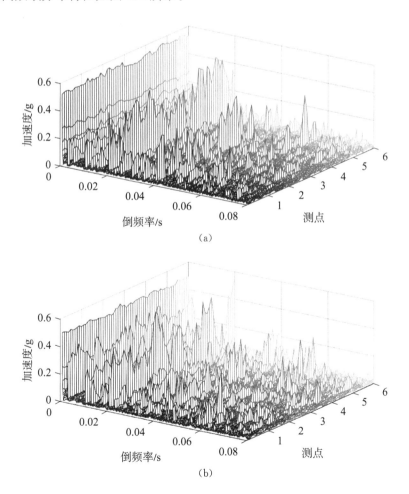

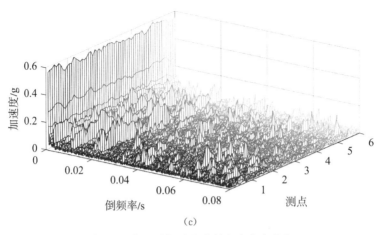

图 5.8　变压器振动信号倒频域分布特征

(a) 1 号变压器振动信号倒频谱瀑布图;(b) 2 号变压器振动信号倒频谱瀑布图;(c) 3 号变压器振动信号倒频谱瀑布图

在图 5.8 中,同一台变压器不同测点的倒频率分布较为接近,说明倒频谱算法能够减弱振动信号由于传播路径和介质不同的影响,以 3 号变压器为例,6 个测点在倒频率较大的地方,都只分布较少的峰值;对于不同变压器之间,倒频谱脉冲特征出现的位置存在相似之处,3 台变压器在高频成分之前有较高的分量,可认为是振动信号特征频率的倒频率,在其附近存在比较明显的凸峰,可能是隐藏在特征频率附近的周期分量,又存在一些区别,1 号变压器出现的凸峰在数量上明显多于 3 号变压器,且峰值高度也较高,可见其特征区分度较大,可将其用于评估变压器机械稳定性的频域特征量。

5.3.4　时频域特性分析

1. 小波包变换

小波包变换是一种时频局部化分析方法,其思想是通过多层分解将信号进行精细化划分,每一层划分都是在小波变换的基础上将信号分为低频和高频两部分,经过多次划分可以得到信号的精细化时频域分布,图 5.9 为 1 号变压器测点 1 振动信号的 3 层小波包分解过程,图 5.9(a)是信号 3 层分解过程的示意图,图 5.9(b)为节点(3, 7),即最高频段的小波包系数,可见,与傅里叶变换相比,小波包变换既保留了频域信息,又保留了时域特征[43]。

记函数 $u_n(t)$ 的小波函数和正交尺度函数的方程表达式为[44]

$$\begin{cases} u_{2n}(t) = \sqrt{2} \sum_{k \in z} H(k) u_n(2t-k) \\ \mu_{2n+1}(t) = \sqrt{2} \sum_{k \in z} G(k) u_n(2t-k) \end{cases} \tag{5.23}$$

其中,$H(k)$ 为低通滤波器,$G(k)$ 为高通滤波器。设函数 $u_n(t)$ 的小波子空间为 U_j^n,j 层尺度空间函数为 $S_j^n(t) \in U_j^n$,可得

$$S_j^n(t) = \sum r_l^{j \cdot n} u_n(2^j t - l) \tag{5.24}$$

由此可求得 j 层分解的小波包系数为

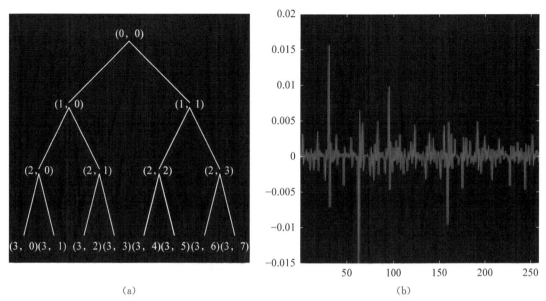

图 5.9　小波包分解过程

$$\begin{cases} r_l^{j,\,2n} = \sum_k H_{k-2l} \cdot r_k^{j+1,\,n} \\ r_l^{j,\,2n+1} = \sum_k G_{k-2l} \cdot r_k^{j+1,\,n} \end{cases} \tag{5.25}$$

随着分解层数的增加,时域分辨率下降,为恢复其时域分辨率,可对小波系数进行重构,计算公式为

$$r_l^{j+1,\,n} = \sum_k \left[H_{l-2k} r_l^{j,\,2n} + G_{l-2k} r_k^{j,\,2n+1} \right] \tag{5.26}$$

在频域尺度下,能量分布特性可通过计算重构信号能量进行分析[45],即

$$E = \sum_N \left| r_l^{j,\,n} \right|^2 \tag{5.27}$$

2. 实测信号小波能量分布特性

对采集的变压器表面振动信号进行小波包分解和重构时,小波基选择 Daubechies 4 (db4)[46],因为它在处理许多不同类型的信号时表现出良好的性能。当分解层数为 4 时,它的时频谱如图 5.10 所示。

在图 5.10 中,横坐标为 2 048 个数据采样点,纵坐标为最后一层分解后的终端节点编号,4 层小波包分解后,时间-频率分布主要存在于终端节点 15、16 和 18 三个频率段里面,其他频率段所包含的频率较少,可知,频率分布较为密集,不容易区分,需进一步进行小波包分解,提高频率分辨率。实验过程中采样频率为 12.8 kHz,根据奈奎斯特采样定理可分辨的最高频率为 6.4 kHz,变压器振动信号基频为 100 Hz,因此将频率段分为 64 段较为合理,对应分解层数为 6 层。经过 6 层小波包分解后,计算不同频段能量占比的结果如图 5.11 所示。

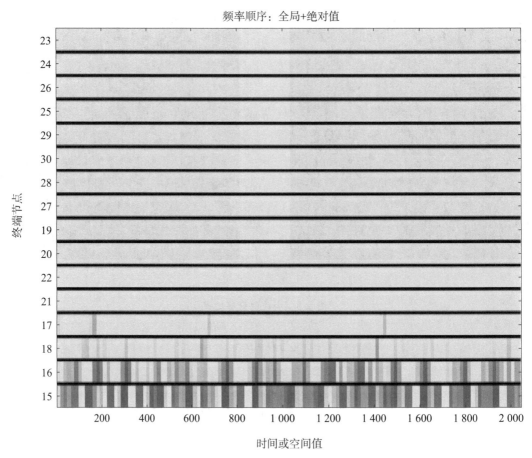

图 5.10　小波包分解的时频谱

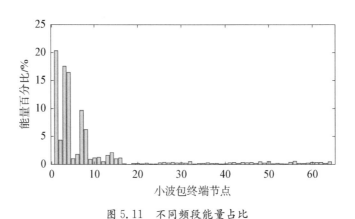

图 5.11　不同频段能量占比

　　由图 5.11 可见,经过 6 层小波包分解,频率分布较 4 层分解从集中于 3 个节点变为 16 个节点,频率分辨率提升较为明显,这验证了 6 层小波包分解的合理性。对采集的 3 台变压器 6 个不同位置共 18 个测点的表面振动信号进行 6 层小波包分解,提取前 20 个节点的频带能量作为特征值,则节点能量及其在全部节点能量上的占比如图 5.12 所示。

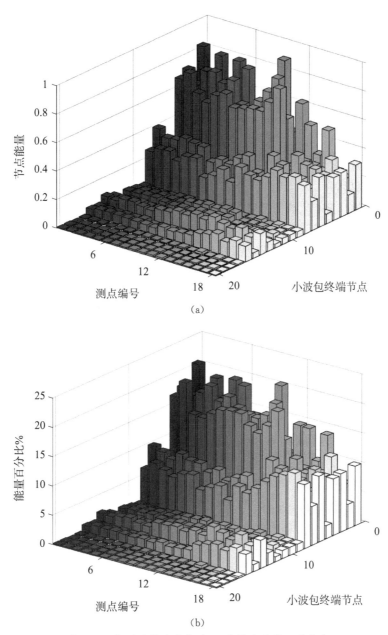

图 5.12　振动信号小波包前 20 个节点能量及其占比

(a) 3 台变压器振动信号小波包前 20 个节点能量；(b) 3 台变压器振动信号小波包前 20 个节点能量占比

在图 5.12(a) 中，测点 13～18，即 3 号变压器的节点能量相对于 1 号和 2 号变压器整体偏低，反映出 3 号变压器振动信号在低频段包含能量较少；对于同一个测点，能量主要分布在 1、3、4、6 和 8 号终端节点，反映出对应频段能量分布相对固定，特征分布明显；根据能量占比图，在能量集中的终端节点上，如 1、3、4、6 和 8 号节点，3 号变压器在这些节点的能量分布相对于 1 号和 2 号变压器来说更为均衡，在低频段，即终端节点编号较小的部分，能量占比较接近，都在 10％左右，而 1 号和 2 号在相同频段能量占比接近 20％，在 14～16 号节点，3 号变压器在该频段的能量占比接近 5％，1 号和 2 号只有 3 号变压器的一半，通过对比发现,3 号变压器频率分布更为复杂,1 号和 2 号变压器能量分布更为集中,主要分布于频率分段较低的 1、3 和 4 终端节点,说明 1 号和 2 号变压器频率复杂度较低,3 号变压器频率复杂度较高,可能存在不稳定的情况。

5.4 ► 变压器振动状态分层评估算法

5.4.1 基于谱聚类的变压器工况划分与识别

1. 变压器工况划分

在变压器运行工况变化的情况下,振动信号的特征量可能会产生较大差异,影响变压器状态评估准确性[47]。对于复杂工况下变压器状态评估,先对变压器工况进行识别,再对处于同种工况下的变压器振动信号进行特征识别,可提高评估准确性。

对变压器运行状态信息监测时产生大量数据,为变压器运行工况划分提供了充分的数据支撑,但同时大量高维数据也增加了分析复杂度,使得对变压器进行工况划分变得十分困难,因此先对高维数据进行降维,再对关键特征信息进行分析是很有必要的。谱聚类相对于传统聚类方法,用到了流形学思想,在保持高维流形的基础上,降低数据维度,实现数据规约,减少分析复杂度,进而实现数据类别合理划分[48]。

基于谱聚类算法实现变压器工况划分的过程为:以每个工况参数样本为点,用连接每对点的边的权重衡量相似性,边权越大,相似性越高,通过将权重小的边切断,保留相似样本之间的连接,实现工况划分。

为衡量样本之间相似程度,定义边的权重为

$$\omega_{ij} = \mathrm{e}^{-\frac{1}{2\sigma^2} \| s_i - s_j \|_2^2} \tag{5.28}$$

其中,σ 为高斯核函数参数,$s_i \in \mathbf{R}^{1 \times M}$ 为含有 M 个工况参数的第 i 个样本,样本之间欧氏距离 $\| s_i - s_j \|_2^2$ 越大,则相似程度越低,即连接样本的边权 ω_{ij} 越小,则全部样本构成权重矩阵为

$$\boldsymbol{W}(i, j) = \omega_{ij} \tag{5.29}$$

对于空间中任意一个样本,与之相连的所有边的权重之和为

$$d_i = \sum_{j=1}^{n} \omega_{ij} \tag{5.30}$$

其中,n 为与第 i 个样本相连的边的个数。若将所有样本划分为 A、B 两类工况,则类间相似程度为两类中所有样本间的权重和为

$$\mathrm{cut}(A, B) = \sum_{i \in A, j \in B} \omega_{ij} \tag{5.31}$$

工况划分的目的是将相似样本划分为同类工况,将相似度小的样本分开,即最小化类间相似度 $\mathrm{cut}(A, B)$:

$$\mathrm{argmincut}(A, B) = \sum_{i \in A, j \in B} \omega_{ij} \tag{5.32}$$

若只考虑最小化类间相似度,可能会导致某些与其他样本相似度较小的离散点被单独划分为一类,使得工况划分不合理。因此还需考虑类内相似度,使得工况划分尽可能合理,则增加类内相似度约束后的目标函数为

$$\operatorname{argmincut}(A, B) = \left(\frac{1}{d_A} + \frac{1}{d_B}\right) \sum_{i \in A, j \in B} \omega_{ij} \tag{5.33}$$

$$d_A = \sum_{i \in A} d_i \tag{5.34}$$

其中,d_A 为 A 类内相似度之和。基于此,当样本划分为 k 类时,工况划分的目标函数为

$$\begin{aligned}
\operatorname{argmincut}(A_1, A_2, \cdots, A_k) &= \sum_{n=1}^{k} \left[\left(\frac{1}{d_{A_n}} + \frac{1}{d_{\bar{A}_n}}\right) \sum_{i \in A_n, j \in \bar{A}_n} \omega_{ij} \right] \\
&= \sum_{n=1}^{k} \left[\sum_{i \in A_n, j \in \bar{A}_n} \omega_{ij} \left(\frac{1}{\sqrt{d_{A_n}}} - 0\right)^2 + \sum_{i \in \bar{A}_n, j \in A_n} \omega_{ij} \left(0 - \frac{1}{\sqrt{d_{\bar{A}_n}}}\right)^2 \right] \\
&= \sum_{n=1}^{k} \sum_{i, j=1}^{n} \omega_{ij} (h_{ni} - h_{nj})^2 \\
&= \sum_{n=1}^{k} \left(\sum_{i=1}^{n} d_i h_{ni}^2 - 2 \sum_{i, j=1}^{n} \omega_{ij} h_{ni} h_{nj} + \sum_{j=1}^{n} d_j h_{nj}^2 \right) \\
&= 2 \sum_{n=1}^{k} h_n^T (\boldsymbol{D} - \boldsymbol{W}) h_n \\
&= 2 tr(\boldsymbol{H}^T \boldsymbol{L} \boldsymbol{H})
\end{aligned} \tag{5.35}$$

$$h_{ni} = \begin{cases} 0 & i \in \bar{A}_n \\ \dfrac{1}{\sqrt{d_{A_n}}} & i \in A_n \end{cases} \tag{5.36}$$

$$\boldsymbol{D}(i, j) = \begin{cases} d_i & i = j \\ 0 & i \neq j \end{cases} \tag{5.37}$$

其中,$\boldsymbol{L} = \boldsymbol{D} - \boldsymbol{W}$ 为拉普拉斯矩阵,$\boldsymbol{h}$ 为指示向量,则优化目标转化为

$$\operatorname{argmin} tr(\boldsymbol{H}^T \boldsymbol{L} \boldsymbol{H}) \ s.t. \ \boldsymbol{H}^T \boldsymbol{D} \boldsymbol{H} = \boldsymbol{I} \tag{5.38}$$

显然,目标函数是一个 NP - hard 问题,令 $\boldsymbol{H} = \boldsymbol{D}^{-1/2} \boldsymbol{X}$,则 $\boldsymbol{H}^T \boldsymbol{D} \boldsymbol{H} = \boldsymbol{X}^T \boldsymbol{X} = \boldsymbol{I}$,目标函数转化为

$$\operatorname{argmin} tr(\boldsymbol{X}^T \boldsymbol{D}^{-1/2} \boldsymbol{L} \boldsymbol{D}^{-1/2} \boldsymbol{X}) \ s.t. \ \boldsymbol{X}^T \boldsymbol{X} = \boldsymbol{I} \tag{5.39}$$

其中,$\boldsymbol{X}^T \boldsymbol{X} = \boldsymbol{I}$,$x$ 是单位正交基,此时 $x_i^T \boldsymbol{D}^{-1/2} \boldsymbol{L} \boldsymbol{D}^{-1/2} x_i$ 的最小值即为 $\boldsymbol{D}^{-1/2} \boldsymbol{L} \boldsymbol{D}^{-1/2}$ 的最小特征值,则目标函数变成求解矩阵特征值,$\boldsymbol{D}^{-1/2} \boldsymbol{L} \boldsymbol{D}^{-1/2}$ 为标准化拉式矩阵 $\boldsymbol{L}_{\text{norm}}$,目标函数最小值即为 $\boldsymbol{L}_{\text{norm}}$ 从小到大前 k 个特征值之和,对应特征向量标准化后构成矩阵 $\boldsymbol{X}$。利用 $\boldsymbol{H} = \boldsymbol{D}^{-1/2} \boldsymbol{X}$ 可以求出 $\boldsymbol{H}$ 矩阵,其中向量 $\boldsymbol{h}$ 的值对应每个样本属于每类工况的概率值。

根据矩阵摄动理论可知,对于拉普拉斯矩阵特征值,在前 k 个特征值最大为 1,第 $k+1$ 个特征值严格小于 1 的情况下,第 $k+1$ 与第 k 个特征值的差越大,用前 k 个特征划分的类别分类越合理[49,50],则工况划分类别个数 k 的取值为

$$k = \underset{i}{\arg\max}\{G\} \qquad (5.40)$$

$$G = \{g_i \mid g_i = \lambda_i - \lambda_{i+1} > \theta\} \qquad (5.41)$$

其中,λ_i 为降序排列第 i 个拉式矩阵特征值;θ 为特征差值阈值。

对变压器运行状态参数聚类分析之后,得到各样本工况分类,每个类簇代表了变压器一种运行工况。本书将各簇的簇中心作为变压器典型工况特征参数取值:

$$S^* = \{S^{(1)} \quad S^{(2)} \quad \cdots \quad S^{(k)}\} \qquad (5.42)$$

$$S^{(i)} = \{s_1^{(i)}, s_2^{(i)}, \cdots, s_n^{(i)}\} \qquad (5.43)$$

$$\bar{S}^{(i)} = \frac{1}{n}\sum_{j=1}^{n} s_j^{(i)} \qquad (5.44)$$

其中,$S^{(i)}$ 为第 i 类运行工况;$s_j^{(i)}$ 为第 i 类运行工况的第 j 个样本;n 为对应工况包含样本数量;$\bar{S}^{(i)}$ 为第 i 类典型运行工况特征参数取值。

综上,变压器运行工况划分的过程如下:

输入:变压器运行状态样本集 $S = \{s_1, s_2, \cdots, s_N\}$。

输出:变压器运行工况划分 $S^* = \{S^{(1)} \quad S^{(2)} \quad \cdots \quad S^{(k)}\}$,其中 $S^{(i)} = \{s_1^{(i)}, s_2^{(i)}, \cdots, s_n^{(i)}\}$。

(1) 根据变压器运行状态数据集 S 计算数据之间相似度 ω,并计算权重矩阵 $\boldsymbol{W}$。

(2) 根据相似度 ω 计算度矩阵 $\boldsymbol{D}$。

(3) 计算拉普拉斯矩阵 $\boldsymbol{L} = \boldsymbol{D} - \boldsymbol{W}$,并根据公式 $\boldsymbol{L}_{\text{norm}} = \boldsymbol{D}^{-1/2}\boldsymbol{L}\boldsymbol{D}^{1/2}$ 进行标准化。

(4) 求解标准拉式矩阵 $\boldsymbol{L}_{\text{norm}}$ 的特征值 λ。

(5) 通过特征差值 $g_i = \lambda_i - \lambda_{i+1}$ 确定工况划分的分类别个数 k。

(6) 将前 k 个特征值对应的特征向量构成矩阵 $\boldsymbol{X}$。

(7) 计算工况划分矩阵 $\boldsymbol{H} = \boldsymbol{D}^{-1/2}\boldsymbol{X}$。

(8) 通过向量 $\boldsymbol{h}$ 中的类别标签进行工况划分得到 $S^* = \{S^{(1)} \quad S^{(2)} \quad \cdots \quad S^{(k)}\}$。

2. 变压器运行工况识别

为实现变压器运行工况识别,需要先合理构造工况识别的目标函数。对于待识别样本 s,可通过求解 s 到各个运行工况中心的距离确定目标归属类,即

$$\underset{1 \leqslant i \leqslant k}{\arg\min} \| s - \bar{S}^{(i)} \|_2^2 \qquad (5.45)$$

其中,$\bar{S}^{(i)}$ 为第 i 类典型运行工况;k 为典型工况个数。式(5.45)是根据样本 s 的特征指标到工况中心距离最小原则确定工况类别的,每 5 个特征参数所占比重相同,然而在利用谱聚类算法进行变压器工况划分时,将高维变压器运行参数映射为低维参数过程中,每个特征参数权重不同,即 s 中每个特征参数对工况划分时影响不同,这也将影响工况识别的精确度。因此,为对变压器运行工况进行准确识别,需先对工况特征参数进行评估,得到每个特征参

数的权重系数。

对于工况参数的权重系数,可通过求解原始矩阵到指示向量矩阵的近似映射矩阵得到,指示向量矩阵 $\boldsymbol{H}$ 可视为原始工况参数矩阵 $\boldsymbol{S} \in \mathbf{R}^{N \times M}$ 从高维空间向低维空间的映射,其中的系数即为原参数在映射空间中的权重,通过误差拟合的方法求解映射系数矩阵:

$$\min_{\alpha_i}(\parallel h_i - S\alpha_i \parallel^2 + \beta \mid \alpha_i \mid) \tag{5.46}$$

$$\mid \alpha_i \mid = \sum_{j=1}^{M} \mid \alpha_{i,j} \mid \tag{5.47}$$

其中,$\boldsymbol{h}_i$ 为指示向量矩阵的第 i 个列向量;$\boldsymbol{\alpha}_i$ 为 M 维向量,是原始运行工况参数对指示向量 $\boldsymbol{h}_i$ 的逼近系数;$\mid \alpha_i \mid$ 表示 α_i 的 1-范数,当 β 足够大时,有的系数会收缩到 0,α_i 中非零系数即为所求。式(5.47)的本质为回归问题,可等效为

$$\min_{\alpha_i} \parallel h_i - S\alpha_i \parallel^2 s.t. \mid \alpha_i \mid \leqslant \gamma \tag{5.48}$$

式(5.47)可以通过最小角回归算法求解[51],对于分为 k 种工况的特征参数数据集,通过最小角回归算法计算 k 个稀疏系数向量 $\{\alpha_i\}_{i=1}^{k}$,对每个运行工况参数进行评价:

$$\lambda_j = \max_i \mid \alpha_{i,j} \mid \tag{5.49}$$

式中,$\alpha_{i,j}$ 为 α_i 的第 j 个元素;λ_j 为对应第 j 工况参数权重。考虑工况参数特征的权重,改进工况识别目标函数为

$$\arg\min_{1 \leqslant i \leqslant k} \parallel (s - \overline{S}^{(i)}) \cdot \vec{\boldsymbol{\lambda}} \parallel_2^2 \tag{5.50}$$

其中,$\vec{\boldsymbol{\lambda}}$ 为工况参数特征的权重构成的向量。

5.4.2　基于频率集中度和振动平稳性指标的变压器状态评估

1. 频率集中度指标

变压器振动信号可分解为以 100 Hz 为基频,包含部分高频分量的振动信号,经过对实测数据分析,主要分布在 1 000 Hz 以内,可利用该频段内振动分量进行特征计算。在变压器机械稳定的情况下,振动信号中基频分量贡献较大,高频分量贡献较小,且各分量占比处于相对稳定的状态,利用此特性定义频率集中度指标为

$$\mathrm{DFC} = A_{f=100} / \sum_{n=1}^{10} A_{f=100n} \tag{5.51}$$

式中,$A_{f=100n}$ 是以 100 Hz 为基频的 n 次谐波幅值。DFC 反映了 100 Hz 振动分量的比重,可通过实时计算 DFC 值,对变压器状态进行评估。此方法只需当下一段时间内的振动信号,而不需要历史数据,属于非先验方法,能适用于不同类型变压器。在变压器机械稳定时,按照变压器振动机理,信号频率集中在 100 Hz,DFC 接近 1;反之,变压器铁芯松动或者绕组变形,使得振动信号中的高频分量增大,频率分布变得分散,DFC 变小。因此通过监测振动信号 DFC 值的大小,可对变压器状态进行评估。

2. 振动平稳性指标

变压器结构发生异常时,其机械稳定性变差,在振动信号上表现为出现随机振动,在短时间内振动信号波动较大,因此可利用此特性对变压器状态进行评估。

为了衡量振动信号的平稳性,对一段时间内振动信号进行多次连续采样,将信号数据构成矩阵,计算振动信号矩阵的特征值,根据特征值分析振动信号的平稳性。根据线性代数的知识可知,矩阵特征值越大,其对应的特征向量包含的振动信号的信息越多,最大特征值与所有特征值之和的比值可以反映振动信号矩阵的确定性信息,即振动信号是否平稳。

对一段时间内变压器相同位置的器身振动信号进行连续采样,得到变压器振动时域信号为

$$s_i = [a_1, \cdots, a_N] \tag{5.52}$$

$$\boldsymbol{S} = [s_1, \cdots, s_M]^{\mathrm{T}} \tag{5.53}$$

其中,s_i 为第 i 次采样的振动信号,a_N 为本次采样的第 N 个采样点的值,N 为采样长度,M 为总采样次数,$\boldsymbol{S}$ 为 M 次采样振动信号构成的 M 维矩阵。由于时域信号数据量中存在较多冗余信息和干扰信号,直接利用振动信号构成的矩阵计算振动信号的特征值可能会导致精确度不高。根据第 2 章的结论,对其在时域、频域和时频域分别进行变换,得到对应不同域下的特征向量,再进行下一步计算。设某域下的特征向量为

$$\boldsymbol{x} = [f_{s,1}, f_{s,2}, \cdots, f_{s,i}] \tag{5.54}$$

其中,$f_{s,i}$ 为信号 s 提取的第 i 个特征值,则 M 组数据构成的特征向量矩阵为

$$\boldsymbol{X} = [x_1, x_2, \cdots, x_M]^{\mathrm{T}} \tag{5.55}$$

利用奇异值分解(singular value decomposition,SVD)对矩阵进行分解:

$$X = \boldsymbol{U\Sigma V}^{\mathrm{T}} \tag{5.56}$$

式中,$\boldsymbol{U} \in \mathbf{R}^{m \times m}$ 为左奇异矩阵和 $\boldsymbol{V} \in \mathbf{R}^{n \times n}$ 为右奇异矩阵,且 $\boldsymbol{U U}^{\mathrm{T}} = \boldsymbol{I}$ 和 $\boldsymbol{V V}^{\mathrm{T}} = \boldsymbol{I}$,$\boldsymbol{\Sigma} \in \mathbf{R}^{m \times n}$ 其主对角线上的值即为待求奇异值。对于式(5.56),可通过以下性质求解:

$$\boldsymbol{A A}^{\mathrm{T}} = \boldsymbol{U\Sigma V}^{\mathrm{T}} \boldsymbol{V\Sigma}^{\mathrm{T}} \boldsymbol{U}^{\mathrm{T}} = \boldsymbol{U\Sigma\Sigma}^{\mathrm{T}} \boldsymbol{U}^{\mathrm{T}} \tag{5.57}$$

$$\boldsymbol{A}^{\mathrm{T}} \boldsymbol{A} = \boldsymbol{V\Sigma}^{\mathrm{T}} \boldsymbol{U}^{\mathrm{T}} \boldsymbol{U\Sigma V}^{\mathrm{T}} = \boldsymbol{V\Sigma}^{\mathrm{T}} \boldsymbol{\Sigma V}^{\mathrm{T}} \tag{5.58}$$

可知,$\boldsymbol{A A}^{\mathrm{T}}$ 和 $\boldsymbol{A}^{\mathrm{T}} \boldsymbol{A}$ 为对称矩阵,通过特征值分解得到 $\boldsymbol{U}$ 和 $\boldsymbol{V}$,对 $\boldsymbol{\Sigma\Sigma}^{\mathrm{T}}$ 或 $\boldsymbol{\Sigma}^{\mathrm{T}} \boldsymbol{\Sigma}$ 中的特征值进行开方,可得到所求奇异值。奇异值反映每个特征分量的大小,利用最大特征分量的占比定义振动平稳性为

$$\mathrm{VS} = \lambda_1 / \sum_{i=1}^{m} \lambda_i \tag{5.59}$$

其中,λ_1 为最大奇异值。由此可知,振动平稳性 VS 为主分量占全部成分的比例,反映一段时间内每个周期信号相似成分所占比重,振动信号越平稳,相似程度越高,其主分量占比越大。在变压器机械稳定状态下,多组振动信号特征参量相似,经过 SVD 分解后得到的

特征值只有一个主分量和少量次分量，VS 值接近 1；在变压器机械异常时，不同组振动信号特征参量变化较大，经过 SVD 分解后得到的特征值主分量增加，VS 值减小。

3. 基于 T^2 统计量的特征指标阈值计算

T^2 统计量最早由霍特林（Hotelling）提出，反映了数据偏离模型的程度，能够检验多元变量的稳定性，通过对同种工况下振动信号特征指标的 T^2 统计量进行分析，确定特征指标阈值。

对变压器振动信号进行多次采样，其工况识别结果中共有 n 个样本类属同一个典型工况：

$$X = \{x_1, x_2, \cdots, x_n\} \tag{5.60}$$

其中，x_n 为第 n 个样本，对其进行特征指标计算得到特征参数数据集：

$$F = \{f_1, f_1, \cdots, f_n\} \tag{5.61}$$

$$\boldsymbol{f}_n = [f_{n,1}, f_{n,1}, \cdots, f_{n,m}] \tag{5.62}$$

其中，$\boldsymbol{f}_n$ 为第 n 个样本的特征参数向量，$f_{n,m}$ 为第 n 个样本的第 m 个特征参数。对于待评估振动信号特征参数构成的数据集 F，构造 T^2 统计量为

$$T^2 = n(\bar{F} - \boldsymbol{\mu}_0)^{\mathrm{T}} \boldsymbol{S}^{-1}(\bar{F} - \boldsymbol{\mu}_0) \tag{5.63}$$

其中，$\boldsymbol{\mu}_0$ 为典型工况特征参数总体均值向量，$\bar{F}$ 为待测振动信号特征参数的样本均值，$\boldsymbol{S}$ 为待测振动信号特征参数的协方差矩阵。

当样本 n 很大时，T^2 近似为自由度为 m 的 χ^2 分布；当 n 很小时，T^2 的卡方近似不考虑由于用样本方差协方差矩阵 $\boldsymbol{S}$ 估计而引起的变化，此时通过对 Hotelling T^2 统计量的变换可以得到 F 分布：

$$F = \frac{n-m}{m(n-1)} T^2 \sim F_{m,n-m} \tag{5.64}$$

在零假设 $H_0: \mu = \mu_0$ 下，认为变压器机械状态稳定，当显著水平为 α 时，自由度为 m 和 $n-m$ 的 T^2 控制限为：

$$T_a = \frac{m(n-1)}{n-m} F_{m,n-m;\alpha} \tag{5.65}$$

如果 T^2 统计量的值大于控制限，则在显著水平 α 下拒绝零假设 $H_0: \mu = \mu_0$，即变压器机械稳定状态发生变化。显著水平 α 的一般取值为 0.05 和 0.01，将其对应的控制限分别作为预警值和报警值。待评估信号特征参数的统计量 T^2 反映偏离正常值的程度，当偏离程度大于控制限时，则认为变压器可能存在故障。

统计量 T^2 可以灵敏地反映信号偏离模型的程度，在变压器状态评估过程中，第一步是对变压器运行工况进行识别，由于变压器运行工况十分复杂，可能存在待识别的工况参数与典型工况参数相差很大的情况，即变压器处于未经统计的工况当中，此时可利用 T^2 统计量对其进行检验，若超过控制限时可通过谱聚类算法重新进行工况划分，更新典型工况库，使得评估模型更加精确。

5.4.3 变压器状态分层评估流程总结

变压器状态分层评估流程如图 5.13 所示,首先,利用谱聚类算法对影响变压器振动的运行工况聚类分析,实现复杂工况下变压器的工况划分;其次,利用改进判别公式对变压器进行工况识别,识别成功则进入下一步状态评估,识别效果较差,说明变压器运行工况与典型工况不匹配,则返回第一步重新进行训练,更新典型工况库;最后,对识别成功的变压器数据进行特征指标计算,并与同种工况下典型数据进行 T^2 统计量分析,得出针对不同工况的变压器状态评估指标阈值,实现对变压器的状态评估。

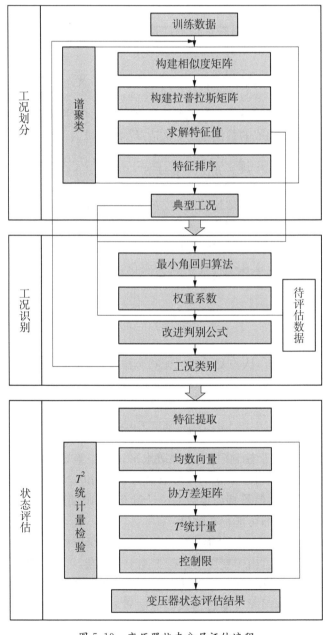

图 5.13 变压器状态分层评估流程

5.5 ▷ 变压器振动健康状态分层评估实验

5.5.1 变压器振动平台及振动测试波形

以实验室的变压器实验平台为例,说明变压器状态监测与评估系统的作用,综合实验平台如图 5.14 所示。

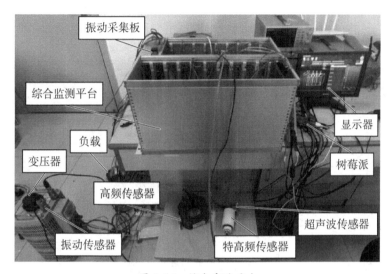

图 5.14　综合实验平台

综合实验平台主要由变压器、传感器、综合监测平台、显示器等构成。其中,变压器和负载构成主电路;振动传感器、高频传感器、特高频传感器和超声波传感器对变压器状态进行数据采集;振动采集板以及局部放电采集板等构成综合监测平台,通过对传感器的信号进行处理,实现变压器综合状态评估;树莓派和显示器构成上位机的人机交互界面,实现图形化展示以及数据管理等功能。综合评估页面如图 5.15 所示。

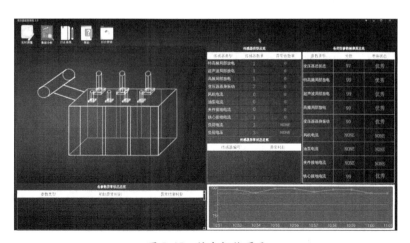

图 5.15　综合评估页面

  变压器综合评估页面包含了各种传感器的状态信息以及综合评估结果。图 5.15 中最左侧为变压器示意图,用来显示故障位置信息,此时变压器状态稳定,并无异常状态,所以图中没有显示异常信息。中间为综合监测平台所连接的传感器类型、数量和状态信息,图中显示此时安装了 3 个不同类型的局部放电传感器、2 个振动传感器、1 个铁芯接地电流传感器、3 个负荷电流传感器和 3 个负荷电压传感器,其中传感器数据均处于正常状态,无异常信息。最右侧显示的是通过状态评估算法得到的变压器健康状态结果,其中,局部放电得分为 99 分,说明此时变压器无局部放电现象;器身振动得分为 90 分,说明变压器机械状态稳定;由于没有安装风机、油泵和夹件电流传感器,没有得分,故不参与评估。变压器综合评估得分为 97 分,说明变压器处于健康状态。评分系统通过本课题组变压器多源信息融合评估算法实现[52]。

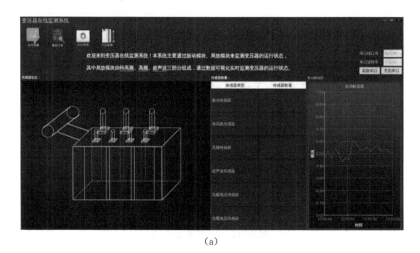

(a)

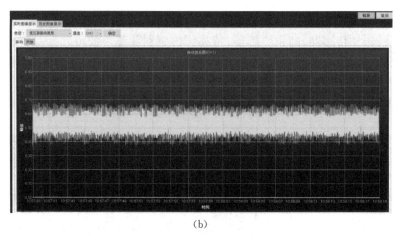

(b)

图 5.16　变压器振动状态监测
(a) 振动状态趋势;(b) 变压器振动波形页面

  图 5.16 为变压器振动状态监测页面,在图 5.14(a)中,变压器振动幅值变化波动较为明显,是因为此时对变压器负载进行调整,导致绕组振动幅值发生变化,经过传递和合成最终体现在变压器器身表面,可见,本装置能够灵敏捕捉振动状态变化;图 5.14(b)为变压器振动信号波形图,可通过调整横坐标,即波形长度用来调整分辨率,小分辨率可观察变压器振

动变化趋势,大分辨率可观察振动信号细节,满足不同需求。

　　为验证本装置采集振动信号的有效性,对相同状态下的变压器振动信号分别通过本装置和示波器进行采集。大分辨率下的振动信号波形图与示波器振动信号波形图对比如图 5.17 所示。

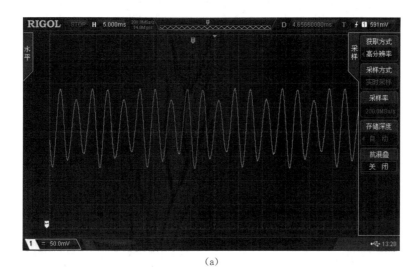

(a)

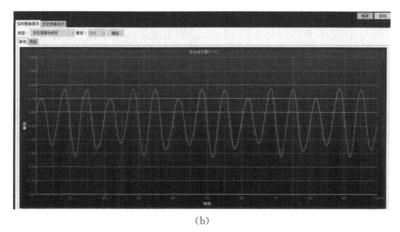

(b)

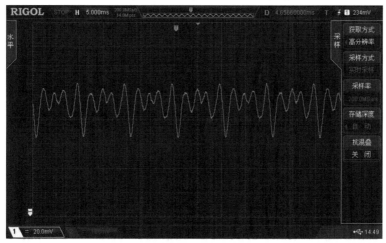

(c)

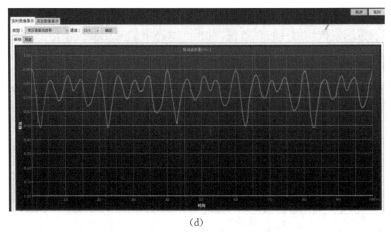

(d)

图 5.17　本装置与示波器采集信号对比

(a) 示波器采集到的变压器平稳振动信号;(b) 本装置采集到的变压器平稳振动信号;(c) 示波器采集到的变压器非平稳振动信号;(d) 本装置采集到的变压器非平稳振动信号

图 5.17(a)、图 5.17(b)为在变压器机械稳定状态下,通过示波器采集和本装置采集到的振动信号,通过对比可以发现,本装置与示波器采集到的变压器振动信号几乎相同;同样,图 5.17(c)、图 5.17(d)是在变压器机械非稳定状态下采集到的非平稳信号,可以看到本装置采集到的信号与示波器中的信号十分接近,说明本装置采集到的振动信号具有有效性,本装置在此基础上进行变压器状态评估具有可行性。

5.5.2　基于谱聚类算法的变压器运行工况划分与识别实验

以实验室变压器实验平台进行实验,实验过程中通过调整负载大小、类型以及电源电压来调整变压器运行工况。设实验变压器额定电压为 U、额定电流为 I,实验过程中,模拟运行工况如表 5.2 所示。

表 5.2　变压器模拟运行工况

编号	电压	电流	负载类型
1	U	I	普通
2	$0.8U$	I	普通
3	$1.1U$	I	普通
4	U	$0.2I$	普通
5	U	$0.5I$	普通
6	U	$0.8I$	普通
7	U	$1.1I$	普通
8	U	I	谐波
9	$0.8U$	I	谐波
10	$1.1U$	$0.8I$	谐波

在实验过程中,每种运行工况下,采集 120 组三相电压和电流,并计算三相电压 U_A、U_B、U_C,三相电流 I_A、I_B、I_C,三相电压谐波幅值 U_{A3}、U_{A5}、U_{A7}、U_{B3}、U_{B5}、U_{B7}、U_{C3}、

U_{C5}、U_{C7},三相电流谐波幅值 I_{A3}、I_{A5}、I_{A7}、I_{B3}、I_{B5}、I_{B7}、I_{C3}、I_{C5}、I_{C7},三相电压谐波畸变率 U_{AT}、U_{BT}、U_{CT},三相电流谐波畸变率 I_{AT}、I_{BT}、I_{CT},电流不平衡度 I_D、电压不平衡度 U_D,短时电流变化率 ΔI_A、ΔI_B、ΔI_C,短时电压变化率 ΔU_A、ΔU_B、ΔU_C,功率因数 $\cos\varphi$ 共 33 个特征作为描述变压器运行工况的特征参数。

对采集到 10 种工况下的共 1 200 组数据分为 1 000 组训练数据和 200 组验证数据两类。计算变压器运行工况训练样本数据之间的相似度,结果如图 5.18 所示。

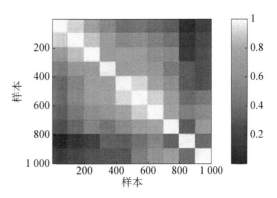

在图 5.18 中,相似度越高越接近 1,观察其中样本数据相似度分布情况,可以看出组内的 100 个样本数据之间相似度最高,不同组间样本相似度随着组别差距增大而降低,这与同组样本变压器运行工况不变,不同组样本每次只调整变压器部分工况参数的实验过程保持一致,验证了相似度计算公式的有效性。

图 5.18 运行工况样本数据相似度

工况划分类别个数 k 与特征差值的阈值 θ 有关,针对不同问题特征差值阈值 θ 的选取有差异,θ 越小,则符合条件的差值越多,子空间划分越精细,即变压器运行工况划分越精确,同时计算复杂度升高。本书将特征差值平均值作为阈值参考,通过计算得到特征差值平均值为 0.001,分别将 0.01、0.001 和 0.000 1 作为阈值,计算满足此条件下的所有特征差值如图 5.19 所示。

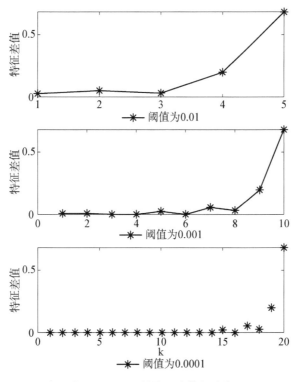

图 5.19 不同阈值下的特征差值

　　由图 5.19 可知,当阈值为 0.001、$k=10$ 时,特征差值取得最大值,这与本实验中的 10 组运行工况相符合,因此本实验选取阈值为 0.001,工况划分类别个数 $k=10$。

　　取前 10 个特征值对应的特征向量构成特征矩阵,并以此求得工况划分矩阵,利用指示向量中的类别标签将变压器运行工况划分为 10 个类别,从每个类别中提取 10 个特征参数,观察到每个类别特征参数值曲线如图 5.20 所示。

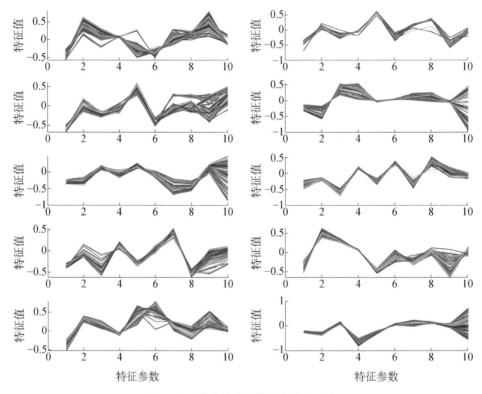

图 5.20　聚类结果的特征参数值曲线

　　由图 5.20 可见,每类变压器运行工况中特征参数的取值趋向一致,即在同类运行工况中,特征参数值构成的曲线形状较为相似,不同工况下特征参数值曲线差异明显,由此可以得出结论,通过谱聚类方法,可以将包含冗余数据的高维特征参数向量映射为具有明显区分度的低维特征参数向量,同时实现较为精确的聚类划分效果。工况划分类别为 10 时,10 组 1 000 个样本数据的工况划分类别结果如图 5.21 所示。

　　由图 5.22 可见,在 1 000 个样本中有 997 个样本,划分结果为同组,即为同类,其余 3 个样本中,1 个原本属于类别 2 的第一组的样本被划分为类别 4,2 个原本属于类别 4 的第二组的样本被划分为类别 2。样本分类出现偏差,可能是由于这 2 组样本在数据采集过程中,变压器运行状态出现波动,数据发生混叠,导致被划分为与之特征相似的临近组别中。因此,谱聚类算法可实现工况较为合理的划分。用来训练的 10 组共 1 000 个样本工况参数数据完成变压器典型工况库的构建,用剩余的 200 个样本数据进行变压器工况识别,样本对应的典型工况类别以及测试数据样本工况识别的结果如图 5.22 所示。

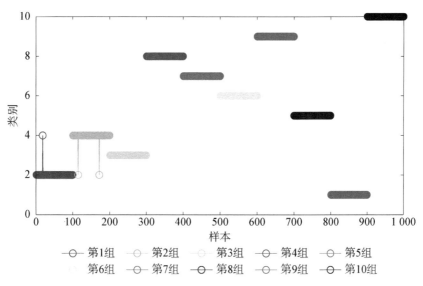

图 5.21　样本数据工况类别划分结果

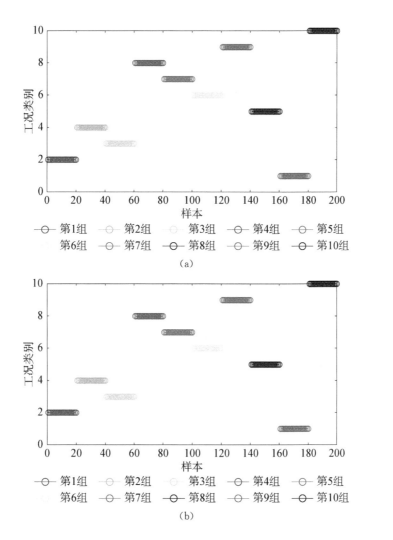

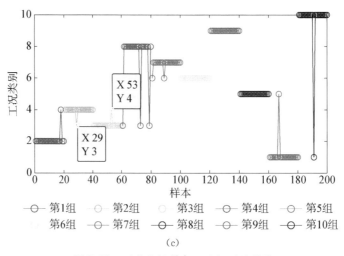

图 5.22　测试数据样本工况识别的结果

(a) 样本对应的典型工况类别;(b) 改进判别公式识别结果;(c) 传统距离判据判别结果

图 5.22(a)中样本对应的典型工况类别的含义是指以样本 1~20 为例,这 20 个样本属于第 1 组采样数据,在利用谱聚类算法进行变压器工况划分时,第 1 组采样数据被划分为类别 2,即第 1 组的全部样本数据的工况类别为 2。由图 5.22(b)可见,利用改进判别公式进行工况识别的结果与样本自身对应的典型工况类别完全一致,说明 200 个样本数据都被准确识别;而图 5.22(c)显示传统距离判别方法的识别结果中,有 10 个样本数据被划分为错误工况类别,以样本 29 为例,其为第 2 组采集的数据,该组数据对应的典型工况类别为 4,但距离判据的判别结果为类别 3,由图 5.22(a)可知,类别 3 对应的是第 3 组采集样本数据,而第 2 组和第 3 组采集过程中,只有电源电压不同,其他条件相同,造成误判结果可能是由于采集过程中电压波动,导致其他工况条件也发生相应的变化,从而产生特征混叠,距离判别公式只通过单一的样本距离进行判断,没有考虑到不同因素的影响权重,导致误判;样本 53 也是同理。通过比较图 5.22(b)和图 5.22(c)中展示的不同判别方法的识别结果,说明本书提出的改进残差公式具有良好的工况识别能力。综合图 5.19 和图 5.20,说明了基于谱聚类算法的变压器工况划分以及工况识别算法的有效性,为进一步进行变压器状态评估打下良好的基础。

5.5.3　谱聚类算法的变压器健康评估实验

利用谱聚类算法实现变压器运行工况划分以及工况的精确识别,为进一步验证变压器状态分层评估算法的有效性,本节以实验室型号为 TSGC - 3KVA 调压器为对象,模拟同种工况下不同故障状态的箱体振动,进行变压器状态评估实验。图 5.23 为现场测试图,在实验过程中,调压器副边电压输出为 100 V,保持变压器运行工况不变,模拟变压器在实际运行过程中识别变压器工况后,在同种工况下变压器状态评估。加速度传感器(型号为 SE830)安装在调压器顶部固定螺丝附近,振动信号通过采集板(12.8 kHz 采样频率,16 位采样精度)转化为数字信号,上传到计算机中进行进一步分析。

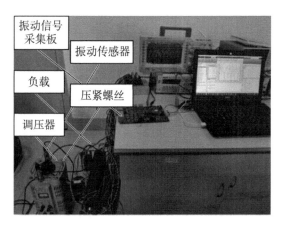

图 5.23　现场测试图

本实验通过调整固定箱体与绕组的压紧螺丝模拟正常状态和不同程度故障,包括拧紧全部螺丝、松动 2 颗螺丝(模拟微弱故障)以及卸下全部 4 颗螺丝(模拟较为明显故障)。在变压器 3 种不同的机械稳定状态下,共采集 4 组实验数据,其中松动 2 颗螺丝的情况下,分别采集近故障侧(模拟微弱故障下近距离测试)和远故障侧(模拟微弱故障下远距离测试)两个不同测点的振动数据,每组实验采集 200 次测试数据,其振动波形图和频谱图如图 5.24 所示。

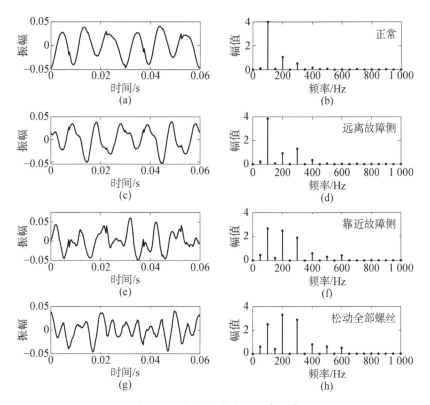

图 5.24　振动信号波形及其频谱

由图 5.24 可以看出,正常状态下,振动波形最接近正弦信号,频率集中在 100 Hz;松动 2 颗螺丝时,波形发生畸变,在远离故障侧,200 Hz 分量增加;靠近故障侧,200 Hz、300 Hz、400 Hz 都有不同程度增加;松动全部 4 颗螺丝后,200 Hz 分量超过基频分量,且低频分量增加。由此可见,随着螺丝松动数量增多,振动信号高频和低频分量增多,谐波畸变越来越严重。

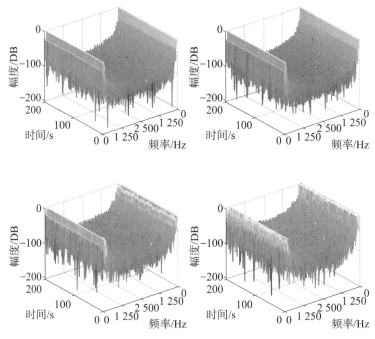

图 5.25 不同变压器状态下振动信号归一化时频谱图

图 5.25 所示为变压器 4 种机械稳定状态下的归一化时频谱,由图 5.25 可见,螺丝拧紧状态下和松开 2 颗螺丝状态下的远离故障端时频谱相对比较稳定;而靠近故障端,频域信号随时间波动较大;松开全部 4 颗螺丝时,频谱随时间波动最大,说明振动信号不稳定性最大,即变压器机械稳定性最差。

计算 200 组测试数据的频率集中度指标 DFC,结果如图 5.26 所示。

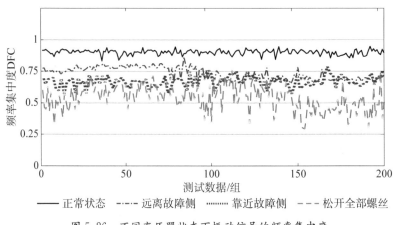

图 5.26 不同变压器状态下振动信号的频率集中度

由图 5.26 可见,正常状态下,振动信号 DFC 值基本分布在 0.8 以上,且比较稳定;拧松 2 颗螺丝时,远离故障侧测试到振动信号 DFC 值在 0.6 左右波动,靠近故障侧,振动信号 DFC 值在 0.5 左右波动;松开 4 颗螺丝时,振动信号 DFC 值基本分布在 0.4 以下,且波动非常大。因此,频率集中度指标能够较好地反映变压器状态,实现变压器机械稳定状态的评估。

利用特征计算方法分别对 200 组测试数据进行时域特征计算、快速傅里叶变换、倒频谱变换、小波能量提取计算,并分别对 4 种特征向量进行振动平稳性分析,结果如图 5.27 所示。将 4 种特征参数合并为一个特征向量进行平稳性分析,结果如图 5.28 所示。

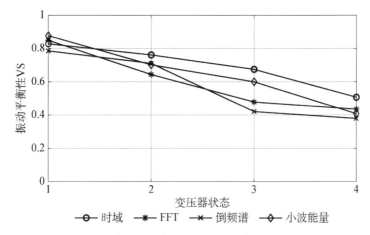

图 5.27　4 种特征指标在不同变压器状态下的振动平稳性

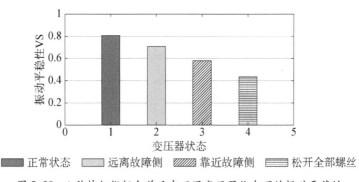

图 5.28　4 种特征指标合并后在不同变压器状态下的振动平稳性

在图 5.27 中,横坐标中的 1,2,3,4 分别对应变压器正常状态、远离松动 2 颗螺丝侧、靠近松动 2 颗螺丝侧和松动 4 颗螺丝侧的变压器振动状态。①4 种特征指标在变压器正常状态下的振动平稳性较为一致,VS 的值集中分布在 0.8 附近,这说明 4 种指标在变压器稳定状态下的评估能力相当。②在变压器故障时的远离故障侧,4 种特征指标的振动平稳性也较为集中。但考虑到此时变压器的机械稳定性发生变化,较为理想的状态评估结果应为指标对应的振动平稳性相较于稳定状态下的平稳性出现较为明显的下降。4 种指标中 FFT 指标和小波能量指标下降较多,而时域和倒频谱指标下降较为平缓,说明 FFT 指标和小波能量指标在评估振动稳定性微弱变化且远距离观测时更为灵敏。③在变压器故障时的近故障侧,4种特征指标对应的振动平稳性较其他3种情况更为分散,其中FFT指标和倒频谱指标较正常状态和远故障侧变化更为显著,说明这两个指标在评估振动稳定性发生微弱且近距离观测时更加灵敏。④在变压器稳定性发生较为显著变化时,时域指标的振动平稳性较微弱故障时从0.67降为0.51,发生较为明显变化,但其在显著故障下的平稳性数值(0.51)大于微弱故障下FFT(0.48)和倒频谱(0.42)的平稳性数值,说明不同指标之间评价尺度差异较为明显,对不同故障的灵敏程度不同。

图5.28为综合全部特征指标在不同变压器状态下的振动平稳性,可见,4种状态下振动平稳性指标分别为0.81、0.71、0.58和0.43,与4种特征指标分开计算平稳性相比,不同状态下的振动平稳性指标可区分性较好,可以用来综合评价变压器状态。综上可得出以下结论:

(1)4种特征指标在分别计算振动平稳性时,更适用于对具体故障进行分析,其中,FFT和小波能量在监测过程中更容易发现远距离微弱故障,倒频谱和FFT对近距离微弱故障更为灵敏。

(2)综合4种特征指标的振动平稳性对不同状态的区分性较好,更适合判断变压器的整体稳定性。

通过比较不同机械状态下变压器的振动平稳性指标,可以判断变压器的机械稳定性,但在没有对比实验的情况下,缺少明确的数值衡量变压器机械是否处于稳定状态,即需要确定一个平稳性指标阈值用以判别变压器是否发生机械稳定性故障。通过T^2统计量确定阈值,将每种状态下的200组数据按照样本数量为20划分,控制限及待评估信号的特征参数的T^2统计量如图5.29所示。

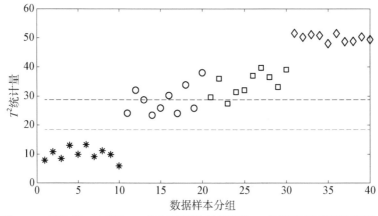

图5.29 样本评估结果

由图5.30可见,自由度为5和15时的预警值和警报值分别为18.375和28.852。变压器在正常状态下的样本数据均被评估为正常;松动2颗螺丝的远故障侧部分样本超过预警值,部分样本超过警报值,说明变压器机械稳定状态异常;松动2颗螺丝的近故障侧和松动4颗螺丝的样本被识别出异常,且超过警报值很多,说明机械稳定性状态较差。计算结果与实际情况相同,因此可以得出结论,通过 T^2 统计量能够确定一个明确判断变压器是否发生机械稳定性故障的阈值,通过该阈值可以对变压器机械稳定性进行判别,从而实现变压器状态评估。

参考文献

[1] 王梦云.110 kV 及以上变压器事故与缺陷统计分析[J].供用电,2007(1):1－5.
[2] 彭亮,郭建强.变压器故障的统计分析及预防方法[J].科技资讯,2012(22):130.
[3] 赵世华,刘赟,孙利朋,等.电力变压器绕组变形频率响应特性研究[J].变压器,2018,55(9):61－67.
[4] 杨超,张霖,薛静.扫频短路阻抗法检测变压器绕组变形的应用研究[J].电气开关,2018,56(2):89－93.
[5] ZHANG B, ZHAO D, WANG F M, et al. Research on mechanical fault diagnosis method of power transformer winding [J]. The Journal of Engineering, 2019, 2019(16):2096－2101.
[6] YUN B W, DONG Z. Research on the on-line measuring method of transformer short-circuit reactance [J]. Advanced Materials Research, 2014, 3265:636－640.
[7] 刘勇,杨帆,张凡,等.检测电力变压器绕组变形的扫频阻抗法研究[J].中国电机工程学报,2015,35(17):4505－4516.
[8] 王琦,付超,王欣盛,等.变压器绕组短路电抗在线测量工程应用研究[J].高电压技术,2020,46(11):3943－3950.
[9] 张重远,王彦波,张林康,等.基于 NICS 脉冲信号注入法的变压器绕组变形在线监测装置研究[J].高电压技术,2015,41(7):2259－2267.
[10] MYTNKOV A V, KAVUN, I A. On Improving the technology of pulse-flaw detection of high-voltage power transformer windings [J]. Russian Electrical Engineering, 2023, 94(2):116－119.
[11] 朱叶叶,汲胜昌,张凡,等.电力变压器振动产生机理及影响因素研究[J].西安交通大学学报,2015,49(6):115－125.
[12] 张凡,汲胜昌,师愉航,等.电力变压器绕组振动及传播特性研究[J].中国电机工程学报,2018,38(9):2790－2798＋2849.
[13] 汲胜昌,张凡,钱国超,等.稳态条件下变压器绕组轴向振动特性及其影响因素[J].高电压技术,2016,42(10):3178－3187.
[14] 祝丽花,石永恒,杨庆新.夹紧力对非晶合金磁特性及铁芯振动的影响研究[J].中国电机工程学报,2020,40(24):8155－8164＋8252.
[15] 赵洪山,文海艳,马利波,等.基于模态叠加法的变压器绕组振动特性分析[J].电测与仪表,2020,57(22):77－83.
[16] LIU X, SUN C, WANG Y, et al. Vibration characteristic analysis of transformers influenced by DC bias based on vibration half-wave energy method [J]. International Journal of Electrical Power & Energy Systems, 2021, 128(4):106725.
[17] LIU X, WU J, JIANG F, et al. Electromagneto-mechanical numerical analysis and experiment of transformer influenced by DC bias considering core magnetostriction [J]. Journal of Materials Science: Materials in Electronics, 2020, 31(19):16420－16428.
[18] 师愉航,汲胜昌,张凡,等.变压器绕组多倍频振动机理及特性[J/OL].高电压技术:1－10[2021－03－09].
[19] 王丰华,杨毅,何苗忠,等.应用有限元法分析变压器绕组固有振动特性[J].电机与控制学报,2018,22(4):51－57.
[20] 赵小军,杜雨彤,刘洋,等.应用磁-机械耦合场频域解法的铁芯直流偏磁振动特性分析[J].高电压技

术,2020,46(4):1216-1225.

[21] VIBHUTI, WALIA G, BHALLA D. Assessment of the use of FEM for computation of electromagnetic forces, Losses and Design of Transformers [J]. Journal of Physics: Conference Series, 2020, 1478(1):1-8.

[22] SERIGNE S M, NICOLAS B, VINCENT L, et al. An anisotropic model for magnetostriction and magnetization computing for noise generation in electric devices [J]. Sensors, 2016, 16(4):1-10.

[23] 黄春梅,马宏忠,付明星,等.基于混沌理论和KPCM聚类的变压器绕组松动状态监测[J].高压电器,2019,55(1):95-102.

[24] 潘超,陈祥,蔡国伟,等.基于小波包尺度-能量占比的变压器三相不平衡绕组振动特征辨识[J].仪器仪表学报,2020,41(4):129-137.

[25] 张重远,罗世豪,岳浩天,等.基于Mel时频谱-卷积神经网络的变压器铁芯声纹模式识别方法[J].高电压技术,2020,46(2):413-423.

[26] MUNIR B S, SMIT J J. Evaluation of various transformations to extract characteristic parameters from vibration signal monitoring of power transformer [M]. 2011.

[27] 周求宽,万军彪,王丰华,等.电力变压器振动在线监测系统的开发与应用[J].电力自动化设备,2014,34(3):162-166.

[28] 王泽波,周建平,刘江明,等.便携式变压器振动监测与故障诊断系统设计[J].计算机工程,2014,40(11):292-296.

[29] 徐晨博,王丰华,黄华,等.基于IEC 61850的变压器振动监测信息建模与实现[J].电力系统自动化,2014,38(4):60-64.

[30] 汲胜昌,王俊德,李彦明.稳态条件下变压器绕组轴向振动特性研究[J].电工电能新技术,2006(1):35-38+48.

[31] GARCIA B, BURGOS J C, ALONSO A M. Transformer tank vibration modeling as a method of detecting winding deformations——part II: Experimental verification [J]. IEEE Transactions on Power Delivery, 2006, 21(1):164-169.

[32] MARKETOS F, MARNAY D, NGNEGUEU T. Experimental and numerical investigation of flux density distribution in the individual packets of a 100 kVA transformer core [J]. IEEE Transactions on Magnetics, 2012, 48(4):1677-1680.

[33] JACEK M B, BARTŁOMIEJ D, MAJA G W, et al. Reduction of the vibration amplitudes of a harmonically excited sandwich beam with controllable core [J]. Mechanical Systems and Signal Processing, 2019, 129.

[34] HYVARINEN A, KARNUNEN J, QIA E. Independent component analysis [M]. New York: John Wiley & Sons Inc., 2001:96-128.

[35] 诺顿 MP. 工程噪声和振动分析基础[M].盛元生,等,译.北京:航空工业出版社,1993:158-160.

[36] SCHWARZ A, PEREIRA J, LINDNER L, et al. Combining frequency and time-domain EEG features for classification of self-paced reach-and-grasp actions. [J]. Conference proceedings: Annual International Conference of the IEEE Engineering in Medicine and Biology Society. IEEE Engineering in Medicine and Biology Society. Annual Conference, 2019. 2019.

[37] MOHAMMAD A T, ZAHRA T. Comparison of Hartley and Fourier Transforms in Harmonic Modelling of Five-Limb Core Transformer Inrush Current [J]. IETE Journal of Research, 2016, 62(6):745-751.

[38] 江志农,张永申,冯坤,等.基于特征增强倒频谱分析的齿轮故障诊断方法[J].机械传动,2019,43(10):13-17+55.

[39] 李红,孙冬梅,沈玉成.EEMD降噪与倒频谱分析在风电轴承故障诊断中的应用[J].机床与液压,2018,46(13):156-159.

［40］胡艳敏.基于倒频谱分析的深沟球轴承故障诊断［J］.内燃机与配件,2019(10)：16 - 18.

［41］徐卫,钟斌,杜向京,等.在运变压器表面不同测点振动特性分析［J］.高压电器,2019,55(11)：126 - 132.

［42］ABHIRUP M. Wavelet packets and their statistical applications ［J］. Technometrics, 2019, 61(3).

［43］潘志城,邓军,楚金伟,等.基于小波包的换流变压器振动信号特征分析方法［J］.变压器,2020,57(11)：21 - 26.

［44］潘超,陈祥,蔡国伟,等.基于小波包尺度-能量占比的变压器三相不平衡绕组振动特征辨识［J］.仪器仪表学报,2020,41(4)：129 - 137.

［45］左宪章,康健,师小红,等.基于小波包最优基子带能量的裂纹特征提取［J］.机械强度,2010,32(2)：212 - 217.

［46］赵莉华,张振东,张建功,等.运行工况波动下基于振动信号的变压器故障诊断方法［J］.高电压技术,2020,46(11)：3925 - 3933.

［47］HOSSEINI M, TORKAMANI A F. A new eigenvector selection strategy applied to develop spectral clustering ［J］. Multidimensional Systems and Signal Processing, 2017, 28(4):1227 - 1248.

［48］孙昌思核,孔万增,戴国骏.一种自动确定类个数的谱聚类算法［J］.杭州电子科技大学学报,2010, 30(2)：53 - 56.

［49］Ng A Y, JORDAN M I, WEISS Y. On spectral clustering: analysis and an algorithm ［C］. Cambridge: MIT Press, 2002:121 - 526.

［50］许晓荣,胡慧,章坚武.L - CR 系统中分布式压缩感知最小角回归信号重构［J］.信号处理,2016,32(12)：1395 - 1405.

［51］ZHENG Z, XIAO G P. Evolution analysis of a UAV real-time operating system from a network perspective ［J］. Chinese Journal of Aeronautics, 2019, 32(01)：176 - 185.

［52］江友华,王春吉,崔昊杨,等.基于振动分析法的变压器故障诊断［J］.变压器,2021,58(5)：77 - 81.

第**6**章 | 变压器局部放电模式数智化及智慧识别

6.1 ▶ 概述

电力变压器作为电网中的重要设备,绝缘材料良好的性能是保证其安全可靠工作的基础,且绝缘材料性能优劣直接关系到变压器的工作寿命。在整个电力系统中,因各类绝缘失效所引起的事故占到了 85%。理论上来说,一个正常运行的油浸式变压器工作年限为 400年,但是从工程使用情况来看,一个保养较好的变压器,其寿命只有 50~70 年,生产厂家甚至将刚出厂的变压器使用年限设定在 20~40 年[1—10]。由此可见绝缘材料劣化的速度极快,而局部放电正是造成绝缘劣化最主要的原因。不同的局部放电模式所产生的放电量、放电时间、放电次数以及瞬时的温度、振动等是不同的,从而对绝缘性能的影响也各不相同,因此准确识别出不同局部放电模式将有利于更好地把握绝缘性能状态,也有利于电力工作人员更好地判断变压器运行状况,从而设计更合理的维护检修计划,提高变压器运行的安全性、稳定性、可靠性[11—26]。

传统获取局部放电特征参数的方法主要是统计分析法,从局部放电信号谱图中提取多种图形形态特征参数,将统计特征参数送入识别分类器中进行模式识别。但统计分析法并未考虑局部放电本身的特性,忽视了各个脉冲之间的相互影响,因此识别准确率的提高受到限制,且基于统计分析法的特征提取大多存在特征量数目过多、信息冗余等问题[27—37]。

因此,本章提出双特征参数融合的变压器局部放电模式识别方法,将统计分析法中的分形特征参数和时域分析法的混沌特征参数融合。分形特征参数描述局部放电三维谱图的形态特征,混沌特征参数描述隐含在谱图中的局部放电特性,并考虑到各个脉冲之间的关联性,两者结合输入 PNN 概率神经网络极大地提高了局部放电模式识别准确率,为变压器健康监测提供更有保障的技术支撑。

6.2 ▶ 局部放电模式识别

6.2.1 模式识别总体思路及架构

变压器局部放电模式识别可分为三个步骤:局部放电信号检测、特征参数提取、识别算法选择。识别步骤如图 6.1 所示。

局部放电信号 → 传感器检测采集 → 特征量提取 → 算法识别 → 识别结果

图 6.1　模式识别步骤框图

目前针对局部放电模式识别的方法很多,专家学者对这三个步骤都进行了深入研究,并进行提取总结(见图 6.2)。

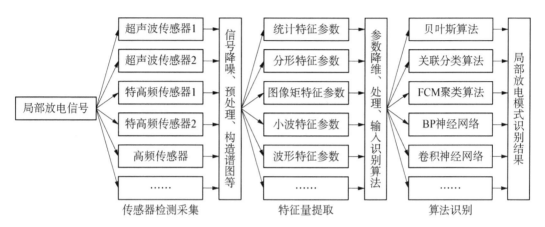

图 6.2　局部放电模式识别方法总结

6.2.2　模式识别原理

1. 分形理论概念及特征

分形(fractal)一词是由美国数学家曼德博(Mandelbrot)创造出来的,此词源于拉丁文形容词 fractus,对应的拉丁文动词是 frangere,意思为不规则、支离破碎等。分形理论被广泛用于模式识别、金融市场、图像分析、信号降噪等各行各业中[38—43],文献[44]结合小波变换和分形理论,以碳排放配额交易价格为研究对象,对市场有效性、价格波动风险等市场性质进行分析,结果表明我国碳市场存在明显的多重分形特征,基于此提出具有实践价值的风险控制、价格预测的建议。近年来,冲击力学研究方面也开始借用分形理论思想,文献[45]通过 ANSYS/LS‑DYNA 接触算法结合分形理论,设计出一种海上风力机新型分形防护装置,其相比于纯实心防护,最高可降低 3.93% 的接触力,且防护范围更广,保护时间更长。为了能从超声回波中准确提取天然气水合物的特征信息并与其他海底沉积物的特征进行分类识别,文献[46]提出基于分形理论的水合物分类识别方法,在实验室中模拟出海底沉积物环境,使用超声波探测仪器,采集各种回波信号,并提取分形特征参数,最终利用概率神经网络进行识别,准确率提高了 13.5%。卫星遥感技术的快速发展,使得其得到大量应用,然而遥感图像清晰度会受到传感器质量、各类噪声、环境的限制,因此去噪对遥感图像的清晰度来说十分重要,文献[47]先通过小波理论衰减阈值法平滑了低频噪声,再利用多重分形算法处理去噪图像,有效去除了卫星遥感中的噪声干扰。

近年来,分形理论也逐步应用于绝缘故障信号提取中,对绝缘故障特征量的提取和分析起到了重大作用。文献[48]提出一种直接对含噪声局放信号进行故障识别的方法,先用数学形态学滤波技术提取放电脉冲获得 2 个统计特征量,再对其用 Hurst 指数进行分形特征判断,若满足分形特征条件,则直接提取盒维数与 2 个统计特征量一同送入可拓神经网络进行识别,解决了特征参数冗余的问题且识别率高于同类方法。由此可见,分形理论在绝缘故障分析以及局部放电缺陷模式识别中起到非常重要的作用。

Mandelbrot 在定量分析分形时有过严格定义,曾要求豪斯道夫维数一定要大于拓扑维数集合,还要求分形必须拥有自相似性特征等。然而英国数学家福尔克纳(Falconer)认为应该直接分析分形的特性,不需要过分追求其定义,并提出分形是具有以下性质的集合 F[49]:

(1) F 的结构可缩小到任意比例,不同比例下都有其细节。

(2) F 极度不规则,从整体和局部两个角度都无法用传统几何思维来形容。

(3) F 的整体和局部通常具有某种自相似性。

(4) F 的分形维数大于它的拓扑维数。

(5) F 可以简单被定义,也可迭代生成。

由分形的特性可知,分形理论可对各类复杂事物进行描述,当被分析的物体具有不规则、无序等传统几何方法无法描述的特征时,分形理论可以很好地对其进行处理分析。变压器内部结构复杂且局部放电难以发现规律,因此变压器局部放电存在很不规则的形态。然而研究发现变压器内部放电存在一定的规律特性,因此这种局部放电是一种没有周期性的有序行为,并具有分维性。目前国内外学者对于变压器内部局部放电的研究也表明,局部放电多种模式都可用分形理论进行分析[50-52]。

2. 混沌理论概念及特征

混沌理论是 20 世纪以来在非线性物理学上最重要的成就之一[53]。如何提取混沌特征参数以及如何让系统从有序进入无序的混沌系统是 20 世纪 80 年代至今的重点研究内容。1987 年,格拉斯伯格(Grassber)、普罗卡恰(Procaccia)等人在混沌理论中提出相空间重构方法,从混沌时间序列中提取出混沌吸引子,并计算其 Lyapunov 指数、关联维数、Kolmogorov 熵等混沌特征参数,这些参数可以弥补分形理论在非线性动力学特性方面的不足,因此混沌理论被广泛地应用于实际使用中。

混沌现象在实际生活中十分常见,各个学科领域中都可以发现混沌行为,因此对混沌理论进行深入研究可以促进其他各类学科的发展。目前混沌理论的研究取得了很多成果[54],被广泛应用于图像识别、模式分类、天气预测、大规模电力调度、信号去噪等领域。文献[55]针对心电图指标量化多基于医生主观判断的问题,将混沌理论用于急性心肌梗死的辅助研究中,通过心电图信号转换为动力学数据,然后通过混沌理论计算其 Lyapunov 参数等指标用于实验比较分析,结果表明基于混沌理论的量化参数对急性心肌梗死有临床医疗价值。近年来在局部放电模式识别领域也引入了混沌理论,通过混沌理论提取混沌特征参数将其用于局部放电信号分析中。国内外研究发现,局部放电是一种混沌行为,并不完全随机[56]。李晓霞、张启宇等人通过混沌理论分析信号的动力学特性,并将混沌振子作为检测工具,对指数衰减振荡型局部放电信号仿真表明,混沌振子可以有效降低检测信号的噪声,抗噪性能优越[57]。文献[58]针对局部放电监测中误差大、耗时长等问题,构造了基于 Lyapunov 指数的混沌监测系统,在实验中将特高频信号输入系统,得到的结果表明,这种方法对各类局部放电信号监测正确率都很高。由此可见,混沌理论在局部放电领域的适用性很强,可将其用于时间序列分析以及模式识别中。

虽然混沌理论依据逐渐被用于研究实验中,但对于"混沌"的概念还没有一个权威的定义。有学者提出,若一个系统对初始值具有敏感性且做非周期运动,则可判定其为混沌;也有更简单的数学定义,将确定性系统中会出现随机性的行为称作混沌特性。

混沌系统的主要特征总结如下:

(1) 对初始条件的敏感性。

在传统方法中,对于确定性系统,一旦给出初始条件,那系统的输出也将得到确定。然而在混沌系统中,初始条件的细小差异都会导致输出结果的巨大区别,因此对于混沌系统来说,难以做到长期预测。

(2) 遍历性。

遍历性是混沌行为最重要的一个特性,指混沌特征参数可以历经所有状态且毫不重复,使用时可通过这种特性优化计算过程。

(3) 局部混乱和整体稳定。

这种特性是引起混沌特征参数对初始条件极度敏感的因素之一,也可称其为"伸长"特性或"折叠"特性。即便不给混沌行为任何随机因素,混沌系统依旧会产生一定的随机性行为。

(4) 分形。

混沌运动于无序中包含着有序行为,并不是完全的随机运动,包含大尺度、小细节方面的自相似结构,称其为分形。

(5) 至少有一个正的 Lyapunov 指数。

Lyapunov 指数是混沌理论中的一个重要特征参数,对于非线性动力系统,若 Lyapunov 指数大于 0,则具备混沌特性;若 Lyapunov 指数小于 0,则相轨道不发散,不具有混沌特性。

3. 识别理论的应用

局部放电模式识别有三个步骤:放电信号采集、特征参数提取、算法识别分析。目前,局部放电信号采集传感器一直在升级换代,第三步识别算法的研究也层出不穷,但由于第二步特征参数提取存在不足,所以识别准确率的提升遇到了瓶颈。

本章针对目前特征量提取中存在的类型单一化、提取复杂化、参数冗余以及识别连续脉冲之间关联性等方面存在明显不足的问题,引入混沌特征参数,混沌特征提取法从时序角度对局部放电信号进行分析。提取出的混沌特征参数可以很好地弥补传统方法在脉冲关联性问题上的不足。因此将分形特征参数和混沌特征参数提取后进行融合,兼顾了局部放电谱图的分形特征以及时序特征,可以进一步提高局部放电模式识别准确率。本章识别流程如图 6.3 所示。

本章通过超声波传感器检测采集局部放电信号,构造局部放电相位分布(phase resolved partial discharge,PRPD)谱图以及混沌时间序列后,从中提取出分形特征参数和混沌特征参数,通过模式识别类的可分性原则,将分形特征参数和混沌特征参数融合,最终输入概率神经网络(probabilistic neural network,PNN)进行识别,得到识别结果 1。为了比较分析本特征参数提取方法的可用性,也用特高频传感器做一组对比验证实验,得到识别结果 2。最后将单一混沌特征参数和单一分形特征参数分别输入 PNN 神经网络与 BP 神经网络,得到识别结果 3～识别结果 6,将单一特征参数的识别结果与两种参数融合后的识别结果进行对比分析。

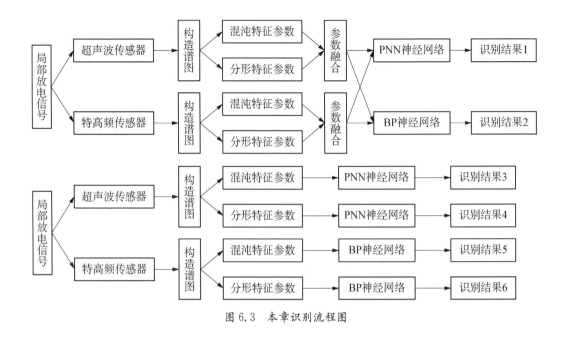

图 6.3　本章识别流程图

6.3 ▶ 局部放电模型构建

在模式识别之前,先要构建常见的局部放电模型,通过放电模型的放电特性制定识别策略。常见的局部放电类型有:气隙放电、电晕放电、沿面放电等。

6.3.1　气隙放电模型

气隙放电是最为常见的局部放电类型之一。气隙产生的原因包括:生产过程中操作不规范导致绝缘材料内部含有空气泡,绝缘材料所处环境温度过高导致材料软化,空气渗入出现气泡,绝缘材料质量不达标,小幅度的颠簸就会吸入空气形成气隙等。气隙的出现将引起绝缘材料内部电场强度的不均匀,电荷量分布的巨大差异会产生很大的电势差从而发生击穿等现象。图 6.4 为气隙放电物理模型,图 6.5 为常用的等效三电容电路图。

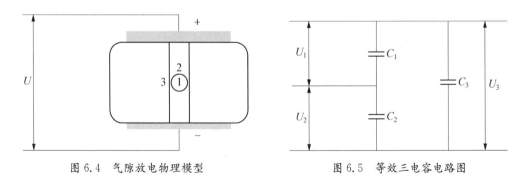

图 6.4　气隙放电物理模型　　　　　图 6.5　等效三电容电路图

气隙放电物理模型中可将图 6.4 标注的 1 看作气隙,2 和 3 为气隙旁的串联、并联的绝缘材料。设 E_1、E_2 分别为气隙内部场强和介质的场强,ε_1 和 ε_2 分别为两者的相对介电常

数,则气隙内电场强度可表示为

$$E_1 = \varepsilon_2 E_2 \tag{6.1}$$

因为电介质的相对介电常数大于 0,所以气隙内电场强度高于介质中的电场强度,因此增大电压时气隙易发生局部放电。

在三电容电路图中,C_1 表征局部放电时的电容,C_2 表征串联的绝缘体电容,C_3 表征并联的绝缘体电容,则

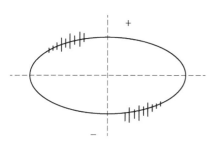

$$C_i = C_3 + \frac{C_1 C_2}{C_1 + C_2} \tag{6.2}$$

C_i 为等效绝缘电容,设变压器正常工作时,电极间电压为 U_i,则可推出气隙放电公式为

$$U_1 = U_i \frac{C_2}{C_1 + C_2} \tag{6.3}$$

图 6.6　气隙放电波形图

在气隙放电中,正负半周放电会保持对称和均匀分布。图 6.6 为气隙放电 PRPD 图。

6.3.2　电晕放电模型

电晕放电也称尖端放电,因为在变压器工作环境中,电荷常汇聚在金属介质尖端处,所以尖端附近的电场特别强,会发生尖端放电。图 6.7 为电晕放电物理模型。

当金属介质尖端持续工作在这种状态下时,附近介质中的电荷将和金属尖端电荷碰撞并转移,严重时会使周围空气发生电离,若不能及时处理,电势差将持续扩大最终发生击穿。尖端产生的电晕放电每次在正半轴释放时电荷量会很快转移,难以汇聚在表面,因此在负半轴常有很大的反电场,如图 6.8 所示。

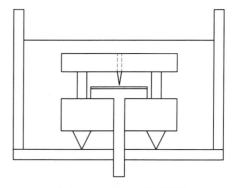

图 6.7　电晕放电物理模型

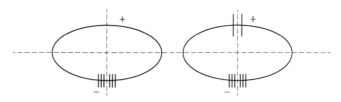

图 6.8　电晕放电波形图

6.3.3　沿面放电模型

沿面放电与气隙放电类似,主要是由表面电场强度不均匀引起的放电。变压器工作环境较为复杂多变,恶劣的天气以及环境的影响将使变压器表面湿度增加,被树叶、灰尘等杂

质覆盖,从而介质表面的电场强度会逐渐增大,最终远远大于内部绝缘介质的电场强度。这种情况如不能及时发现并处理,绝缘介质表面的电荷就会越聚越多,最终产生沿面放电现象。图 6.9 为沿面放电物理模型,图 6.10 为沿面放电波形图。

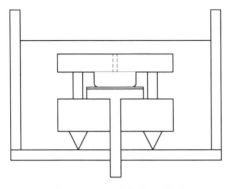 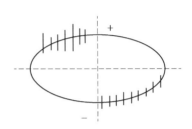

图 6.9　沿面放电物理模型　　　　　　图 6.10　沿面放电波形图

6.3.4　仿真模型构建

在 Oubeier 局放虚拟模拟软件中,用三种电极放电模拟常见的气隙放电、电晕放电、沿面放电模型,仿真软件的首页如图 6.11 所示。

图 6.11　仿真软件首页

选取球球电极、针板电极、针针电极、保护间隙、实验控制台、试验变压器、电容分压器、警示灯、静电电压表等设备,将其进行连线,如图 6.12 所示。

选用球球电极、针板电极、针针电极模拟三种不同类型的局部放电,考虑到现实局部放电情况,将球球电极间隙设置为 10 mm;针板电极间隙设为 275 mm;针针电极间隙设为 50 mm。打开电源后,从 1 kV 开始逐步升压,并保存局放产生的电压、放电量等数据。图 6.13~图 6.15 分别为球球电极、针板电极、针针电极放电模型。

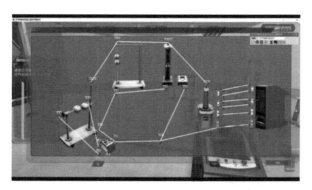

图 6.12 仿真模型建立

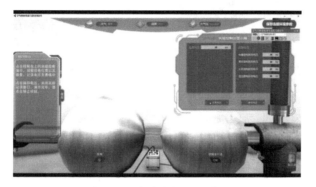

图 6.13 球球电极放电模型

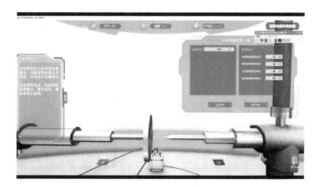

图 6.14 针板电极放电模型

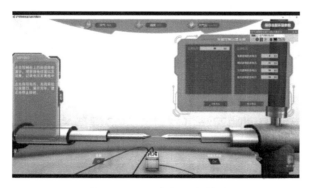

图 6.15 针针电极放电模型

通过三种放电模型,采集其放电量、幅值、相位等参数构造的 PRPD 二维谱图,如图 6.16～图 6.18 所示。

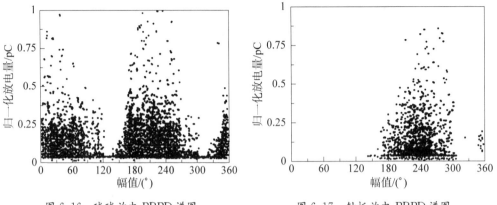

图 6.16 球球放电 PRPD 谱图　　　　图 6.17 针板放电 PRPD 谱图

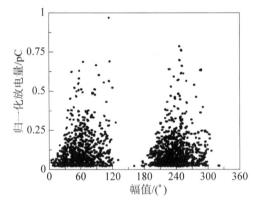

图 6.18 针针放电 PRPD 谱图

由图 6.16～图 6.18 可知,构建的三种放电模型 PRPD 谱图区别较大,其中球球电极放电点相位集中分布在 0°～120°、150°～270°以及 330°～360°之间,归一化放电量集中在 0～0.5 pC,在 0.5～1 pC 也有分布但较为稀疏;针板电极放电点相位集中分布在 180°～300°区间内,330°左右只有零星几个放电点,归一化放电量集中在 0～0.5 pC 内,最高仅到 0.75 pC;针针电极放电点相位集中分布在 0°～120°和 180°～300°区间内,归一化放电量 0～0.375 pC 区间内,最高仅到 0.75 pC 左右。

因此在实际局部放电模式识别中,可通过局放的相位、放电量以及从 PRPD 谱图中提取各类参数进行判断分类。

6.4 局部放电模式识别的双特征参数表征及提取方法

目前,常用的局部放电特征参数提取方法有统计特征参数法、小波特征参数法、波形特征参数法、分形特征参数法、图像矩特征参数法等。研究表明传统的特征参数提取方法在分析局部放电特性、识别气隙类放电以及连续脉冲之间关联性等方面存在明显不足,而基于时序分析法的混沌特征参数可以弥补这一不足。因此,提出双特征参数融合的变压器局部放电模式识别方法。本节首先阐述了在传统模式识别中提取特征量面临的问题,然后提出本书特征量的提取方法,最后根据统计分析法和时域分析法提取混沌特征参数:延迟时间、嵌入维数、Lyapunov 指数、关联维数、K 熵;分形特征参数:分形维数、空缺率。

6.4.1　传统模式识别中特征量提取方法

目前针对局部放电模式识别的研究有很多,但大多集中在算法提升和传感器换代升级等方面。近些年各类识别算法的提出层出不穷[59-60],大大提高了局部放电模式识别率,但对大量识别结果分析后发现,算法的改进对识别准确率的提高效果越来越不明显,到达了瓶颈期。结合模式识别的三个步骤:局放信号采集、特征参数提取、识别算法选择。可知特征参数的提取作为识别算法的基础,对识别准确率的提升也有着至关重要的作用。

目前针对特征量提取方面的研究较少,大多基于常用的谱图,如单次脉冲波形谱图(TRPD)、局部放电相位分布谱图(PRPD)等。

1) 基于单次脉冲波形谱图提取特征参数的问题

研究发现,可通过局部放电时间分布谱图建立与放电缺陷类型的关系。因此可将单次脉冲波形作为局部放电模式识别对象,从中提取出波形特征参数进行模式识别。然而在实际检测过程中,脉冲波形与放电源的位置、检测现场的噪声、检测系统的稳定性都有关系,且脉冲波形极易受到影响。由于目前变压器检测现场环境较为复杂,噪声过多且信号传播过程中衰减严重,因此很少使用基于单次脉冲波形谱图的特征参数提取方法。

2) 基于局部放电相位分布谱图提取特征参数的问题

基于局部放电相位分布谱图提取局放特征参数是最常用的方法,实验中常称 PRPD 谱图为 $\varphi - q - n$ 谱图,其中,$\varphi(0°\sim360°)$ 为局部放电脉冲信号相位;q 为局部放电量(当无法标定具体放电量时,用幅值代替);n 为放电次数(放电率),没有关于时间的信息。

通过传感器采集每个周期内的局部放电数据,记录下相位 φ、放电量 q、放电次数 n,将 $\varphi - q$ 平面平均分为 $N_\varphi \times N_q$ 个小格,计算每个小格中的局部放电次数,得到的图即为 $\varphi - q - n$ 三维统计谱图 $H_n(q, \varphi)$。从 $\varphi - q - n$ 三维谱图中可以得到不同相位区间中最大放电量变化 q_{max} 分布即 $H_{qmax}(\varphi)$,也可得到不同相位区间中平均放电量 q_n 分布即 $H_{qn}(\varphi)$,放电次数 n 的分布 $H_n(\varphi)$ 等。若将 $\varphi - q - n$ 三维谱图向 $\varphi - q$ 平面投影,即为 $\varphi - q - n$ 灰度图;也可只统计 $\varphi - q$ 数据,得到二维 $\varphi - q$ 谱图。图 6.19~图 6.21 为典型故障类型的二维 PRPD 谱图。

通过分析 PRPD 谱图可以提取统计特征参数、分形特征参数、小波特征参数等,然而这些方法获取的都是局部放电谱图的图像特征,且诸如从谱图中提取的偏斜度 S_K、陡峭度 K_u、放电量因数 Q、相位不对称度 ψ、相位相关系数 Cc 等参数只能有限度地还原 PRPD 谱图的部分图像特性,且无法利用不同局部放电脉冲之间的关联信息,因此丢失的局部放电特征过多,在这方面继续提高局部放电模式识别准确率比较困难。且研究表明,基于 PRPD 谱图特性提取特征参数在识别气隙类放电时存在着明显不足。

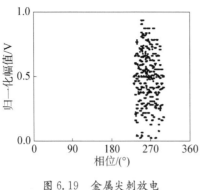

图 6.19 金属尖刺放电

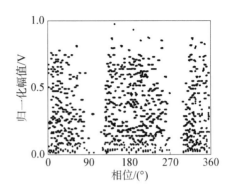

图 6.20 自由金属颗粒放电

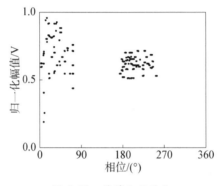

图 6.21 悬浮电位放电

6.4.2 双特征参数识别特征量提取的表征

局部放电的时间序列分析方法较好地弥补了基于 PRPD 谱图提取特征参数方法的不足,其中局部放电的混沌分析(CAPD)方法是时间序列分析方法中较为重要的、新兴的一种方法。为此,从 PRPD 谱图中提取分形特征参数,结合混沌特征参数送入神经网络对局部放电进行模式识别,既保有对谱图的图像特性表征,又弥补了其在脉冲时间序列方面缺乏关联的不足。

1. 分形特征参数的选择与提取方法

1) 分形维数

分形维数是分形理论中描述复杂分形结构集合的特征参数,目前针对分形理论的研究有很多,有很多形式来体现分形维数。本书介绍几种在局部放电模式识别中常用的分形维数:豪斯道夫维数、盒维数、关联维数和信息维数[61-62]。

(1) 豪斯道夫维数。

δ-覆盖定义:设 U 是一个非空集合,则称 $|U|$ 集合 U 的直径,如果对于每个 j,有 $0 < |U_j| < \delta$ 且 $X \subset \bigcup\limits_{j=1}^{\infty} U_j$,则称 U_j 是集合 X 的 δ 覆盖。

若用 $N(\delta)$ 代表 δ-覆盖集合 X 所需数量的下确界,则豪斯道夫(Hausdorff)维数 D_H 定义如下:

$$D_H = \lim_{\delta \to 0} \frac{\ln N(\delta)}{\ln(1/\delta)} \tag{6.4}$$

D_H 即为集合 X 的豪斯道夫(Hausdorff)维数。

豪斯道夫维数是最早提出的一种分形维数,可用其对任意一个集合进行定义。但豪斯道夫维数的实用价值远小于其理论价值,因为直接利用 D_H 来计算各类分形集合的豪斯道夫维数十分复杂,所以实际中很少使用。

(2) 盒维数。

本节采用提出的根据图像中的数据计算分形维数的方法。设 $p(m, L)$ 为尺度 L 的盒子(即边长为 L 的立方体)上有 m 个点的概率,则对于所有的盒子尺度:

$$\sum_{m=1}^{N} p(m, L) = 1 \tag{6.5}$$

式中,N 为落在盒子内点的数目。

设 S 为像点数,用尺度为 L 的盒子覆盖整个图像,则盒子内有 m 个点的盒子数为 $(S/m)p(m, L)$。用 $N(L)$ 表示盒子总数,则:

$$N(L) = \sum_{m=1}^{N} \frac{S}{m} p(m, L) = S \sum_{m=1}^{N} p(m, L) \tag{6.6}$$

这个值和 L^{-D} 成正比,D 为盒维数。通过计算各种盒子尺度上的 $p(m, L)$ 和 $N(L)$,用最小二乘法拟合 $[\log(L), -\log(N(L))]$,就可以估算盒维数 D 了。

计算概率 $p(m, L)$ 时,选择图像上任意一点为立方体(尺度为 L)中心,并以此为基准计算立方体上点的数目 m。此外,尺度 L 越大,$p(m, L)$ 的误差也越大,需要选定合适的盒子尺度。

(3) 信息维数。

在欧几里得空间 R^d 中放入分形集合 F,设分形集合 F 时间序列上的点为 $\{X_i\}_{i=1}^{N}$,N 为一个极大的数;在空间内放入边长为 r^d 的 d 维立方体,并以 $M(r)$ 来表征立方体的数量,第 i 个立方体中含有的图像上的点的数目为 N_i,且 $p_i = N_i/N$,则信息维数可定义为

$$D_I = -\lim_{r \to 0} \lim_{N \to \infty} \frac{\sum_{i=1}^{M(r)} p_i \ln(p_i)}{\ln(r)} \tag{6.7}$$

信息维数将概率的思想引入了分形理论中,并将分形维数的定义与信息理论熵 $S(r) = -\sum_{i=1}^{M(r)} p_i \ln(p_i)$ 结合起来,因此将这种分形维数命名为信息维数。

(4) 关联维数。

与信息维数相同,在欧几里得空间 R^d 中放入分形集合 F,设分形集合 F 时间序列上的点为 $\{X_i\}_{i=1}^{N}$,N 为一个极大的数;在空间内放入边长为 r^d 的 d 维立方体,并以 $M(r)$ 来表征立方体的数量,第 i 个立方体中含有的图像上的点的数目为 N_i,且 $p_i = N_i/N$,由欧几里得空间内的解序列得关联维数:

$$D_C = \lim_{r \to 0} \frac{\ln C(r)}{\ln(r)} \tag{6.8}$$

$$C(r) = \frac{1}{N^2} \sum_{i \neq j} \theta(r - \| x_i - x_j \|) \tag{6.9}$$

$\{x_i, i = 1, 2, \cdots, N\}$ 即是欧几里得空间中的一个解序列,而:

$$\theta(r - |x_i - x_j|) = \begin{cases} 1 & r \geqslant \| x_i - x_j \| \\ 0 & r < \| x_i - x_j \| \end{cases} \tag{6.10}$$

另外,由式(6.8)和式(6.9)可以将 $C(r)$ 写为

$$C(r) = \sum_{i}^{M(r)} p_i^2 \tag{6.11}$$

本书介绍了四种分形维数的定义,除了最古老的豪斯道夫维数没有用于实际使用,另外三种都已被用于实验研究中。

2) 空缺率

从理论上来讲,理想的分形特征在所有尺度下均符合统计学特性,换句话说,分形维数与尺度无关,现实中的自相似特性无法反映到所有尺度中,只能在一个很小的尺度上有所体现,对应的分形维数也只能在一定范围内才能保持稳定。然而,单一的分形维数是不足以进行模式识别的,因为两个不同表面可能会出现相同的分形维数。为了克服这一缺点,本节引入空缺率概念,它用来描述图形表面的密集性,它的基本思想是把给定表面的“气隙或空隙”进行量化,定义

$$M(L) = \sum_{m=1}^{N} m p(m, L) \tag{6.12}$$

$$M^2(L) = \sum_{m=1}^{N} m^2 p(m, L) \tag{6.13}$$

空缺率为

$$\Lambda(L) = \frac{M(L^2) - [M(L)]^2}{[M(L)]^2} \tag{6.14}$$

式中,L 为立方体内含有分形面上点的数量,或称为立方体的“质量”;$M(L)$ 为立方体的期望“质量”。在质量与期望质量有较大差异的情况下,分形体“空缺”更多。将分形维 D 与空缺率 Λ 结合起来,通过相位信息的补充,能有效地改善系统识别的准确性和可靠性。

提取局部放电分形特征参数,需要先构造灰度图。利用试验数据构造变压器局部放电灰度图像的步骤如下:

(1) 提取放电脉冲。

从示波器测得的局部放电时域波形中,根据工频周期提取局部放电脉冲序列,并设置一定的噪声阈值,将脉冲序列中大于设定阈值的数据提取出来,并记录保存其幅值相位等数值。

(2) 构造 φ-q-n 空间曲面。

通常将 φ-q 平面平均划分为多个小区间,常用的为 360×128 个小区间,分好区间后,统计每个区间内的放电次数即为 Z 轴的点,然后将这些点连接起来形成 φ-q-n 空间曲面。

（3）构造 $\varphi\text{-}q\text{-}n$ 灰度图像。

将步骤 2 中得到的 $\varphi\text{-}q\text{-}n$ 空间曲面进行归一化处理：

$$n'_{i,j}=\frac{n_{i,j}}{n_{\max}} \tag{6.15}$$

式中，$n'_{i,j}$ 为归一化放电次数；$n_{i,j}$ 为各个点上统计得到的放电次数；$n_{\max}$ 为最大放电次数。

根据上述步骤可得局部放电的原始灰度图像，再从局部放电谱图中提取分形特征量。分形维数计算过程如下：

（1）提取局部放电谱图灰度图像数据。

（2）选定盒子尺度。

（3）根据选取的不同盒子尺度，计算图像所需的盒子数 $N(L)$。

（4）将得到的一系列序列 $(L，N(L))$，将其按照横纵坐标取对数，得到对数序列 $(\log(L)，\log N(L))$。

（5）采用最小二乘法求取对数序列 $(\log(L)，\log N(L))$ 的负斜率，就是局部放电谱图的分形维数。

变压器局部放电谱图空缺率计算过程如下：

（1）提取局部放电谱图灰度图像数据。

（2）选定最合适的盒子尺度。

（3）根据式（6.12）、式（6.13）计算 $M(L)$ 和 $M^2(L)$。

（4）根据式（6.14）计算空缺率。

图 6.22 为提取分形特征量的总体过程。

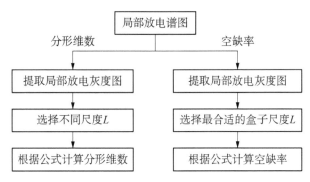

图 6.22　分形特征量提取流程框图

2. 混沌特征参数的提取方法

一般来说，局部放电脉冲幅值 A，脉冲发生的对应时间 t 以及外施电压 v 三个参数可以用来描述一次局部放电。以三个参数为基础，对连续的局放信号预处理后得到 A_n、t_n、v_n（$n=1，2，3，\cdots$），将以上三个参数归一化处理，如下所示：

$$A_n=\frac{A_n-A_{\min}}{A_{\max}-A_{\min}} \tag{6.16}$$

$$v_n = \frac{v_n - v_{\min}}{v_{\max} - v_{\min}} \tag{6.17}$$

$$t_n = \frac{\Delta t}{\Delta t_{\max}} \tag{6.18}$$

式中，A_n 为采集的第 n 个局部放电脉冲幅值；$A_{\max}$ 和 $A_{\min}$ 分别为 A_n 的最大值和最小值；v_n 为第 n 个局部放电脉冲的外施电压，$v_{\min}$ 和 $v_{\max}$ 分别为 v_n 的最大值和最小值；t_n 为第 n 个局部放电脉冲对应时间，Δt 表示相邻两次放电之间的时间间隔，$\Delta t_{\max}$ 表示最大时间间隔。

直接从 A_n、t_n、v_n 这三个参数各自构成的单变量时间序列可以分析其时间演变，因为这些序列是许多物理因素相互作用的综合结果，蕴含放电的全部信息的变化。若把这些时间序列扩展到高维的相空间中，则能够把相空间中的信息充分显示出来，并能获得更为丰富的放电特性表征。

在 m 维空间选择适当的延迟时间 τ 进行相空间重构，例如将 A_n 的一维时间序列进行相空间重构后得到：

$$\begin{aligned}
A_n(i) &= \{A_n(i), A_n(i+\tau), A_n(i+2\tau), \cdots \\
&\quad A_n[i+(m-1)\tau]\}; \\
&i = 1, 2, 3, \cdots, n
\end{aligned} \tag{6.19}$$

可用 x_i 表征局部放电时间序列，则相空间重构后得到：

$$\begin{aligned}
X_i &= \{x_i, x_{i+\tau}, x_{i+2\tau}\cdots, x_{i+\tau(m-1)}\}; \\
&i = 1, 2, \cdots, n
\end{aligned} \tag{6.20}$$

对于无限长、无噪声的数据序列，原则上延迟时间 τ 的选取没有限制。但实际实验或应用中数据序列并非无限长，都是采集有限个工频周期的数据进行分析，且并不能排除噪声的干扰。因此为了能够准确地分析局部放电信号的混沌特性，选择适当的延迟时间 τ 十分重要。目前选择延迟时间方法主要有互信息量法、自相关法、真实矢量法等，本书采用互信息量法选取延迟时间 τ。关于嵌入维数 m 的选取，应用比较广泛的是由 Cao 氏方法、伪最邻近点法等，本书采用 Cao 氏方法选取嵌入维数 m。

下面将依次介绍相空间重构参数与混沌特征参数的提取方法。

1）延迟时间选取

选择适当的延迟时间可以充分展现相空间中的各类特征，同时可以减小嵌入维数。目前常用的方法有自相关法、C-C 算法、互信息法等。

时间序列 $\{x_k: k=1, 2, \cdots, n\}$，选取延迟时间 τ，则得到的新序列为 $\{x_{k+\tau}: k=1, 2, \cdots, n\}$，设 x_i 和 $x_{i+\tau}$ 出现在 $\{x_k: k=1, 2, \cdots, n\}$，$\{x_{k+\tau}: k=1, 2, \cdots, n\}$ 中的概率分别为 $P(x_i)$，$P(x_{i+\tau})$，出现在两个时间序列中的概率为 $P(x_i, x_{i+\tau})$。$P(x_i)$ 和 $P(x_{i+\tau})$ 可以从对应的时间序列中获得，从数平面 x_i，$x_{i+\tau}$ 中的相应格子内可以得到 $P(x_i, x_{i+\tau})$。则互信息函数是

$$I(\tau) = \sum_{i=1 \to n} P(x_i, x_{i+\tau}) \ln\left[\frac{P(x_i, x_{i+\tau})}{P(x_i)P(x_{i+\tau})}\right] \tag{6.21}$$

由公式(6.21)可知,时间序列的延迟时间和互信息函数 $I(\tau)$ 的第一个极小值的 τ 值相对应。因为互信息法在计算延迟时间时考虑到了局部放电时间序列的非线性问题,所以计算结果较其余方法更准确。

2) 嵌入维数选取

塔肯斯(Takens)嵌入定理从理论上表明,不含噪的无限长局部放电时间序列,当嵌入维数 $m \geqslant 2d+1$ 时即可满足要求。然而在现实研究中不存在无限长且无噪声的数据供专家使用,因此选取的嵌入维数难以满足 Takens 嵌入定理。研究表明,若选取过小的嵌入维数,混沌吸引子容易发生重合;而过大的嵌入维数,会增加噪声对整个混沌系统的影响,从而导致计算困难,误差变大。因此嵌入维数的选取需要充分考虑局部放电混沌时间序列的特性,目前常用的方法有 G-P 算法、伪最邻近点法(false nearest neighbors)、Cao 氏方法、映像距离法(distances between images)以及最小预测误差法等。

(1) 伪最邻近点法。

通常可将伪最邻近点法视为一种排除法,通过嵌入维数的不断取值,比较不同嵌入维数时相点到最邻近点之间的长度变化并统计伪最邻近点占总临近点的比例,可通过设置一定阈值,当这个比例小于设定的阈值时计算得出的 m 即为嵌入维数;也可直接令阈值为 0,当不存在伪最邻近点时,m 即为嵌入维数。

对于相点 $V_n = (x_{1,n}, x_{1,n-\tau}, \cdots, x_{1,n-(m_1-1)\tau_1}, \cdots, x_{M,n}, x_{M,n-\tau_M}, \cdots, x_{M,n-(m_M-1)\tau_M})$,存在另一相点:$V_p = (x_{1,p}, x_{1,p-\tau}, \cdots, x_{1,p-(m_1-1)\tau_1}, \cdots, x_{M,p}, x_{M,p-\tau_M}, \cdots, x_{M,p-(m_M-1)\tau_M})$,$p \neq n$,使得

$$\|V_p - V_n\| \leqslant \|V_i - V_n\|, i = \max_{1 \leqslant j \leqslant M}(m_j-1)\tau_j+1, \cdots, N, i \neq n \quad (6.22)$$

称 V_p 为相点 V_n 的最近邻相点;$\|\cdot\|$ 为欧氏距离。

嵌入维数由 $m_i, i = 1, 2, \cdots, M$ 变为 $m_i + 1$,相邻点距离变为 $\|V_p - V_n\|^{(m_1, \cdots, m_{i+1}, \cdots, m_M)}$,若 $\|V_p - V_n\|^{(m_1, \cdots, m_{i+1}, \cdots, m_M)} \gg \|V_p - V_n\|^{(m_1, \cdots, m_i, \cdots, m_M)}$,可认定其为虚假邻点,虚假相邻点是由高维混沌吸引子向低维投影时产生的,满足

$$\frac{\|V_p - V_n\|^{(m_1, \cdots, m_{i+1}, \cdots, m_M)} - \|V_p - V_n\|^{(m_1, \cdots, m_i, \cdots, m_M)}}{\|V_p - V_n\|^{(m_1, \cdots, m_i, \cdots, m_M)}} \geqslant R_T \quad (6.23)$$

式中 R_T 为阈值,实际应用中通常取 $15 \leqslant R_T \leqslant 50$。

伪最邻近点法曾为最常用的嵌入维数选取方法,但由于其结果易受噪声影响,目前该方法的使用逐渐变少。

(2) Cao 氏(Cao's)方法。

目前 Cao's 方法最为常用,它是由伪最近邻近点法改进得到的,定义为

$$a(i, m) = \frac{\|Y_i(m+1) - Y_{n(i,m)}(m+1)\|}{\|Y_i(m) - Y_{n(i,m)}(m)\|} \quad (6.24)$$

式中 $Y_i(m+1)$ 为重构后的 m 维相空间中第 i 个矢量;

$n(i, m)(1 \leqslant n(i, m) \leqslant N_m - mL)$:是为了保证 $Y_{n(i,m)}(m)$ 在重构后的 m 维相空间中是整数且在 $Y_i(m)$ 最近邻域内。$n(i, m)$ 的取值由 i、m 决定。$\|\cdot\|$ 是欧几里得距离,

可以用最大范数来表示，即

$$\| Y_i(m) - Y_j(m) \| = \max_{0 \leqslant k \leqslant m-1} | x_{i+k\tau} - x_{j+k\tau} | \tag{6.25}$$

定义 $a(i, m)$ 的平均值为

$$E(m) = \frac{1}{N - m\tau} \sum_{i=1}^{N-m\tau} a(i, m) \tag{6.26}$$

并定义从 m 到 $(m+1)$ 维的变化为

$$E_1(m) = E(m+1)/E(m) \tag{6.27}$$

得到的 $E_1(m)$ 的函数曲线随 m 变化而波动，当曲线不随 m 变化而饱和时 $m+1$ 即为所要求的最小嵌入维数。嵌入维数选取过程中，还可判断信号的确定性和随机性，定义参数为

$$E^*(m) = \frac{1}{N - m\tau} \sum_{i=1}^{N-m\tau} | x_{i+m\tau} - x_{n(i, m)+m\tau} | \tag{6.28}$$

$$E_2(m) = E^*(m+1)/E^*(m) \tag{6.29}$$

当 $E_1(m)$ 曲线随 m 的变化达到饱和无法判断时间序列是随机还是确定信号时，可通过 $E_2(m)$ 的值来判断，随机序列的 $E_2(m)$ 在 1 左右，而混沌序列的会有波动。

（3）李亚普诺夫（Lyapunov）指数。

在分析混沌行为时可知，对初始条件的敏感性是混沌行为的重要特征，Lyapunov 指数可用来描述两个相邻初始条件产生的运动轨迹分离程度。对于一维非线性动力系统，两初值迭代结果可表示为

$$| dF/dx | = \begin{cases} > 1, 迭代使两点分离 \\ < 1, 迭代使两点靠拢 \end{cases} \tag{6.30}$$

迭代过程中两点间距随着 $| dF/dx |$ 变化不断变化，为了计算两个相邻初值的具体轨迹，定义 Lyapunov 指数 λ 为平均分离指数，ε 为两初始条件的距离为，则经过 n 次迭代后的距离为

$$\varepsilon e^{n\lambda(x_0)} = | F^n(x_0 + \varepsilon) - F^n(x_0) | \tag{6.31}$$

对等式进行对数变换后去极限得

$$\begin{aligned} \lambda(x_0) &= \lim_{n \to \infty} \lim_{\varepsilon \to 0} \frac{1}{n} \ln \left| \frac{F^n(x_0 + \varepsilon) - F^n(x_0)}{\varepsilon} \right| \\ &= \lim_{n \to \infty} \frac{1}{n} \ln \left| \frac{dF^n(x)}{dx} \right|_{x=x_0} \end{aligned} \tag{6.32}$$

由公式（6.32）可知，当 $\lambda < 0$ 时，相邻初始条件的点最终会重合为一个点，轨迹相对稳定；当 $\lambda > 0$ 时，相邻初始条件的点最终会分离，轨迹局部不稳定，若整体能保证稳定性，则最终将形成混沌吸引子轨迹。因此 λ 的正负可用来判断系统是否混沌。

目前有两种主流的 Lyapunov 指数计算方法：雅可比方法（Jacobian method）和直接方

法(direct method)。直接方法更为常用[63]，但这种方法要求更准确的数据和更长的计算时间，为此罗森斯坦(Rosenstein)对其计算方法进行了改进，因为改进后对小数据计算更为精确，因此被称为小数据量法，其算法如下：

设混沌时间序列 $\{x_1, x_2, \cdots, x_N\}$ 经相空间重构后得到：

$$Y_i = (x_i, x_{i+\tau}, \cdots, x_{i+(m-1)\tau}) \in \mathbf{R}^m, \quad (i = 1, 2, \cdots, M) \tag{6.33}$$

其中，$N = M + (m-1)\tau$，m 为 Cao's 方法得出的嵌入维数，τ 为互信息法得出的延迟时间。

找到轨迹中所有点的最近邻近点，即

$$d_j(0) = \min_{X_j} \| Y_i - Y_j \| \tag{6.34}$$

$$|i - j| > p \tag{6.35}$$

式(6.35)为求各个最近邻近点公式，p 是时间序列的平均周期。基于此，最大 Lyapunov 指数公式为

$$\lambda_1(i) = \frac{1}{i\Delta t} \frac{1}{(M-i)} \sum_{j=1}^{M-i} \ln \frac{d_j(i)}{d_j(0)} \tag{6.36}$$

式中，Δt 为所选取系统的样本周期；j 为第 j 对最近邻近点；i 为第 i 个离散步长，则 $d_j(i)$ 指第 i 个离散步长后的第 j 对最近邻近点相距的距离。对公式(6.36)做改进可得[64]

$$\lambda_1(i, k) = \frac{1}{k\Delta t} \frac{1}{(M-k)} \sum_{j=1}^{M-k} \ln \frac{d_j(i+k)}{d_j(i)} \tag{6.37}$$

式中，k 为任意常数，由 Lyapunov 指数的定义可知，最大的 Lyapunov 指数可表示轨迹的发散程度，结合式(6.34)可得

$$d_j(i) = C_j e^{\lambda_1(\Delta t)}, \ C_j = d_j(0) \tag{6.38}$$

方程两边取对数得：

$$\ln d_j(i) = \ln C_j + \lambda_1(i\Delta t) \quad (j = 1, 2, \cdots, M) \tag{6.39}$$

通过最小二乘法可得公式(3-36)的斜率为

$$y(i) = \frac{1}{\Delta t} \langle \ln d_j(i) \rangle \tag{6.40}$$

式中，$\langle \cdot \rangle$ 表示取平均值；$y(i)$ 为最大 Lyapunov 指数的值。

(4) 关联维数。

混沌吸引子的运动轨迹呈现自相似性，因此可用关联维数进行表征。关联维数还可以定量刻画混沌吸引子运动的奇异程度，因此在混沌计算中十分常见。本章采用 $G\text{-}P$ 算法来计算关联维数。

① 对混沌时间序列进行相空间重构：

$$y_i = (x_j, x_{j+\tau}, \cdots, x_{j+(n-1)\tau}) \tag{6.41}$$

② 计算重构点之间距离：

$$|y_i - y_j| = \max_{1 \leqslant k \leqslant n} |y_{ik} - y_{jk}| \tag{6.42}$$

③ 设重构相空间有 N 个点，给定一整数 r，当两点之间距离小于整数 r 时即为关联点，计算其对数，关联点对数在总点数中的占比即为关联积分：

$$C(r) = \frac{1}{N^2} \sum_{i,j=1}^{N} \theta(r - |y_i - y_j|) \tag{6.43}$$

θ 为 Heaviside 单位函数（又称阶跃函数），即：

$$\theta(x) = \begin{cases} 0, & x \leqslant 0 \\ 1, & x > 0 \end{cases} \tag{6.44}$$

④ 关联积分存在如下关系：

$$\lim_{r \to 0} C(r) \propto r^D \tag{6.45}$$

式中 D 为关联维数，且有：

$$D_{G-P} = \frac{\ln C_n(r)}{\ln r} \tag{6.46}$$

对于不同的维数 m，$\ln C_n(r) \sim \ln r$ 的曲线差异很大，也可通过最小二乘法得曲线中直线的斜率 D_{G-P}。此斜率也可以用来判断时间序列是随机的还是混沌的，当斜率随维数 m 的增加趋于饱和时即为混沌系统，否则为随机系统。

(5) 柯尔莫哥洛夫（Kolmogorov，K）熵。

系统的混乱程度可用 K 熵来表示定量，且与 K 熵成正相关关系，混沌系统的 K 熵为非无穷大的正实数[64]。计算时常用 2 阶任意熵 K_2 作为 K 的估计，计算过程如下：

对于一维时间序列 $\{x_i | i = 1, 2, 3, \cdots, N\}$，以延迟时间 τ 和嵌入维数 m 进行相空间重构，得到向量：$X_i = (x_i, x_{i+\tau}, x_{i+2\tau}, \cdots, x_{i+(m-1)\tau})$，$i = 1, 2, \cdots, N_m$，从中任选一点 X_i，计算这点与其余各点之间的欧式距离：

$$r_{ij} = \mathrm{d}(X_i - X_j) = \left[\sum_{l=1}^{m} (x_{i+l\tau} - x_{j+l\tau}) \right]^{1/2} \tag{6.47}$$

将此关联积分记为 $C_m(r)$，则 K_2 可表示为

$$K_{2,m}(r) = \frac{1}{\Delta m} \ln \frac{C_m(r)}{C_{m+\Delta m}(r)} \tag{6.48}$$

$$K_2 = \lim_{\substack{r \to 0 \\ m \to \infty}} K_{2,m}(r) \tag{6.49}$$

$K_{2,m}(r)$ 曲线会随着 m 值的增大趋近于一个饱和值，即为 K_2 熵。

6.4.3 双特征参数提取结果

1. 分形特征参数提取结果

以往为充分挖掘局部放电信号的各种信息，常在 φ-q-n 谱图提取很多个特征量，导致特征量信息产生冗余，极大增加识别难度，严重影响运算速度的提高。而分形理论引入分形

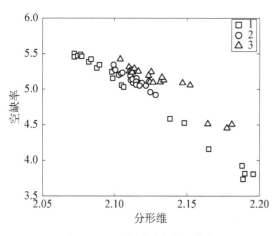

图 6.23　三种模型的分形特征

维的概念,可用包含极少参数的公式来描述复杂现象,将其应用在变压器局部放电模式识别中使模式识别具备快速性特征。计算分形特征参数,再用分形维和空缺率 Λ 构建时频谱图,如图 6.23 所示。

由图 6.23 可知,三种放电模型各自的分形特征量集中于不同的区域,具有一定相似度,可见分形特征具有一定的模式区分能力,然而三种放电模式在分形维 2.10~2.13 区间内时,空缺率存在一定重合,此时对其进行模式识别会出现误判现象,因此基于单一分形特征参数的局部放电模式识别方式虽然识别难度较小,但准确性较为欠缺。

2. 混沌特征参数提取结果

混沌特征参数是从局部放电时间序列中提取的,因此在三种放电模型各自产生局部放电后,记录下 90 s 内的放电量数据,拟合到电脑中显示。如图 6.24~图 6.26 所示,从图中可直观看出不同放电模型放电量的差异。

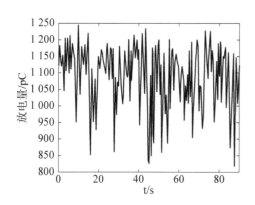

图 6.24　球球模型放电量随时间变化图

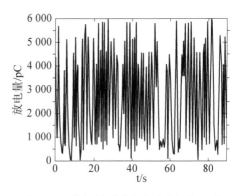

图 6.25　针板模型放电量随时间变化图

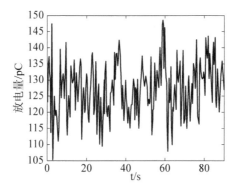

图 6.26　针针模型放电量随时间变化图

根据 PRPD 模式,提取了不同放电模式下的 φ-q-n 谱图,如图 6.27~图 6.29 所示。

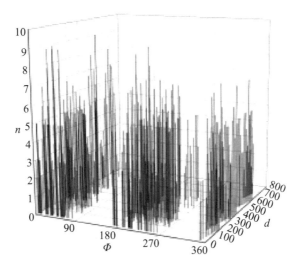

图 6.27　球球放电三维谱图

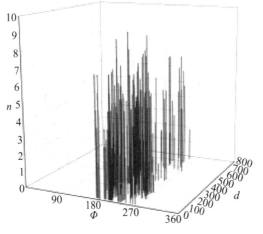

图 6.28　针板放电三维谱图

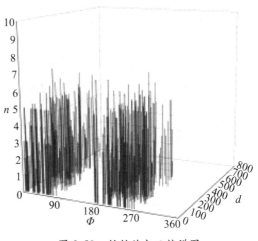

图 6.29　针针放电三维谱图

为了研究局部放电混沌特性,必须先获取等时间距离采样的放电量时间序列。在采样时,从图 6.27~图 6.29 所示的最大放电量随时间变化的曲线上每 0.02 s 采样一次获得相应的放电值,依次采集 90 s 内共 4 500 个点,且在混沌分析前需将获得的时间序列归一化处理,已知时间序列 $\{y_i | i=1, 2, 3, \cdots, n\}$,归一化公式为

$$x_i = \frac{y_i - y_{\min}}{y_{\max} - y_{\min}}, \ i=1, 2, 3, \cdots, n \tag{6.50}$$

式中,x_i 为归一化处理后序列中第 i 个点的值,$y_{\max}$ 和 $y_{\min}$ 分别为时间序列中的最大值和最小值。

由于数据点过多,绘图时只选取其中部分点,图 6.30~图 6.32 为三种局部放电模型时间序列构造及归一化处理图。

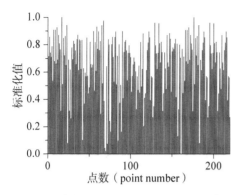

图 6.30　球球电极放电量随时间变化的序列

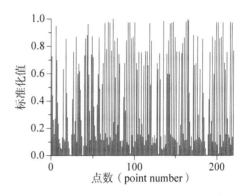

图 6.31　针板电极放电量随时间变化的序列

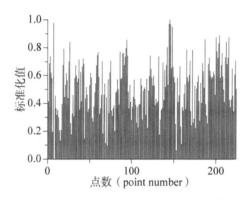

图 6.32　针针电极放电量随时间变化的序列

　　提取混沌特征参数前需要对混沌行为定性,通过混沌吸引子来分析局部放电时间序列的混沌特性,当吸引子的运动轨迹为无序的稳态形状时,则可定性为混沌。对三种放电类型的放电量时间序列相空间重构,由重构的相空间矢量获得的吸引子如图 6.33～图 6.35 所示。

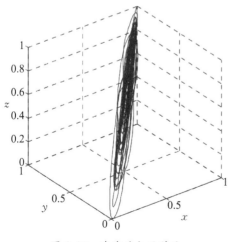

图 6.33　球球放电吸引子

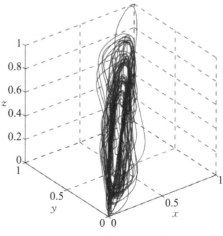

图 6.34　针板放电吸引子

由图 6.33～图 6.35 可以看出,吸引子呈现出一种非周期的无序稳态的形状,因此可判断局部放电具有混沌特性。

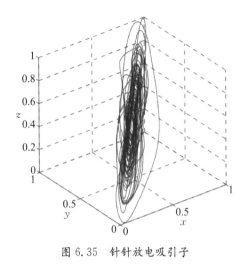

图 6.35 针针放电吸引子

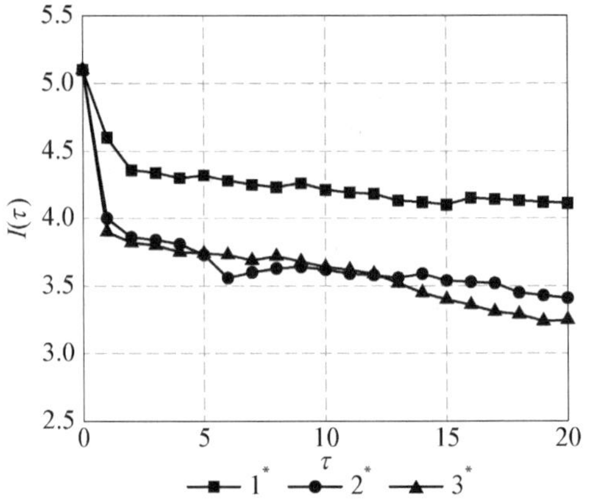

图 6.36 延迟时间函数曲线

为了使时间序列中的信息充分表现出来,计算选取合适的延迟时间和嵌入维数进行相空间重构(图 6.36 中的 $1^*,2^*,3^*$ 分别表示球球放电,针板放电,针针放电)。

1)延迟时间

根据相关原理做出 $I(\tau)$ 随 τ 变化的曲线图,图 6.36 为三种放电模型的延迟时间函数曲线。

2)嵌入维数

嵌入维数可用来判断放电量时间序列是否为混沌,当 $E_1(m)$ 曲线随 m 的变化达到饱和无法判断时间序列是随机还是确定信号时,可通过 $E_2(m)$ 的值来判断,随机序列的 $E_2(m)$ 在 1 左右,而混沌序列的会有波动。由前文理论可得嵌入维数曲线,如图 6.37～图 6.39 所示。

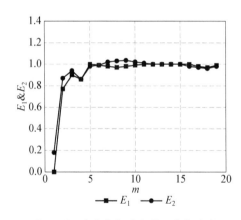

图 6.37 球球电极放电嵌入维数曲线

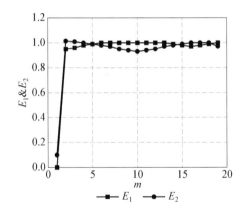

图 6.38 针板电极放电嵌入维数曲线

3)Lyapunov 指数

Lyapunov 指数可用来描述两个相邻初始条件产生的运动轨迹分离程度。通过计算可得三种放电模型的 Lyapunov 曲线,结果如图 6.40 所示。

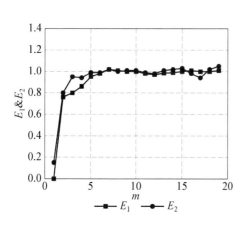

图 6.39　针针电极放电嵌入维数曲线

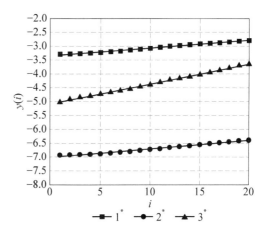

图 6.40　三种模型最大 Lyapunov 指数

4）关联维数

由相关理论可得关联维数曲线,当斜率随 m 变化而趋于饱和时,此时的值即为关联维数 D。三种模型的关联维数曲线如图 6.41 所示。

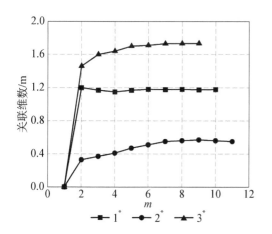

图 6.41　三种模型的关联维数曲线

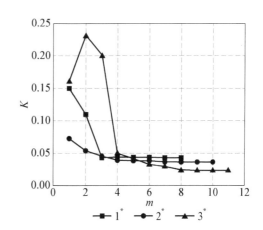

图 6.42　三种模型的 K 熵曲线图

5）Kolmogorov 熵

系统的混乱程度可用 K 熵来定量表示,且与 K 熵成正相关关系,混沌系统的 K 熵为非无穷大的正实数。由前文理论可得三种放电模型的 K 熵随嵌入维 m 变化的曲线,如图 6.42 所示。

将三种变压器局部放电模型的混沌特征参数整理后如表 6.1 所示。

表 6.1　三种放电模型的混沌特征参数

放电模型	1^*	2^*	3^*
延迟时间	4	6	7
嵌入维数	7	4	6

放电模型	1*	2*	3*
Lyapunov	0.013 68	0.057 11	0.044 88
关联维数	1.427 1	1.272 1	1.722 3
K 熵	0.042 9	0.036 6	0.023 2

6.5 局部放电模式智慧识别算法及仿真

人工神经网络具有很强的分析、学习、归类能力，因此在模型识别、分类处理、图像分析等多个领域得到广泛应用[65-66]。对于局部放电信号这种非线性变化的数据神经网络也可以顺利分析并归类，因此神经网络近年来也被用于局部放电模式识别中。目前用于模式识别的人工神经网络主要有 BP 神经网络、自组织竞争神经网络、径向基（RBF）神经网络、概率神经网络、遗传神经网络以及小波神经网络。本章将三种放电模型的混沌特征量、分形特征量作为概率神经网络输入向量来识别，并以此来诊断局部放电类型；同时，用神经网络对 PRPD 模式下提取的指纹图谱进行识别；最后，综合混沌特征参数和分形特征参数作为输入特征量进行识别，识别结果与前几种识别结果进行对比分析。

6.5.1 双特征参数的融合机制

针对如何衡量一组特征参数识别的有效性，以及怎样更快地找到性能最优的特征组合，同时考虑到本书特征参数的数量并不多，故选用线性判别分析准则对双特征参数进行融合、提取、降维。

模式分类的可分性准则原理如下：

（1）可分性判别依据需要与出错概率（或最大出错概率）成正相关关系，这样可以更好地完成模式分类。

（2）当识别的每种特征相互独立时，判别依据对各种特征具有可加性

$$J_{ij}(x_1, x_2, \cdots, x_d) = \sum_{k=1}^{d} J_{ij}(x_k) \tag{6.51}$$

式中，i 和 j 代表两类特征；J_{ij} 则代表两类的分离程度；$x_1, x_2, \cdots, x_d$ 表示各类特征参数或变量。

（3）判据应具有以下度量特性

$$\begin{aligned} J_{ij} > 0, &\quad \text{当 } i \neq j \text{ 时} \\ J_{ij} = 0, &\quad \text{当 } i = j \text{ 时} \\ J_{ij} = J_{ji} \end{aligned} \tag{6.52}$$

（4）理想情况下，合适的判别依据不会因为新加入的特征是其值而减小，即

$$J_{ij}(x_1, x_2, \cdots, x_d), J_{ij}(x_1, x_2, \cdots, x_d, x_{d+1}) \tag{6.53}$$

在投影过程中,可通过类内距离小、类间距离大的要求来选择最合适的投影位置。选择 Fisher 准则函数对各个类别进行分析处理的目的就是选择最佳投影位置,使得提取出的新样本满足类内距离小,类间距离大的标准。

某一高维数据集 $X = [x_1, x_2, \cdots, x_n](x_{1,2,3,\cdots,n} \in R^d)$,其中,$n$ 为数据集所有样本数量;R^d 为样本所在的高维空间;d 代表维数。因此可将第 l 类高维数据样本集表示为 $X_l = [x_l^1, x_l^2, \cdots, x_l^{nl}]$($nl$ 为第 l 类样本总数)。设 C 为样本所在高维空间中的类别个数,则有 $n = \sum\limits_{l=1}^{C} n_l$,此时依据类的可分性准则,Fisher 函数为

$$w_{\mathrm{LDA}} = \underset{w}{\mathrm{argmax}} \frac{w^{\mathrm{T}} S_b w}{w^{\mathrm{T}} S_w w} \tag{6.54}$$

其中:

$$\boldsymbol{S}_b = \sum_{l=1}^{C} n_l (m_l - m)(m_l - m)^{\mathrm{T}} \tag{6.55}$$

$$\boldsymbol{S}_w = \sum_{l=1}^{C} \sum_{k=1}^{n_l} (x_l^k - m_l)(x_l^k - m_l)^{\mathrm{T}} \tag{6.56}$$

$$m_l = \sum_{k=1}^{n_l} x_l^k / n_l \tag{6.57}$$

$$m = \sum_{l=1}^{C} m_l / C \tag{6.58}$$

其中,公式(6.55)是类间离散度矩阵,公式(6.56)为类内离散度矩阵,m_l 为类内样本均值,m 为样本空间均值。

构造拉格朗日乘子,将式(6.54)表示为

$$L(w, l) = w^{\mathrm{T}} \boldsymbol{S}_b w - l(w^{\mathrm{T}} \boldsymbol{S}_w w) \tag{6.59}$$

由公式(6.59)可知,可将选择最佳投影的问题转换成求解矩阵 $\boldsymbol{S}_b \boldsymbol{S}_w^{-1}$ 的特征值 λ_i 的主导向量的问题,并选取特征值中累计贡献率较高的特征值的主导向量,将它们作为最佳投影集 $\boldsymbol{W} = [w_1, w_2, w_3, \cdots, w_n]$,经过最佳投影集处理后的数据为 $\boldsymbol{Y} = \boldsymbol{W}^{\mathrm{T}} \boldsymbol{X}$,降低了原空间的维数。

6.5.2　模式识别算法

本书选用 PNN 概率神经网络对局部放电信号进行模式识别,PNN 由径向基函数发展而来,其构造方法相对简单,且收敛性好。基本结构如图 6.43 所示。

与常见的神经网络算法不同,概率神经网络没有迭代算法,仅用前馈神经网络实现输入输出。输入层不做任何运算,仅是将数据样本送入网络,模式层通过权值矩阵与输入层建立关系,计算输入数据与各模式之间的匹配程度,使用高斯函数作为传递函数,计算模式层的输出,然后在求和层计算各模式的条件概率密度,再基于贝叶斯决策估计样本的最大概率,通过输出层输出概率最高的类别。

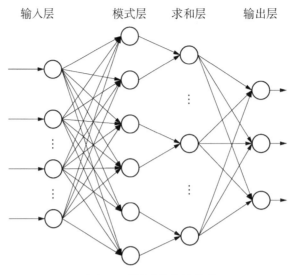

图 6.43　PNN 基本结构图

与传统的神经网络相比,该算法没有采用迭代式求解方法,而是采用了一个前向神经网络络来进行输入和输出。在模式层面上,利用各个模型的权重来确定模型与模型的对应度,以Gaussian 函数为转换方程,对模式层面的结果进行转换,并对模型进行分析,得到模式层面上的结果,进而根据贝叶斯判决对模型进行最大概率的分类,最后通过输出层输出分类结果。

1. 概率神经网络的基本算法

概率神经网络的判别函数为

$$g_i(\vec{x}) = \frac{p(w_i)}{N_i} \sum_{k=1}^{N_i} \exp\left(-\frac{\|\vec{x} - \vec{x}_{ik}\|^2}{2\sigma^2}\right) \tag{6.60}$$

式中,i 代表第 w_i 类样本,k 代表第 k 个训练样本,则 $\vec{x}_{ik}$ 指第 w_i 类的第 k 个训练样本;N_i代表所有训练样本的数量;σ 是平滑因子。

假如 $g_i(\vec{x}) > g_j(\vec{x})$,那么可判定 $\vec{x} \in w_i$。 算法流程如下:

(1) 假定一个训练集 X 的样本量为 m,其中样本维数为 n,C 是一个归一化的学习样本量,因此可以构造一个归一化的样本矩阵,即

$$C_{mn} = \frac{1}{\sqrt{\sum_{k=1}^{n} x_{mk}^2}} x_{mn} \tag{6.61}$$

(2) 对上式 C 进行归一化后的训练样本输入到模式层,假定被分类的输入样例是 D,总共有 p 个样例,各样例维度是 n,并求出待辨识样例和训练样例间的欧氏间距:

$$E_{pm} = \sqrt{\sum_{k=1}^{n} |D_{pk} - C_{mk}|^2} = \begin{bmatrix} \sqrt{\sum_{k=1}^{n} |d_{1k} - c_{1k}|^2} & \sqrt{\sum_{k=1}^{n} |d_{1k} - c_{2k}|^2} & \cdots & \sqrt{\sum_{k=1}^{n} |d_{1k} - c_{mk}|^2} \\ \sqrt{\sum_{k=1}^{n} |d_{2k} - c_{1k}|^2} & \sqrt{\sum_{k=1}^{n} |d_{2k} - c_{2k}|^2} & \cdots & \sqrt{\sum_{k=1}^{n} |d_{2k} - c_{mk}|^2} \\ \vdots & \vdots & \vdots & \vdots \\ \sqrt{\sum_{k=1}^{n} |d_{pk} - c_{1k}|^2} & \sqrt{\sum_{k=1}^{n} |d_{pk} - c_{2k}|^2} & \cdots & \sqrt{\sum_{k=1}^{n} |d_{pk} - c_{mk}|^2} \end{bmatrix}$$

$$(6.62)$$

式中，c_i 为归一化的训练样本；d_j 为归一化的待辨识样例；E_{ij} 表示第 i 个训练样本与第 j 个待辨识样例的欧式距离。

（3）采用径向基函数：$P = e^{-E/2\sigma^2}$ 作为激活函数，将 σ 设置为 0.1，构建初始概率矩阵：

$$\boldsymbol{P} = E^{-\frac{E_{pm}}{2\sigma^2}} = \begin{bmatrix} e^{\frac{E_{11}}{2\sigma^2}} & e^{\frac{E_{12}}{2\sigma^2}} & \cdots & e^{\frac{E_{1m}}{2\sigma^2}} \\ e^{\frac{E_{21}}{2\sigma^2}} & e^{\frac{E_{22}}{2\sigma^2}} & \cdots & e^{\frac{E_{2m}}{2\sigma^2}} \\ \vdots & \vdots & \vdots & \vdots \\ e^{\frac{E_{p1}}{2\sigma^2}} & e^{\frac{E_{p2}}{2\sigma^2}} & \cdots & e^{\frac{E_{mm}}{2\sigma^2}} \end{bmatrix}$$

$$(6.63)$$

（4）把被激活后的初始概率数据资源输入到求和层，就能得到各个样品所属种类的概率和

$$\boldsymbol{S} = \sum_{k_c} \boldsymbol{P}_{pl} = \begin{bmatrix} \sum_{k_1} P_{1l} & \sum_{k_2} P_{1l} & \cdots & \sum_{k_c} P_{1l} \\ \sum_{k_1} P_{2l} & \sum_{k_2} P_{2l} & \cdots & \sum_{k_c} P_{2l} \\ \vdots & \vdots & \vdots & \vdots \\ \sum_{k_1} P_{pl} & \sum_{k_2} P_{pl} & \cdots & \sum_{k_c} P_{pl} \end{bmatrix}$$

$$(6.64)$$

（5）计算第 i 个样本属于第 j 类的概率

$$\text{prob}_{ij} = \frac{S_{ij}}{\sum_{i=1}^{c} S_{ij}}$$

$$(6.65)$$

概率值最大的即为样本所属类别。

2. 仿真结果

为更全面地比较分析，将做两组仿真，每组各输入 4 种特征参数，仿真流程如图 6.44 所示。

在每个神经网络下分 4 组特征参数进行比较分析，选取传统统计特征参数是为了体现现有方法相较于传统方法优势；选取单一混沌特征参数和单一分形特征参数，将两者与双特征参数的识别结果做比较，体现融合后的特征参数具有一定优越性，对局部放电特征的提取

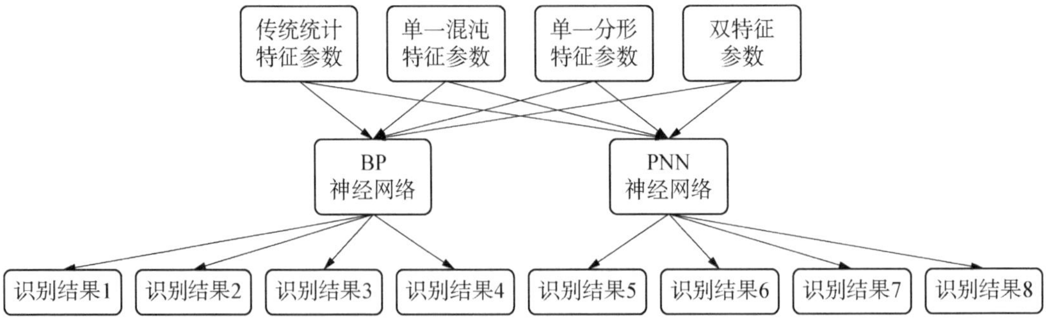

图 6.44 仿真流程

更加准确。

通过混沌理论获得的部分输入特征量如表 6.2 所示。

表 6.2 部分输入特征量

放电类型	输入特征量				
	延迟时间 τ	嵌入维数 m	Lyapunov	K 熵	关联维数 D
球球放电	5	6	0.022 5	0.033 6	1.411 7
	6	7	0.023 5	0.034 1	1.423 6
	8	5	0.012 4	0.023 8	1.486 3
	10	9	0.021 5	0.027 9	1.255 4
针板放电	4	8	0.012 6	0.022 9	1.966 2
	7	6	0.015 5	0.018 9	1.747 9
	8	7	0.016 1	0.020 3	1.753 1
	12	15	0.002 3	0.018 6	1.871 1
针针放电	5	5	0.011 5	0.012 7	1.262 1
	3	10	0.026 9	0.014 2	1.170 1
	2	12	0.015 5	0.005 1	1.236 6
	12	6	0.010 7	0.002 6	1.204 5

识别过程中共提取每种放电类型下输入样本 200 组,共计 600 组数据,其中每种放电类型随机选择 120 组作为神经网络的训练样本,剩下 80 组作为测试样本。为了体现实验结果的普适性,共做了 4 组实验,相互比较并印证。

训练与测试样本如表 6.3 所示。

表 6.3 训练和测试样本

放电模式	A 组		B 组		C 组		D 组	
	训练集	测试集	训练集	测试集	训练集	测试集	训练集	测试集
球球放电	120	80	120	80	120	80	120	80
针板放电	120	80	120	80	120	80	120	80
针针放电	120	80	120	80	120	80	120	80

6.5.3 基于 BP 神经网络的不同特征参数局部放电模式识别

为了比较不同分类器的识别结果，建立了传统 BP 神经网络模型，采用相同的数据进行识别。

将提取的 4 组特征量采用神经网络工具箱中的 BP 神经网络进行模式识别，其结构为：输入层神经元个数对应于输入特征量维数 $n=5$；隐层包含 $2n+1=11$ 个隐层节点；输出层为 3 个节点。隐层、输出层的传递函数均采用双曲正切 S 型传递函数。识别结果如表 6.4 所示。

表 6.4 基于 BP 神经网络的四种特征参数局放模式识别准确率　　　　　　%

特征参数	放电模式	A 组		B 组		C 组		D 组		平均	综合
		训练集	测试集	训练集	测试集	训练集	测试集	训练集	测试集		
单一混沌特征参数	球球放电	87.4	85.3	86.7	87.2	86.1	86.8	87.3	86.9	86.71	82.97
	针板放电	83.2	83.6	81.8	82.7	83.9	82.4	81.5	82.4	86.69	
	针针放电	80.1	79.3	79.4	78.2	78.9	79.6	79.9	80.7	79.51	
单一分形特征参数	球球放电	77.3	78.2	78.1	77.8	76.8	78.1	78.2	76.8	77.66	74.94
	针板放电	76.8	76.6	75.9	74.3	77.6	74.2	75.1	76.3	75.85	
	针针放电	71.3	70.8	72.5	70.4	71.9	71.1	70.8	71.7	71.31	
统计特征参数	球球放电	76.6	77.5	78.3	77.6	78.2	75.9	76.3	79.8	77.53	75.93
	针板放电	74.1	73.4	75.2	75.6	72.5	73.4	74.2	75.7	74.26	
	针针放电	76.3	75.7	75.1	76.2	76.5	77.9	74.7	75.5	75.99	
双特征参数融合	球球放电	86.7	87.4	85.3	85.9	87.5	87.2	85.4	86.7	86.55	89.74
	针板放电	90.1	90.6	89.2	90.8	88.6	89.5	90.2	89.7	89.84	
	针针放电	92.1	94.3	91.8	92.5	93.3	94.2	91.6	92.8	92.83	

基于 BP 神经网络的 4 种参数局部放电模式识别时间如表 6.5 所示。

表 6.5 基于 BP 神经网络的 4 种参数局部放电模式识别时间对比　　　　　　s

放电模式	球球放电	针板放电	针针放电	平均
单一混沌	7.9	7.6	7.2	7.6
单一分形	4.4	4.2	4.6	4.4
统计特征	15.4	16.3	13.8	15.2
双特征	8.7	9.3	8.9	8.97

由表 6.5 可知，经 BP 神经网络识别后，球球电极放电在单一混沌特征参数下识别准确率最高的为 86.71%，双特征参数为 86.55%。在统计特征参数下，球球电极放电识别准确率最低，只有 77.53%。

针板电极放电：在 BP 神经网络中输入双特征参数时的识别准确率最高为 89.84%，输入单一混沌特征参数为 82.69%,统计特征参数识别准确率最低为 74.26%。

针针电极放电:在 BP 神经网络中输入双特征参数时的识别准确率最高为 92.83%,输入单一混沌特征参数次之为 79.51%,分形特征参数识别准确率最低为 71.31%。

综合看来,单一特征参数对于针针电极放电的识别准确率均不高,为 70%~80%,而在融合参数后,识别准确率提高到了 92.83%,可见特征参数融合可以更全面地表征局部放电特性,大大提高局部放电模式识别的准确率。传统统计特征参数未经处理直接输入神经网络的识别准确率均不高,可见现有特征参数在表征局部放电特性上具备一定优势。

将 4 种识别方式准确率放入柱状图中直观比较,如图 6.45 所示。

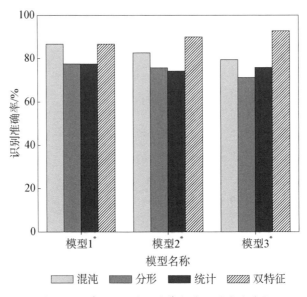

图 6.45 基于 BP 的 4 种特征量识别结果对比

由基于 BP 神经网络的 4 种参数局部放电模式识别时间如表 6.5 所示。

表 6.5 可知,分形特征参数的模式识别速度最快,平均只需 4.4 s;统计特征参数由于未降维处理,参数过多,所以识别速度最慢,平均需要 15.2 s;双特征参数虽然识别时间略有增加,平均需要 8.97 s,但相对于识别准确率的大幅度提高,识别速度的小幅度降低可以接受。

6.5.4 基于 PNN 的不同特征参数局部放电模式识别

与 BP 神经网络识别过程相同,将提取的单一混沌特征参数、单一分形特征参数、统计特征参数以及双特征融合参数输入 PNN 概率神经网络进行识别,分为 A、B、C、D 四组进行识别比较。

将识别结果进行比较分析,基于 PNN 神经网络的四种特征参数局部放电模式识别准确率结果如表 6.6 所示,基于 PNN 神经网络的四种参数局部放电模式识别时间对比如表 6.7 所示。

表 6.6　基于 PNN 神经网络的四种特征参数局部放电模式识别准确率　　　　　%

特征参数	放电模式	A组		B组		C组		D组		平均	综合
		训练集	测试集	训练集	测试集	训练集	测试集	训练集	测试集		
单一混沌特征参数	球球放电	91.6	89.3	92.1	90.8	92.8	91.5	91.2	91.8	91.39	86.21
	针板放电	85.7	86.5	84.9	85.6	86.4	84.9	85.2	86.1	85.66	
	针针放电	82.5	81.1	81.7	80.2	80.9	81.6	81.9	82.7	81.58	
单一分形特征参数	球球放电	78.7	79.5	80.8	80.6	79.1	77.9	78.7	81.8	79.64	80.24
	针板放电	78.7	76.4	81.9	82.6	79.5	81.6	82.2	83.7	80.80	
	针针放电	78.1	81.7	81.6	78.5	80.8	80.2	81.7	79.7	80.29	
统计特征参数	球球放电	75.7	76.5	74.9	75.7	76.6	74.8	75.2	76.3	75.71	75.81
	针板放电	80.3	79.2	79.1	77.7	82.8	80.5	78.2	76.8	79.34	
	针针放电	73.6	71.8	72.7	70.7	73.9	71.6	71.9	72.7	72.38	
双特征参数融合	球球放电	95.3	96.5	94.8	95.6	96.3	94.9	95.6	96.8	95.73	93.55
	针板放电	93.7	92.4	94.1	92.8	94.6	93.5	92.2	93.7	93.38	
	针针放电	92.7	91.3	91.6	90.5	90.8	91.2	91.4	92.7	91.53	

表 6.7　基于 PNN 神经网络的四种参数局部放电模式识别时间对比　　　　　　s

放电模式	球球放电	针板放电	针针放电	平均
单一混沌	7.2	6.8	6.6	6.9
单一分形	4.1	3.8	3.5	3.8
统计特征	13.4	15.3	13.1	14.1
双特征	8.3	8.8	8.6	8.6

由表 6.6 可知，经 PNN 概率神经网络识别后，球球电极放电在双特征参数下识别准确率最高为 95.73%，单一混沌参数次之为 91.39%，统计特征参数下球球电极放电识别准确率最低只有 77.53%。

针板电极放电：在 PNN 概率神经网络中输入双特征参数时的识别准确率最高为 93.38%，输入单一混沌特征参数次之为 85.66%，统计特征参数识别准确率最低为 80.8%。

针针电极放电：在 PNN 概率神经网络中输入双特征参数时的识别准确率最高为 91.53%，输入单一混沌特征参数次之为 81.58%，输入统计特征特征参数识别准确率最低为 72.38%。

综合看来，PNN 概率神经网络识别效果比 BP 神经网络识别效果更好。单一特征参数对于针针电极放电的识别准确率均不高，为 72%～82%，而在融合参数后，识别准确率提高到了 91.53%，可见特征参数融合可以更全面地表征局部放电特性，大大提高了局部放电模式识别准确率。传统统计特征参数未经处理直接输入神经网络的识别准确率均不高，可见现有特征参数在表征局部放电特性上具备一定优势。将四种识别方式准确率放入柱状图中直观比较，如图 6.46 所示。

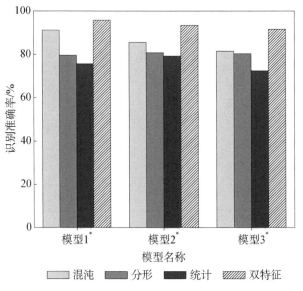

图 6.46 基于 PNN 的四种特征量识别结果对比

由表 6.7 可知,分形特征参数的模式识别速度最快,平均只需 3.8 s;统计特征参数由于未降维处理,参数过多,所以识别速度最慢,平均需要 14.1 s;双特征参数虽然识别时间略有增加,平均需要 8.6 s,但相对于识别准确率的大幅度提高,识别速度的小幅度降低可以接受。

参考文献

[1] 贺兰菲,熊川羽,马莉,等.考虑寿命差异化现象的变压器寿命预测方法研究[J].供用电,2022,39(9):93 – 100.

[2] 吴振跃,乔亚兴,高亿文,等.一种改进型脉冲电流法的开关柜局部放电监测装置[J].电力设备管理,2021(1):157 – 158.

[3] ANDREEV I A, AMOSOV V V, LYAKHOVSKII Y Z. Evaluation of the state of the insulation system of a stator winding of high-voltage electric machines based on measurements of statistical characteristics of partial discharges [J]. Russian Electrical Engineering, 2011,82(4):184 – 188.

[4] 胡长猛,程林,王辉,等.含典型缺陷的变压器套管局部放电检测试验研究[J].电瓷避雷器,2021(2):107 – 115.

[5] 孙宇微,吕安强,谢志远.电缆及其附件局部放电超声波检测技术研究进展[J].电工电能新技术,2022,41(9):47 – 57.

[6] 白鹭,李小婧,董理科,等.基于超声波法识别环网柜的局部放电类型研究[J].电测与仪表,2020,57(11):42 – 48.

[7] 贾骏,陶风波,杨强,等.复杂多径传播条件下变压器局部放电定位方法研究[J].中国电机工程学报,2022,42(14):5338 – 5348.

[8] 李大华,孔凌风,高强,于晓,杜洋.基于三次相关改进的广义互相关时延估计法在局部放电超声波定位中的研究[J].声学技术,2022,41(5):774 – 781.

[9] 张重远,岳浩天,王博闻,等.基于相似矩阵盲源分离与卷积神经网络的局部放电超声信号深度学习模式识别方法[J].电网技术,2019,43(6):1900 – 1907.

［10］ AZAM S. M. KAYSER, Othman Mohamadariff, Illias Hazlee Azil, et al. Ultra-high frequency printable antennas for partial discharge diagnostics in high voltage equipment ［J］. Alexandria Engineering Journal, 2023, 64:709 - 729.

［11］ Detection and Localization of Partial Discharge in Transformer Oil and Winding using UHF Method ［J］. International Journal of Innovative Technology and Exploring Engineering, 2020, 9(7):304 - 308.

［12］ CHENG J R, XU Y, DING D W, et al. Investigation of sensitivity of the ultra-high frequency partial-discharge detection technology for micro-crack in epoxy insulator in GIS ［J］. High Voltage, 2020, 5 (6):697 - 703.

［13］ 郁琦琛, 罗林根, 吴凡, 等. 基于广义回归神经网络的特高频局部放电定位法［J］. 中国电力, 2021, 54 (2):11 - 17.

［14］ 马鹏埠, 王致杰, 沈盼, 等. 基于时间反转聚焦成像的局部放电特高频定位方法［J］. 高压电器, 2022, 58 (9):165 - 172.

［15］ 陈继明, 许辰航, 李鹏, 等. 基于时频分析与分形理论的 GIS 局部放电模式识别特征提取方法［J］. 高电压技术, 2021, 47(1):287 - 295.

［16］ 辛文成, 姚森敬, 陈浩敏, 等. 计及电磁模特高频信号的局部放电模式识别方法［J］. 电力科学与技术学报, 2022, 37(6):108 - 115.

［17］ LI S Y, SONG P X, WEI Z P, et al. Partial discharge detection and defect location method in GIS cable terminal ［J］. Energies, 2022, 16(1):413 - 418.

［18］ DUKANAC D. Application of UHF method for partial discharge source location in power transformers ［J］. IEEE Transactions on Dielectrics and Electrical Insulation, 2018, 25(6): 2266 - 2278.

［19］ 唐志国, 唐铭泽, 李金忠, 等. 电气设备局部放电模式识别研究综述［J］. 高电压技术, 2017, 43(7): 2263 - 2277.

［20］ 李正明, 钱露先, 李加彬. 基于统计特征与概率神经网络的变压器局部放电类型识别［J］. 电力系统保护与控制, 2018, 46(13):55 - 60.

［21］ YIN K Y, WANG Y H, LIU S H, et al. GIS partial discharge pattern recognition based on multi-feature information fusion of PRPD image ［J］. Symmetry, 2022, 14(11):2464 - 2471.

［22］ 韩世杰, 吕泽钦, 隋浩冉, 等. 基于 EFPI 传感器的 GIS 局部放电模式识别研究［J］. 电力工程技术, 2022, 41(1):149 - 155.

［23］ Barad R K, SRIPATHI S. Investigation of gravity wave characteristics in the equatorial ionosphere during the passage of the 15 January 2010 solar eclipse over Tirunelveli ［J］. Advances in Space Research, 2023, 71(1):160 - 175.

［24］ WANG Y Q, FENG C H, GUAN J. UHF LS peano fractal antenna for PD GIS detection ［J］. Journal of Electromagnetic Waves and Applications , 2020, 34(13):1 - 15.

［25］ 张云翔, 饶竹一, 王忠军. 基于激光视觉的局部放电图像识别系统［J］. 激光杂志, 2020, 41(9):188 - 191.

［26］ 徐艳春, 夏海廷, 李振华, 等. 采用动态模式分解分形特征的局部放电模式识别［J］. 电力系统及其自动化学报, 2019, 31(12):35 - 43.

［27］ 赵煦, 刘晓航, 孟永鹏, 等. 采用小波包树能量矩阵奇异值分解的局部放电模式识别［J］. 西安交通大学学报, 2017, 51(8):116 - 121.

［28］ 王永强, 杨东星, 何杰, 等. 基于小波包变换的干式变压器局部放电超声信号的模式识别［J］. 绝缘材料, 2015, 48(2):61 - 67.

［29］ 胡明宇, 王先培, 肖伟, 等. 基于 UHF 的局部放电信号小波包去噪与模式识别研究［J］. 仪表技术与传感器, 2016, No. 402(7):93 - 96.

［30］ 章坚. 基于灰度图中心矩与概率神经网络分类器的局部放电模式识别［J］. 通讯世界, 2019, 26(7):

201－203.

[31] 魏亚军,李开灿,董振. 基于 Tamura-HOG 纹理特征与矩特征融合的配网电缆终端故障诊断方法[J]. 电力系统及其自动化学报,2022,34(9):153－158.

[32] BIN Feng, WANG Feng, SUN Qiuqin, et al. Identification of ultra-high-frequency PD signals in gas-insulated switchgear based on moment features considering electromagnetic mode [J]. High Voltage, 2020,5(6):688－696.

[33] LI X, WANG X H, XIE D L, et al. Time-frequency analysis of PD－induced UHF signal in GIS and feature extraction using invariant moments [J]. IET Science, Measurement & Technology, 2018, 12 (2):169－175.

[34] LIAO Y L, CAO P, LUO L X. Identification of novel arachidonic acid 15-lipoxygenase inhibitors based on the bayesian classifier model and computer-aided high-throughput virtual screening [J]. Pharmaceuticals (Basel, Switzerland), 2022, 15(11):1440－1451.

[35] 宋辉,代杰杰,张卫东,等. 基于变分贝叶斯自编码器的局部放电数据匹配方法[J]. 中国电机工程学报,2018,38(19):5869－5877＋5945.

[36] HU X X, WANG J G, XU C J, et al. Research on multi-source partial discharge localization based on improved FCM-LOF fuzzy clustering algorithm [J]. Measurement Science and Technology, 2023, 34 (1): 1811－1819.

[37] 刘燃. 基于 GK 模糊聚类的重症监护设备局部放电故障识别方法[J]. 微型电脑应用,2022,38(8):121－124.

[38] 周达,张昕,邹云峰,等. 基于 T－F 聚类和 PRPD 图谱分析的配网电缆局部放电类型识别研究[J]. 电气工程学报,2022,17(2):235－242.

[39] MOHI A, QURESHI S. A review of challenges and solutions in the design and implementation of deep graph neural networks [J]. International Journal of Computers and Applications, 2023, 45(3): 221－230.

[40] RAHMAN M, MANDAL A, GAYARI I, et al. Prospect and scope of artificial neural network in livestock farming: a review [J]. Biological Rhythm Research, 2023, 54(2): 249－262.

[41] 杨洋,陈家俊. 基于群智能算法优化 BP 神经网络的应用研究综述[J]. 电脑知识与技术,2020,16(35):7－10＋14.

[42] 仲崇丽,刘华. 改进卷积神经网络的热红外成像人脸识别[J]. 激光杂志,2022,43(12):117－121.

[43] 陈鑫洋. 改进型概率神经网络在变压器故障诊断中的应用[J]. 红水河,2022,41(6):102－107.

[44] 杨澈洲,王斯,张国浩. 基于 CEEMD 小波去噪的一种预测碳排放的新方法[J]. 贵州大学学报(自然科学版),2022,39(4):67－74.

[45] 岳新智,韩志伟,李春,等. 基于分形特征的海上风力机防护装置设计研究[J]. 太阳能学报,2023,44(1):148－155.

[46] 徐海良,蒋昌健,杨放琼,等. 基于分形理论的水合物回波特征提取及分类识别[J]. 中南大学学报(自然科学版),2022,53(3):899－908.

[47] 成丽波,李昂臻,贾小宁,等. 小波多重分形遥感图像混合去噪[J]. 光学精密工程,2022,30(15):1880－1888.

[48] 张安安,何嘉辉,李茜,等. 基于数学形态学和分形理论的电缆局放识别[J]. 电子科技大学学报,2020,49(1):102－109.

[49] GU F C. Identification of partial discharge defects in gas-insulated switchgears by using a deep learning method [J]. IEEE ACCESS,2020,8:163894－163902.

[50] WANG Y Q, FENG C H, GUAN J. UHF LS Peano fractal antenna for PD GIS detection [J]. Journal of Electromagnetic Waves and Applications, 2020, 34(13):1797－1811.

[51] WANG Y Q, GUAN J, GENG Y C, et al. A miniaturised LS peano fractal antenna for partial

discharge detection in gas insulated switchgear [J]. Sensors & Transducers,2020,240(1):19-25.

［52］YUN Y X, ZHAO X X, ZHANG Y J. Partial discharge classifier based on wavelet theory [J]. IOP Conference Series: Materials Science and Engineering,2020,768(6):62-84.

［53］PETRZELA J. Chaos in analog electronic circuits: comprehensive review, solved problems, open topics and small example [J]. Mathematics,2022,10(21):4108-4117.

［54］王金锋,杨宇琦,温栋,等.基于 GA-BP 和 RBF 的风力发电时间序列混沌预测组合模型[J].电网与清洁能源,2022,38(11):117-125.

［55］季伟敏,唐士敏,何俊德,等.基于心电动力学李雅普诺夫指数的急性心肌梗死辅助筛查研究[J].中国医药指南,2021,19(10):36-37.

［56］李恩文,王力农,宋斌,等.基于混沌序列的变压器油色谱数据并行聚类分析[J].电工技术学报,2019,34(24):5104-5114.

［57］李晓霞,张启宇,冯志新,等.采用混沌振子和新相态判别法的局部放电检测[J].电测与仪表,2022,59(12):156-162.

［58］杨帆,李雅海,卢文斌,等.高压电气设备局部放电过程超高频信号监测方法[J].电网与清洁能源,2022,38(11):55-60+70.

［59］肖建平,朱永利,张翼,等.基于增量学习的变压器局部放电模式识别[J].电机与控制学报,2023,27(2):9-16.

［60］陈健宁,周远翔,白正,等.基于多通道卷积神经网络的油纸绝缘局部放电模式识别方法[J].高电压技术,2022,48(5):1705-1715.

［61］向亚红,张峰,邓念武,等.基于分形插值与支持向量机混合模型的大坝变形分析[J].中国农村水利水电,2023(1):185-188+193.

［62］樊佶,齐咏生,高学金,等.基于形态学多重分形的风电机组轴承故障诊断[J].振动.测试与诊断,2021,41(6):1081-1089+1234-1235.

［63］窦圣霞,程志强.基于混沌关联维特征的电能表计量多维数据聚类方法[J].电力需求侧管理,2022,24(2):100-104.

［64］张领先,谢长君,杨扬,等.基于改进混沌粒子群的 PEMFC 模型参数辨识[J].电工电能新技术,2023,42(1):29-39.

［65］江友华,易罡,黄荣昌,等.基于多源信息融合的变压器检测与评估技术[J].上海电力大学学报,2020,36(5):481-485.

［66］江友华,朱毅轩,杨兴武,等.基于 Hankel-SVD-CEEMDAN 改进阈值的局部放电特征提取方法[J].电网技术,2022,46(11):4557-4567.

索 引